画法几何与阴影透视

主　编　赵艳妮　孟继乐

電子工業出版社

Publishing House of Electronics Industry

北京·BEIJING

内 容 简 介

本书共分十章，内容包括概述、画法几何的基础知识、三面投影与轴测图、透视的基础知识、平行透视、成角透视、倾斜透视、曲线透视、阴影透视，以及点、直线和平面的透视等，并在每章后附加了练习题，以巩固学生所学的知识。本书内容由浅入深，系统性强，通俗易懂，并结合学生作业案例、实际项目图纸，使学生对透视画法及其应用有一个完整的认识。

本书可作为本科院校设计类专业学生的教材或参考书。

图书在版编目（CIP）数据

画法几何与阴影透视 / 赵艳妮，孟继乐主编. —北京：电子工业出版社，2022.12

ISBN 978-7-121-44874-4

Ⅰ. ①画… Ⅱ. ①赵… ②孟… Ⅲ. ①画法几何－高等学校－教材②建筑制图－透视投影－高等学校－教材 Ⅳ. ①O185.2②TU204

中国国家版本馆 CIP 数据核字(2023)第 007850 号

责任编辑：吕京辉

印　　刷：中国电影出版社印刷厂

装　　订：中国电影出版社印刷厂

出版发行：电子工业出版社

北京市海淀区万寿路 173 信箱　邮编：100036

开　　本：787 × 1092　1/16　印张：12.75　字数：310 千字

版　　次：2022 年 12 月第 1 版

印　　次：2022 年 12 月第 1 次印刷

定　　价：42.00 元

凡所购买电子工业出版社图书有缺损问题，请向购买书店调换。若书店售缺，请与本社发行部联系，联系及邮购电话：（010）88254888，88258888。

质量投诉请发邮件至 zlts@phei.com.cn，盗版侵权举报请发邮件至 dbqq@phei.com.cn。

本书咨询联系方式：qiyuqin@phei.com.cn。

前　言

本书是根据高等院校设计类专业“画法几何与阴影透视”课程教学的基本要求，总结编者多年的教学经验，为适应本科院校设计类专业教育的需要编写而成的。本书采用了中华人民共和国住房和城乡建设部、中华人民共和国国家质量监督检验检疫总局（简称：国家质检总局）最新联合发布的《房屋建筑制图统一标准》（GB / T 50001—2017）、《建筑制图标准》（GB / T 50104—2014）、《总图制图标准》（GB / T 50103—2010）等国家标准。本书内容取舍以应用为目的，结合专业需要，优化教材结构，突出实践性和实用性。本书的图例一部分来自实际工程由陕西欢合颜装饰设计有限公司提供；另一部分来自课堂教学示范和学生作业。本书加入了画法几何的基础知识、三视图和轴测图，目的在于提高学生的读图、识图能力，使学生对透视画法及其应用有一个完整的认识。

本书的编写顺序是按照制图的基本知识来组织的，内容由浅入深，系统性强，通俗易懂。为了巩固学生所学的知识，本书各章都附有课前思考和练习题。

本书由西安财经大学文学院艺术系赵艳妮、孟继乐主编。具体编写分工如下：第一章、第二章、第三章、第九章、第十章由孟继乐编写，共计14万字；第四章至第八章由赵艳妮编写，共计16万字。本书得到了西安财经大学文学院的资助，在此表示衷心的感谢！本书在编写过程中，还参考和引用了许多国内外专家、学者编著的教材和图例，在此特向这些参考文献的编著者致谢！最后，对为本书提供图例的陕西欢合颜装饰设计有限公司及每一位学生表示感谢。

注：因绘图需要，全书图中的字母均使用正体，坐标轴的字母用小写。

目　录

第一章 概 述

◆ 内容概述

无论是纸面上具有二维信息的施工图还是三维表现的效果图，其知识根基均在于对形体的空间研究与分析。画法几何与阴影透视课程的基本内容就是建立学生对空间形体的基本认识，图示化、标准化复杂的空间形体，为设计提供有效的支持。

◆ 教学目标

通过学习本章，了解画法几何、透视的基本概念，认识画法几何与阴影透视的重要性，为日后的学习打下基础。

◆ 本章重点

理解画法几何的主要任务、理解画法几何与阴影透视之间的关系。

◆ 课前思考

从日常观察出发，说说你对透视的理解。

通过学习前期课程，请同学们想一想透视与设计有什么关系。

在日常学习中，你是否尝试过通过二维的图像表达三维的信息？如果有，你是如何表达的？

第一节 画法几何

画法几何是一种图解立体问题的办法，是一门研究在平面上图示、图解空间规律和方法的学科。简单来说，画法几何的知识，能够帮助设计师、建筑师、艺术家更有效地传达其美学思想，表达其设计主旨。作为研究形体关系的学科分支，几何学从诞生之日起就与地理学、测绘学、建筑学、艺术学、设计学建立了十分密切的关系。古埃及人曾在修建尼罗河水利工程时就进行过实地测绘工作，从14世纪开始建筑师、艺术家在对外部世界的探索中，又进一步发展了画法几何的知识。18世纪，在科学技术大发展的背景下，产生了射影几何、微分几何，在此基础上，几何学进一步发展和完善。进入20世纪，随着科学与相关技术的发展，画法几何的知识日益完善，进一步影响工程、设计、绘画的发展。

与此同时，画法几何除了用它的图示法和图解法为工程技术的发展服务，也进一步切实有效地帮助人们提高空间想象能力。

第二节 透视的发展

“透视”（perspective）一词来自拉丁文“perspicere”，意为“透而视之”，指在平面或曲面上描绘物体空间关系的方法或技术。在现实生活中，我们通过眼睛可以观察到环境和物体的大小、形状、结构、色彩等要素。由于距离远近不同，方位不同，在视觉上会产生不同的图像，这种现象就是透视现象。同时我们需要知道透视是由画法几何发展而来的，是一种理性观察方法和研究视觉画面空间的专业术语。

透视主要研究眼睛与物体之间的关系，其中包括产生投影的原理、规律，通过对透视知识的系统学习，可以准确地在二维平面上表现三维的空间、大小等。

如果没有透视知识的积累，设计师要表达建筑设计、室内设计、景观设计是十分困难的。因此透视作为设计学的必修内容，主要目的在于让学生掌握透视的基本知识，运用透视的基本规律，完成设计草图、表现图，培养学生的观察力、造型表现能力，掌握科学性与艺术性相结合的原理，如图1-1、图1-2、图1-3、图1-4、图1-5所示。

图 1-1　透视在基础课程中的应用（学生作业）

图 1-2　透视在效果图中的体现（学生作业）

图 1-3 手绘线稿（西安财经大学 2016 级 商亮）图 1-4 手绘线稿（西安财经大学 2016 级 刘天琪）

图 1-5 学生的模型设计作业

第三节 画法几何与阴影透视的重要性

任何一件可见的实物，小到一个鼠标，大到一座建筑，都经历了“构思→草图→方案→实施”的设计过程，最终才得以与大众见面。在这个设计视觉化的过程中，表现能力发挥了无限的潜力和魅力。表现能力一方面直接与设计师的观察力、感受力相关，这一点决定了伟大设计师的独特之处，比如安东尼奥·高迪充满曲线的作品，如图1-6所示。另一方面又与设计师的视觉表达能力相关，即制图能力。布鲁内莱斯基出色的制图能力，不仅帮助他顺利完成了圣母百花大教堂那个没有中央支撑的大穹顶，如图1-7所示，还让他本人成了举世瞩目的建筑师。同时他在制图过程中对建筑透视的研究，进一步推动了学科的发展。

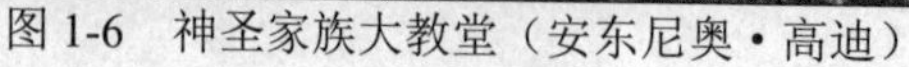

图 1-6　神圣家族大教堂（安东尼奥 • 高迪）

图 1-7　圣母百花大教堂穹顶（布鲁内莱斯）

就像一千个读者就会有一千个哈姆雷特一样，同样的语言描述可以让拥有不同知识结构、生活阅历的人构想出完全不同的图像，语言在图像面前体现出了局限性。在科学的制图表现方法出现之前，设计构思往往与设计成品之间存在一定差距的情况。人类渴望进步与探索的愿望带领人们不断完善知识结构，伟大的设计师、建筑家们不断探索更加准确的表达方式。随着在平面上图示、图解空间规律和方法的知识体系日渐成熟，人们终于可以解决如何建立二维图纸与三维形体的“对等”关系这一难题了。更为难得的是，画法几何提供了图解立体问题的科学方法，使人们可以在图纸上准确表达复杂的空间结构（如图1-8、图1-9、图1-10、图1-11所示）。

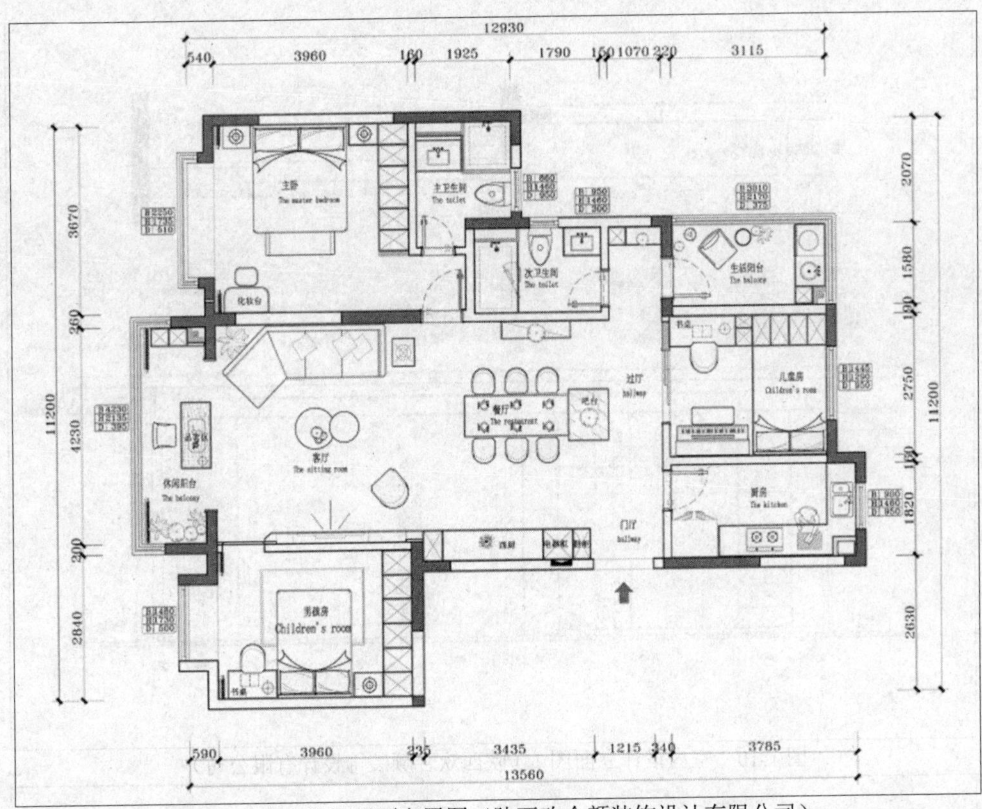

图 1-8　室内设计平面布置图（陕西欢合颜装饰设计有限公司）

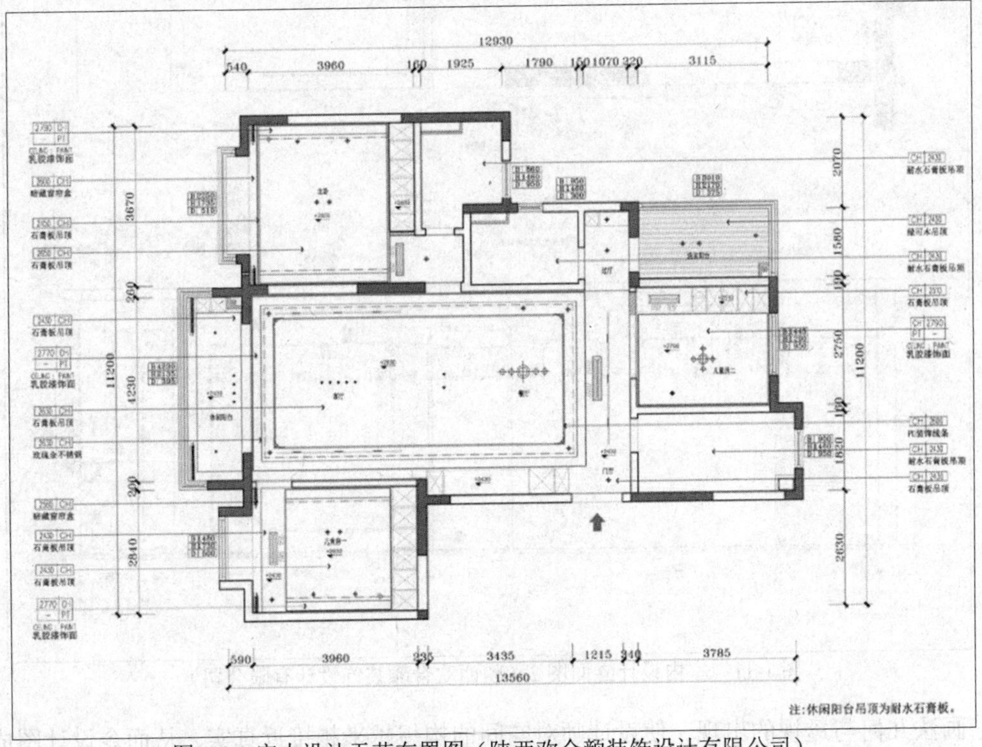

图 1-9　室内设计天花布置图（陕西欢合颜装饰设计有限公司）

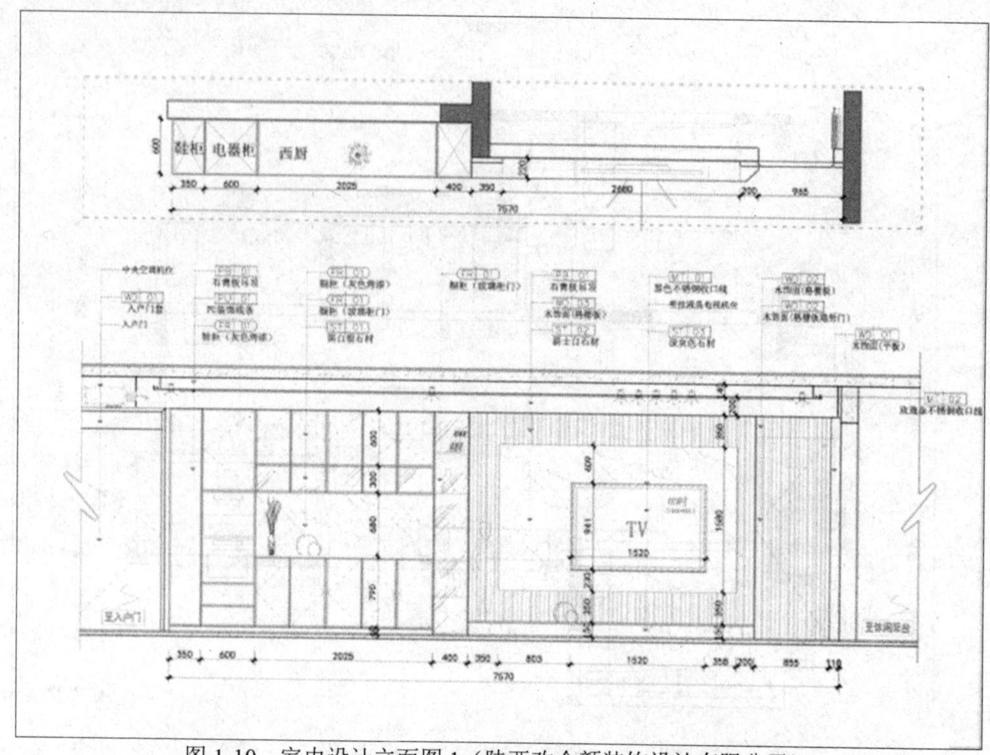

图 1-10　室内设计立面图 1（陕西欢合颜装饰设计有限公司）

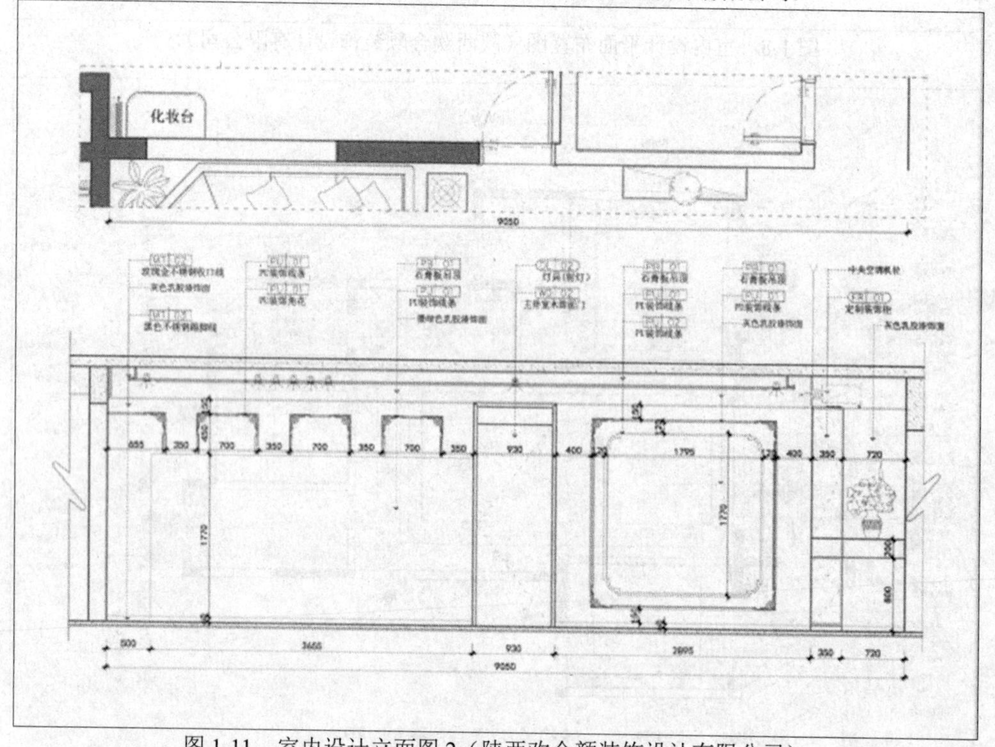

图 1-11　室内设计立面图 2（陕西欢合颜装饰设计有限公司）

画法几何与透视的出现，使设计师对空间的构想越来越接近真实，从而令设计图成为最佳的表现方式。随着表现方法的完善，人们可以表现出更加细致入微的细节、更加复杂多变的造型，如图1-12、图1-13、图1-14、图1-15所示。

图 1-12　室内设计效果图 1（陕西欢合颜装饰设计有限公司）

图 1-13　室内设计效果图 2（陕西欢合颜装饰设计有限公司）

图 1-14　室内设计效果图 3（陕西欢合颜装饰设计有限公司）

图 1-15　室内设计效果图 4（陕西欢合颜装饰设计有限公司）

进行图解设计的意义在于培养空间想象能力的方法，是思考和再现的过程。也就是说，只有掌握了图解的方式和基本的技术语言，才能天马行空地表现与表达。画法几何与阴影透视的知识，就是最容易实现这个过程的工具，它是一套实践、沟通、交流的视觉语言工具，即使在计算机技术飞速发展的情况下，它依然是设计师、建筑师成长之路的支撑点，发挥着不可忽视的作用。

第二章　画法几何的基础知识

◆ 内容概述

画法几何产生的基础就是投影，本章将介绍投影产生的条件及不同投影的特征，通过对比和总结，充分认识正投影。

◆ 教学目标

通过学习本章节，了解正投影产生的条件及特征，可以使学生进一步认识投影与图示空间物体之间的关系，为学习透视画法打好坚实的基础。

◆ 本章重点

理解投影产生的过程，认识正投影产生的条件及特征。

◆ 课前思考

分析日常生活中常见的投影有哪些，呈现过哪些特征。

第一节　画法几何的任务

画法几何作为基础支撑学科，在建筑、设计教育等领域起着重要的作用。只有通过对画法几何这一领域进行深入系统的学习，才能够将抽象的三维几何信息，准确地在图纸上表达出来，形成具有辨识性的二维几何信息。构思设计方案的过程，是运用专业知识生成大量相互联系的三维几何信息的过程。而这些信息往往是无法用语言和文字表达清楚的，必须通过图纸上的二维或者三维几何信息呈现出来。

因此画法几何的主要任务包括：研究如何在平面上图示化空间形态；研究如何在平面上图解空间几何问题。

对环境设计领域来说，为了形象、逼真地表现所设计的对象，如室内设计、景观设计等，常常需要绘制立面图、平面图、表现图。画法几何与阴影透视的内容，恰恰为这些图例的绘制提供基本的理论分析与画法讲解，如图2-1、图2-2、图2-3、图2-4、图2-5、图2-6所示。

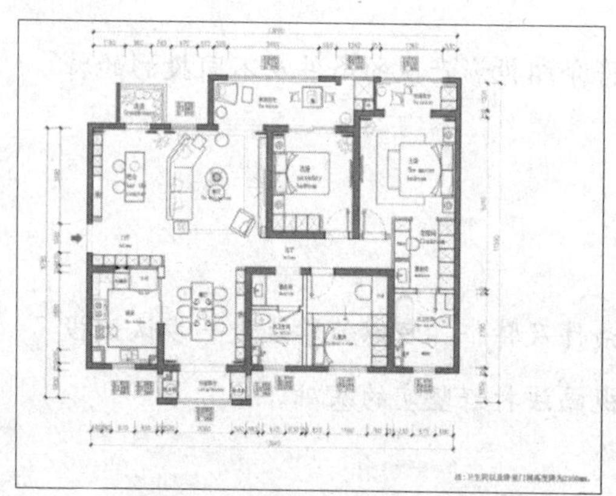

图 2-1　居住空间平面布置 1
（陕西欢合颜装饰设计有限公司）

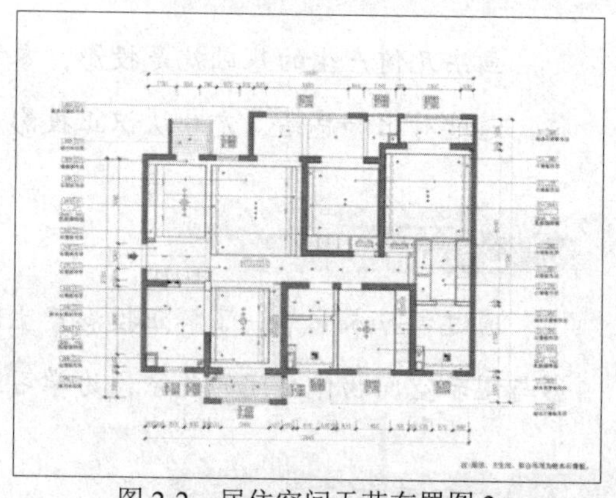

图 2-2　居住空间天花布置图 2
（陕西欢合颜装饰设计有限公司）

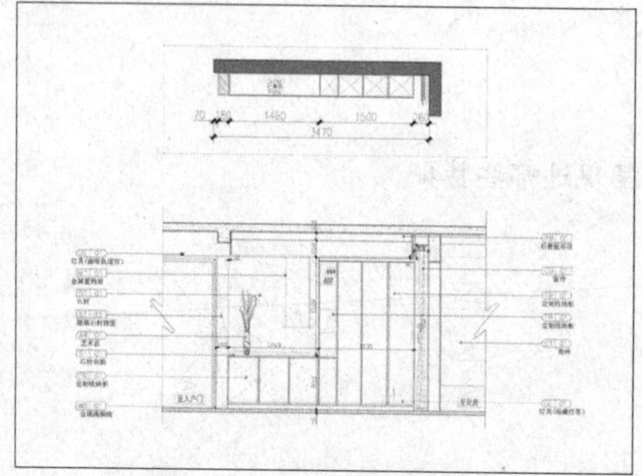

图 2-3　居住空间立面图 1
（陕西欢合颜装饰设计有限公司）

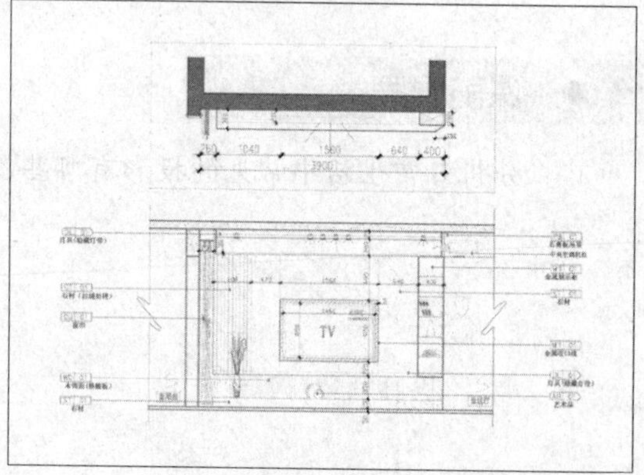

图 2-4　居住空间立面图 2
（陕西欢合颜装饰设计有限公司）

图 2-5　居住空间效果图 1
（陕西欢合颜装饰设计有限公司）

图 2-6　居住空间效果图 2
（陕西欢合颜装饰设计有限公司）

第二节　投影法的本质

把空间中具有三维信息的形体表示在二维的平面上，是以投影法为基础的。投影法源于日常生活中光投射成影这个司空见惯的物理现象。例如，当灯光照射室内的家具时，必有影子落在地板上或者墙壁上；如果把家具搬到日光下，那么必有影子落在地面上。为了清楚地解释这些投影的原理，分析其内在的联系与区别，可以根据光线和投影的关系，将投影分为两大类，即中心投影和平行投影，如图2-7、图2-8所示。

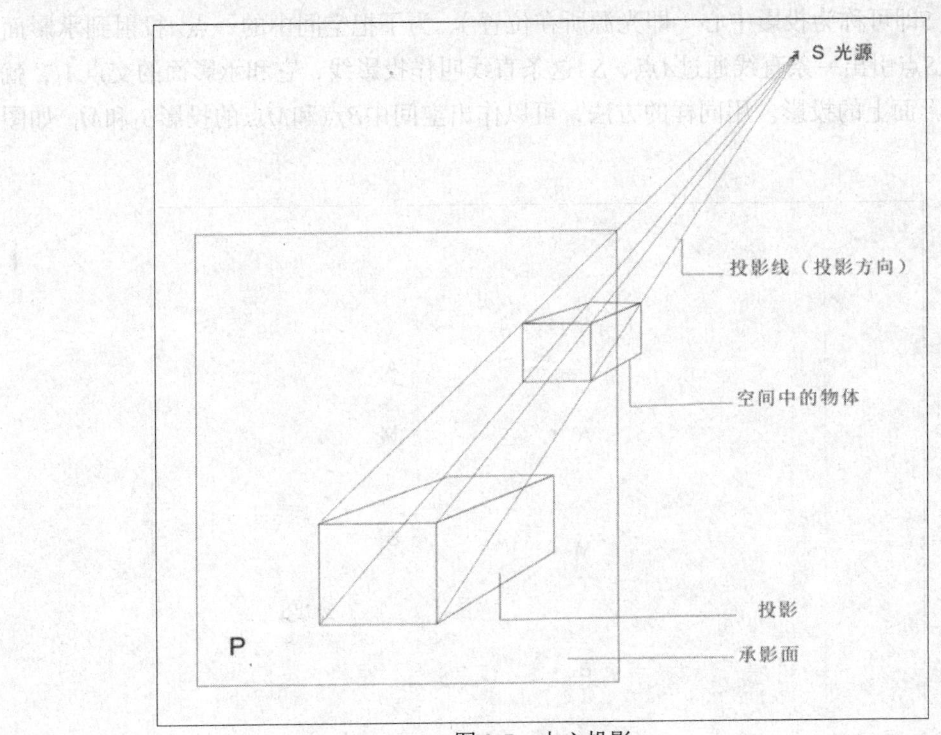

图 2-7　中心投影

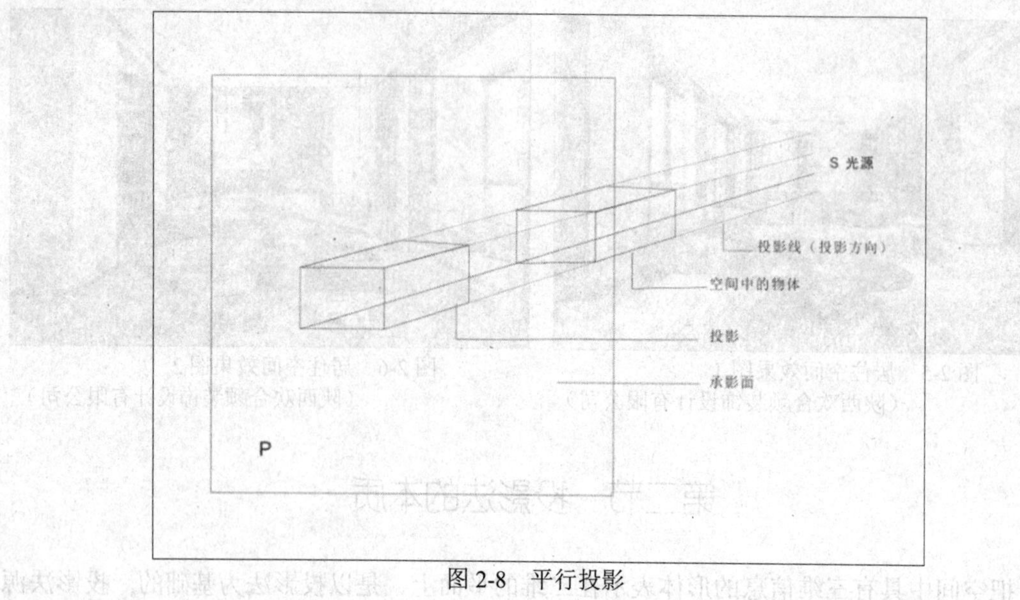

图 2-8 平行投影

一、中心投影

假设空间中有一个面，即投影所在的面，一般情况下把这个面叫作投影面或承影面，可用字母“*P*”来表示。取不在承影面内的任一点“*S*”，可假设*S*为光源所在位置，此时若形成投影，*S*即可称为投影中心（即光源所在位置）。为了把空间中的一点*A*投射到承影面上，则需从*S*点引出一条直线通过*A*点，*SA*这条直线叫作投影线，它和承影面的交点A_1，就是*A*点在承影面上的投影。用同样的方法，可以作出空间中*B*点和*M*点的投影B_1和M_1. 如图2-9所示。

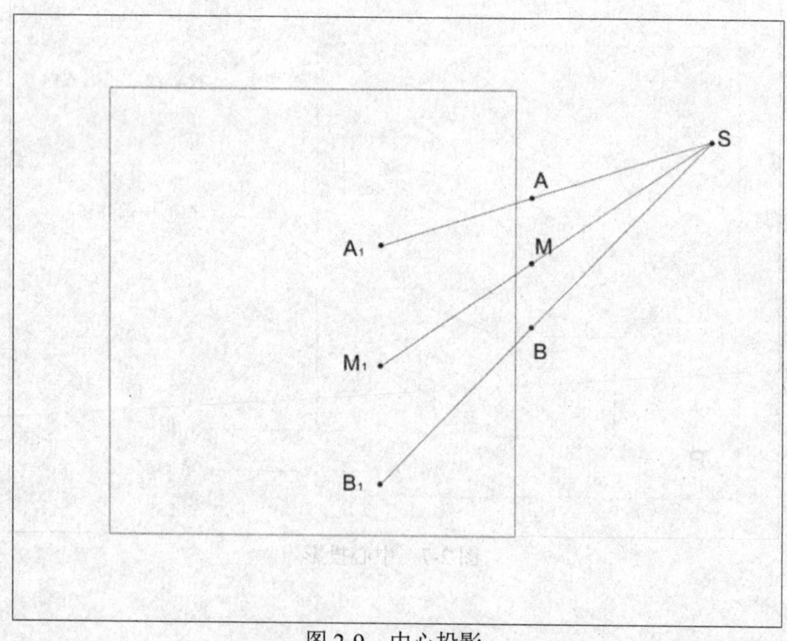

图 2-9 中心投影

这种投影法，是从一个固定的中心引出投影线，如同投影仪发射出的光线。一般情况下投影距离是可测的，这种情况下产生的投影被称为中心投影。

分析图2-9，可以得到中心投影的两条基本特性：

（1）直线的投影在一般情况下仍旧是直线；

（2）点在直线上，则该点的投影必在该直线的投影上。

二、平行投影

假设中心投影中的投影中心移动至离承影面无限远的地方，那么投影线之间保持相互平行的状态，如同照到地面上的太阳光，此时空间中直线线段AB的投影线之间也就相互平行，即$AA_1 /\!/ BB_1$，如图2-10所示。这种情况下产生的投影被称为平行投影。需要注意的是，平行投影是中心投影的特殊形式。

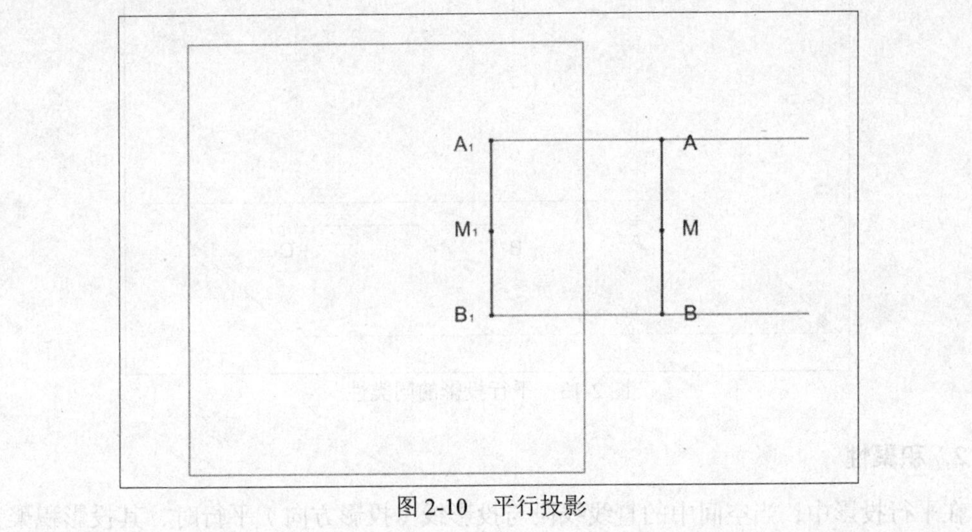

图 2-10　平行投影

用平行投影的方法把直线AB投射到承影面上，可以根据投影方向（投影线）和承影面的关系，进一步将平行投影分为正投影和斜投影。当投影方向垂直于投影面时所形成的平行投影称为正投影，如图2-11所示；当投影方向倾斜于承影面时所形成的平行投影叫作斜投影，如图2-12所示。

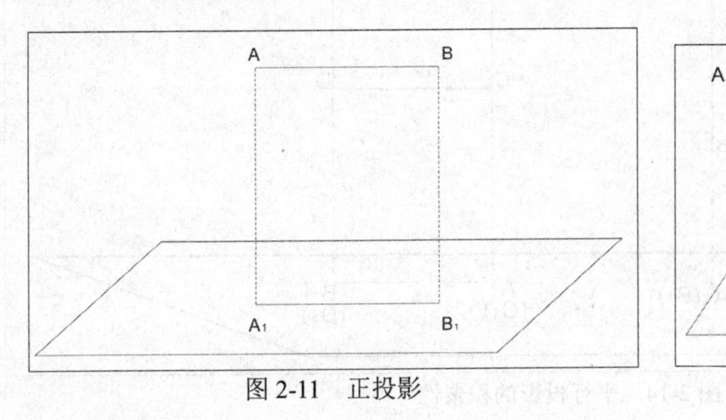

图 2-11　正投影

图 2-12　斜投影

三、平行投影的基本性质

平行投影作为中心投影的特殊情况，在具备中心投影特征的同时，还具有一些其他特征。

1．同类性

空间中的几何形体（点、线、面）经过平行投影，基本元素的类别一般不发生变化。例如，点的投影仍然是点，直线的投影一般是直线，平面的投影一般还是平面。如图2-13所示，A点的投影就是过A的投影线与承影面的交点A_1，因此点的投影仍然是点；空间中直线线段BC上每一点的投影线组成一面BCC_1B，该面与承影面的交线B_1C_1为直线BC的投影。

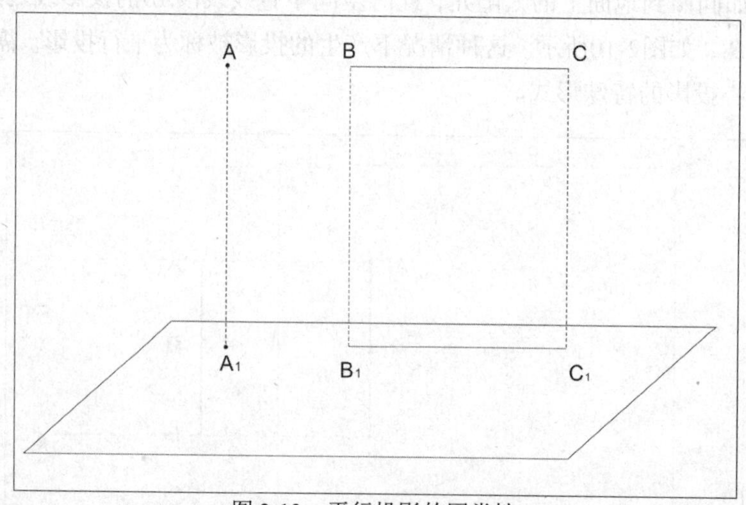

图 2-13　平行投影的同类性

2．积聚性

在平行投影中，当空间中的直线线段与投影线（投影方向）平行时，其投影积聚为一点，可参照正午的阳光与直立的物体的投影关系；当平面平行于投影方向时，其投影积聚为一条直线，如图2-14所示。

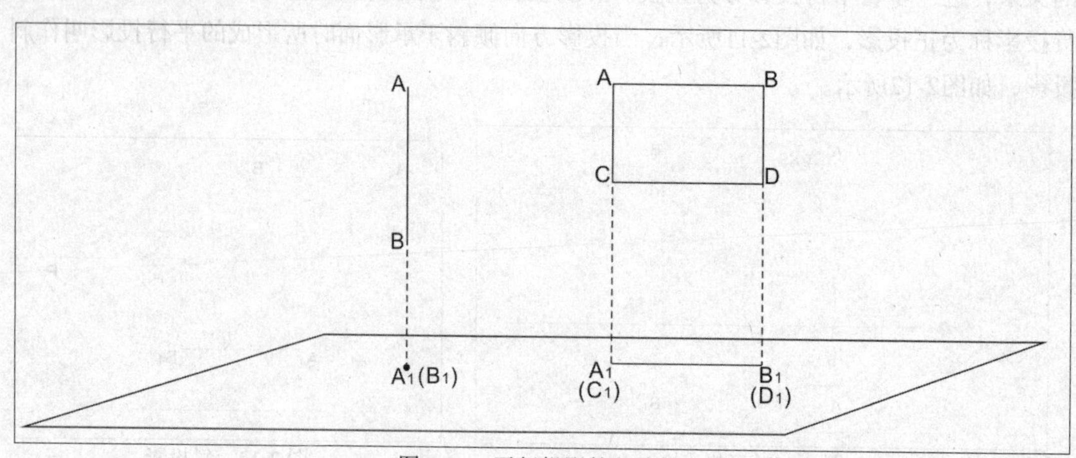

图 2-14　平行投影的积聚性

3．从属性

经过平行投影，空间中物体的从属关系保持不变。例如：点在直线上，则点的投影必落在直线的投影上。如图2-15所示，因为M点属于直线AB，且$AA_1 // BB_1 // MM_1$，则线段MM_1属于平面AA_1BB_1，则必有M_1点落在线段A_1B_1上。

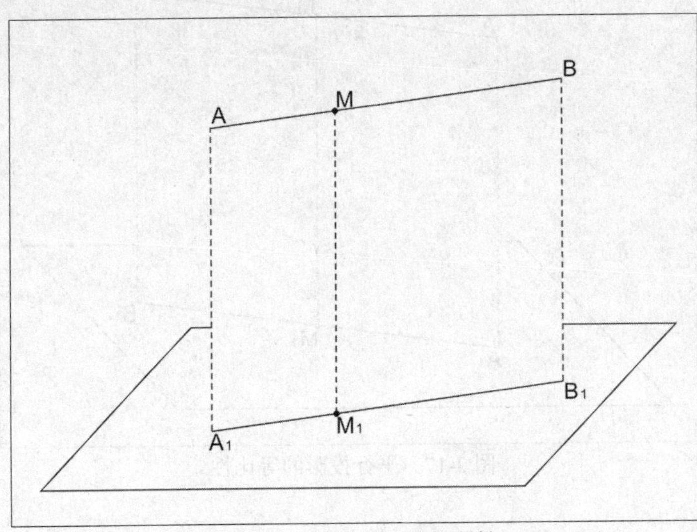

图 2-15　平行投影的从属性

4．平行性

经过平行投影，几何元素之间的平行关系保持不变。空间中相互平行的直线其投影仍相互平行。如图2-16所示，在空间中线段AB平行于线段CD，那么投射面ABB_1A_1与CDD_1C_1必相互平行，因此可知$A_1B_1 // C_1D_1$。

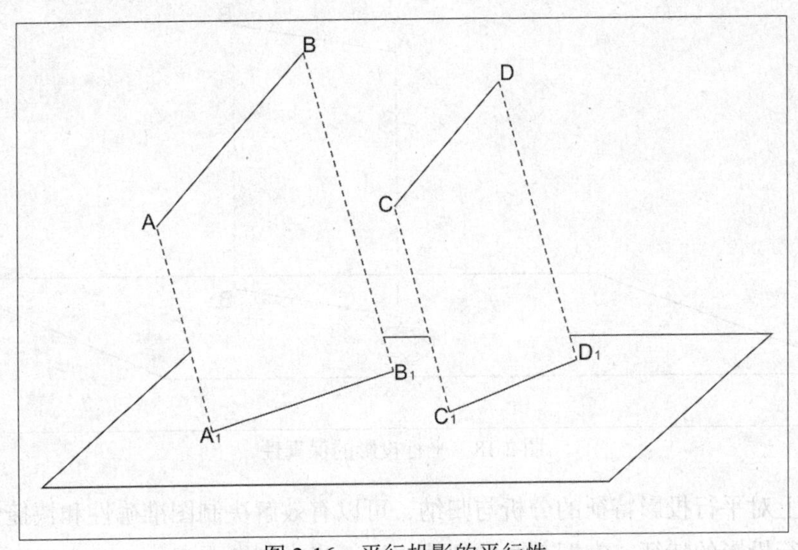

图 2-16　平行投影的平行性

5. 等比性

经过平行投影，点分直线线段的长度之比保持不变，如图2-17所示。

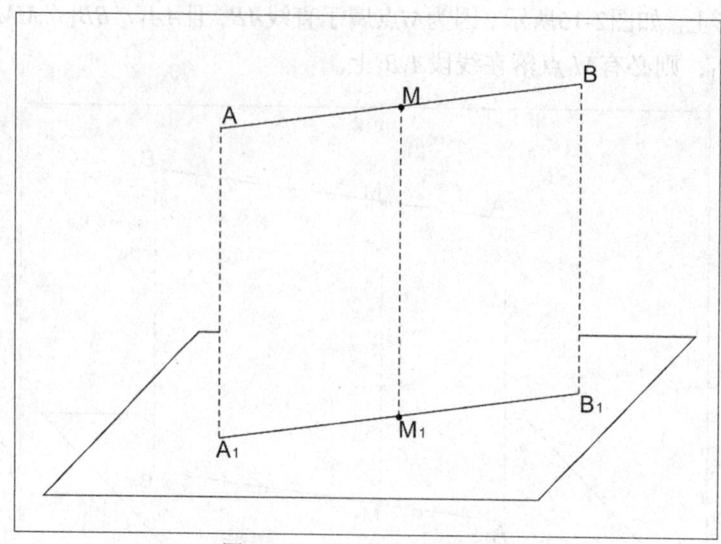

图 2-17　平行投影的等比性

6. 保真性

在平行投影中，当空间中的直线（或平面）和承影面保持平行状态时，其投影的度量性保持真实不变。直线平行于投影面时，其投影显示实长；平面平行于承影面时，其投影显示实形。如图2-18所示，在平行投影中，当AB平行于承影面时，可以得知AA_1与BB_1平行且相等，AA_1等于BB_1，便可知A_1B_1等于AB。

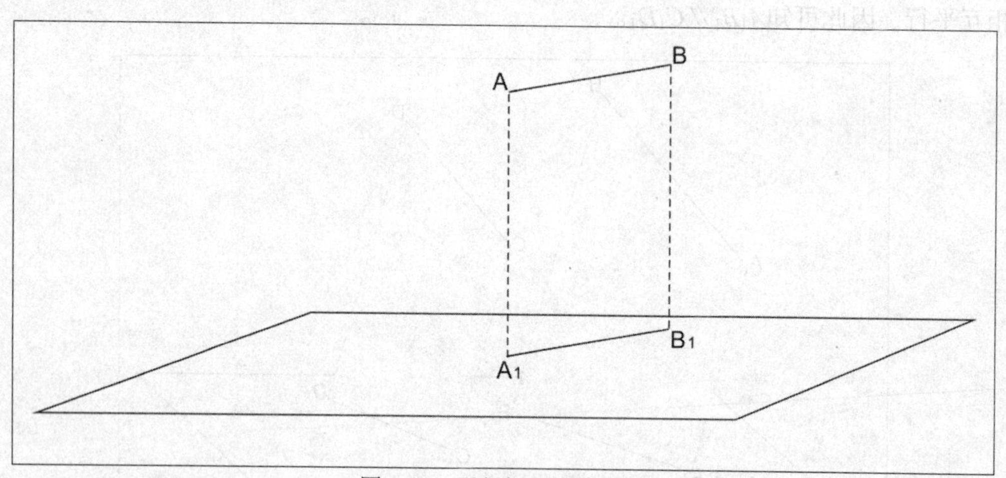

图 2-18　平行投影的保真性

通过以上对平行投影特征的分析与归纳，可以有效解决制图准确性和快捷性的问题。可以根据平行投影的特征，掌握其中的规律，进一步为制图服务。

第三节　正投影的基本性质

正投影是指在平行投影的情况下，当投影线（投影方向）与承影面垂直时所形成的投影。正投影属于平行投影的一种，所以在具有前述平行投影特性的同时还具有一些更加特殊的特征。

为了进一步研究正投影的特征与规律，通常我们将空间中的直线线段与投影面的位置划分为平行、垂直、倾斜三种状态。空间中直线线段*AB*与水平投影面*P*的三种不同位置的投影特性如图2-19所示。

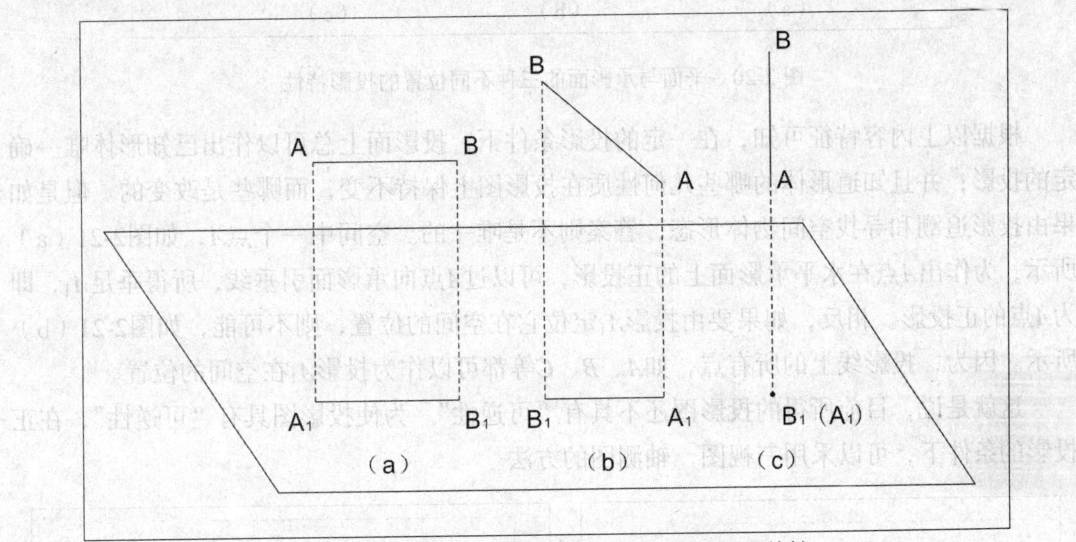

图 2-19　直线与投影面的三种不同位置的投影特性

（1）直线平行于投影面，它的投影反映实长，如图2-19（a）所示；

（2）直线垂直于投影面，它的投影成为一点，如图2-19（c）所示；

（3）直线倾斜于投影面，它的投影不反映实长，且缩短，如图2-19（b）所示。

同样可将平面与承影面的位置也分为平行、垂直、倾斜三种情况。平面*ABCD*（长方形）与承影面的三种不同位置的投影特性如图2-20所示。

（1）平面平行于投影面，它的投影反映实形，如图2-20（a）所示；

（2）平面垂直于投影面，它的投影成为直线，如图2-20（c）所示；

（3）平面倾斜于投影面，它的投影不反映实形，且变小，如图2-20（b）所示。

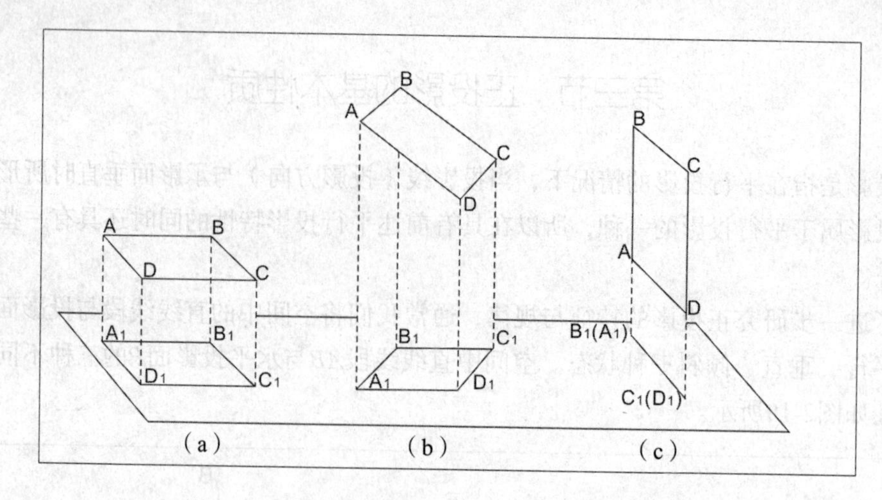

图 2-20　平面与承影面的三种不同位置的投影特性

根据以上内容特征可知，在一定的投影条件下，投影面上总可以作出已知形体唯一确定的投影；并且知道形体的哪些几何性质在投影图上保持不变，而哪些是改变的。但是如果由投影追溯和寻找空间物体形态，答案则不是唯一的。空间中一个点A，如图2-21（a）所示，为作出A点在水平承影面上的正投影，可以过A点向承影面引垂线，所得垂足A_1，即为A点的正投影。相反，如果要由投影A_1定位它在空间的位置，则不可能，如图2-21（b）所示。因为，投影线上的所有点，如A、B、C等都可以作为投影A_1在空间的位置。

这就是说，目前所得的投影图还不具有“可逆性”。为使投影图具有“可逆性”，在正投影的条件下，可以采用三视图、轴测图的方法。

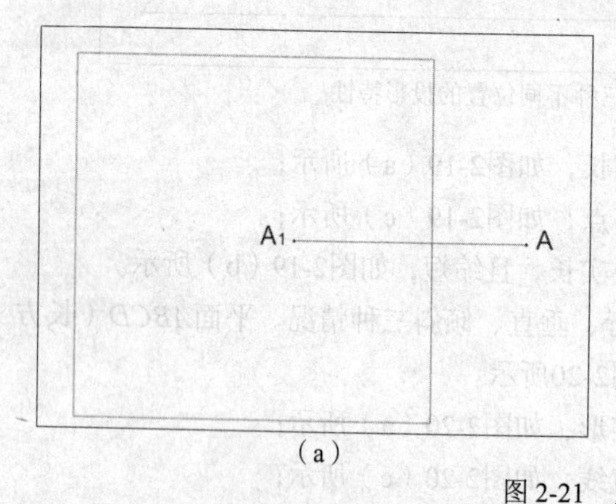

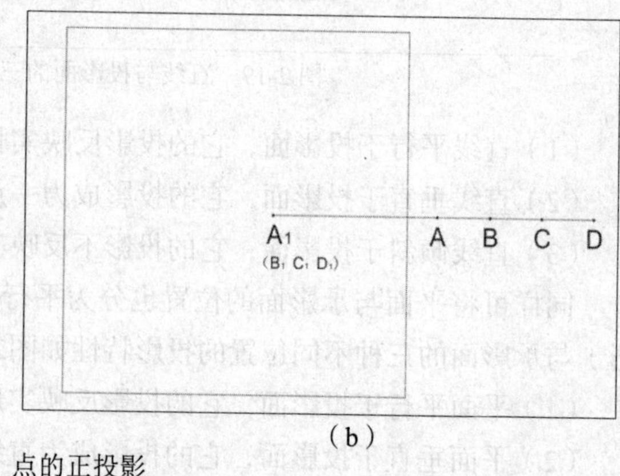

图 2-21　点的正投影

本章练习题

1. 请根据以下图例判断什么是中心投影、什么是平行投影，并简述平行投影的特征。

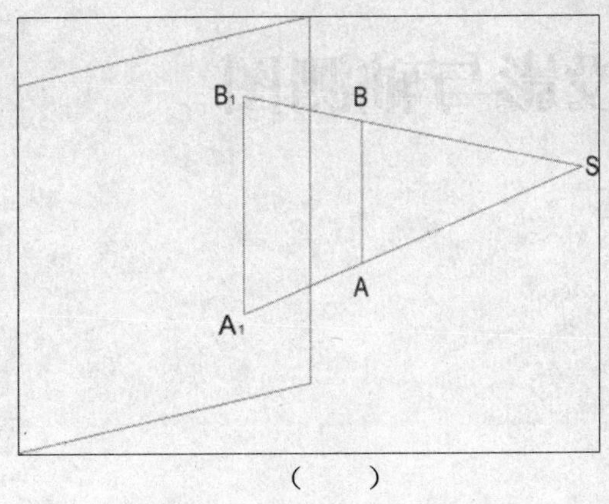

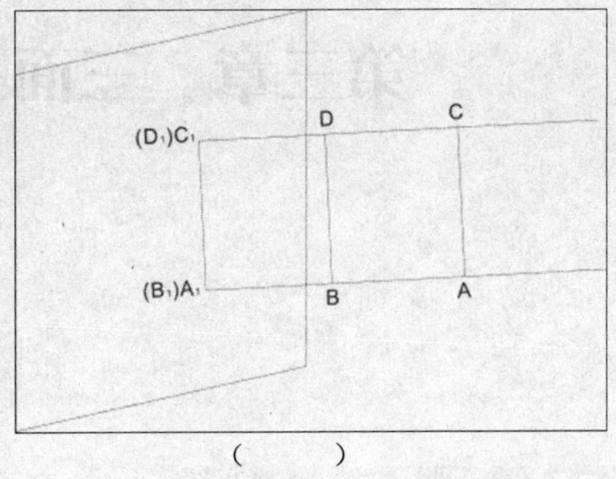

（　　）　　　　　　　　　　（　　）

2. 根据下图判断正投影、斜投影，并分析正投影特征有哪些。

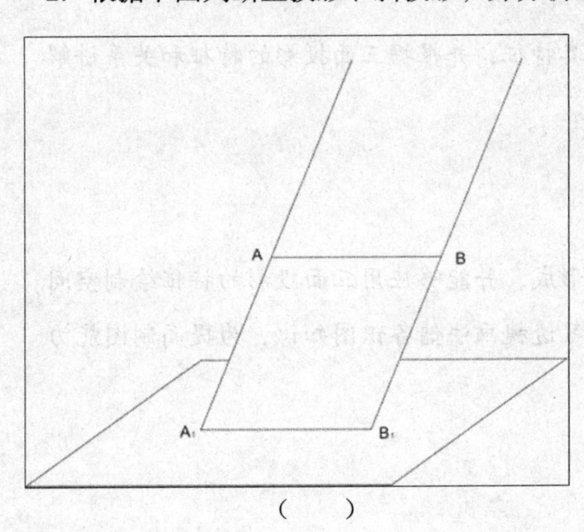

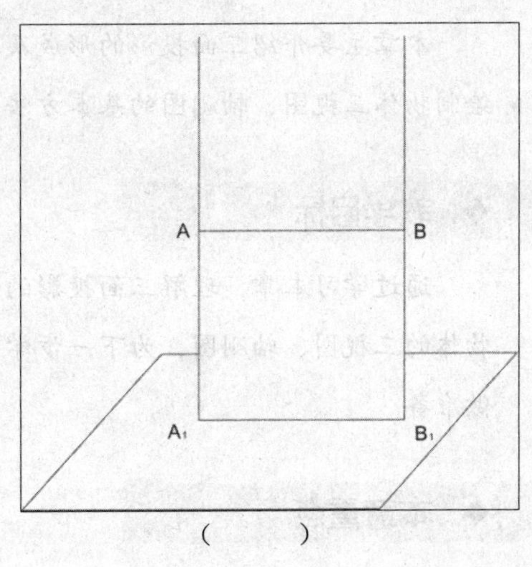

（　　）　　　　　　　　　　（　　）

第三章　三面投影与轴测图

◆ 内容概述

本章主要介绍三面投影的形成及其特征，并根据三面投影的特征和关系讲解绘制物体三视图、轴测图的基本方法。

◆ 教学目标

通过学习本章，理解三面投影的形成，并能够应用三面投影的特征绘制空间物体的三视图、轴测图，为下一步学习透视画法储备识图知识，为提高制图能力做准备。

◆ 本章重点

理解三面投影和轴测投影的产生原理，重点是掌握绘制三视图和轴测图的方法。

◆ 课前思考

如何利用正投影的特征准确地表现空间物体形态及结构。

第一节　多面正投影图

为了能够准确地反映空间物体的形态与结构，克服单向正投影的不可逆性，可将同一个空间物体用正投影的方法，分别投影到两个以上互相垂直的承影面上，采用这种方法可得到一组图形，这组图形称为多面正投影图，如三面正投影图，如图3-1所示。

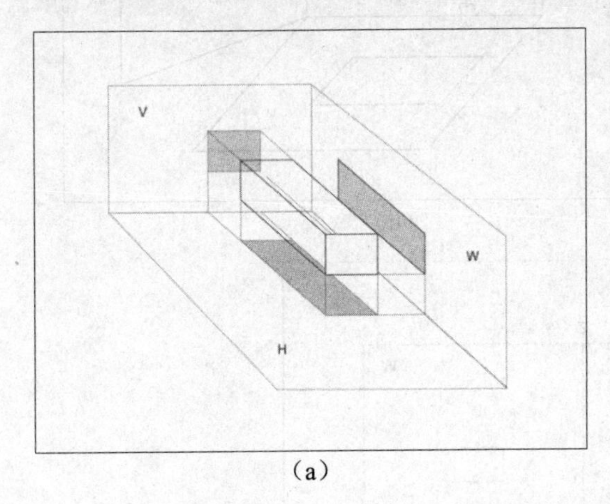

（a）

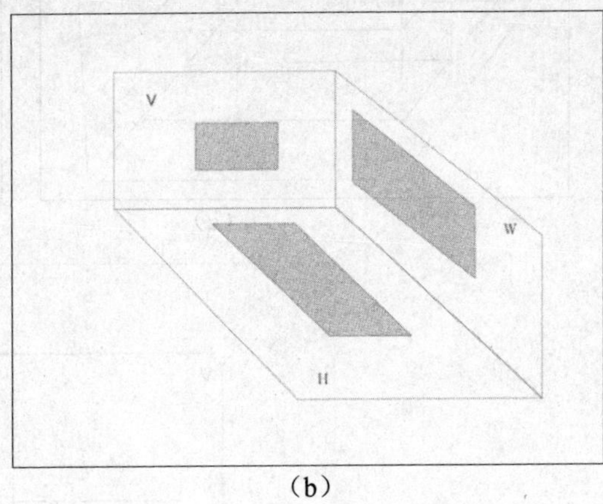

（b）

图 3-1　三面正投影图

一、三面投影图的形成

假设空间中有互相垂直的三个投影面——正立投影面*V*面、水平投影面*H*面、侧立投影面*W*面，它们的交线*x*、*y*、*z*为投影轴，投影轴的交点称为原点，如图3-2（a）所示。将如图3-2（b）所示的长方体放在三面投影体系中，使它的三个基本平面分别与*H*、*V*、*W*面平行，然后用正投影法依次向三个投影面投影，即可得到长方体的三面投影图，如图3-2（c）所示。为了更加清楚地观察投影图，可以在保证*V*面不动的情况下，将*H*面绕*x*轴向下旋转90°，将*W*面绕*z*轴向右后旋转90°，如图3-2（d）所示。即在平面上得到同一个物体的三面投影图，如图3-2（e）所示，通过观察该三面投影可知：正立投影面*V*面在水平投影面*H*面的正上方，侧立投影*W*面在正立投影面*V*面的右方。

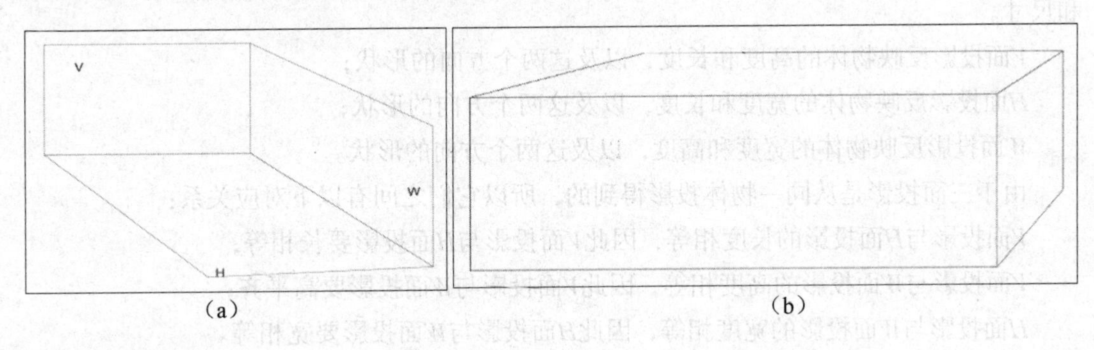

（a）　　（b）

（续）

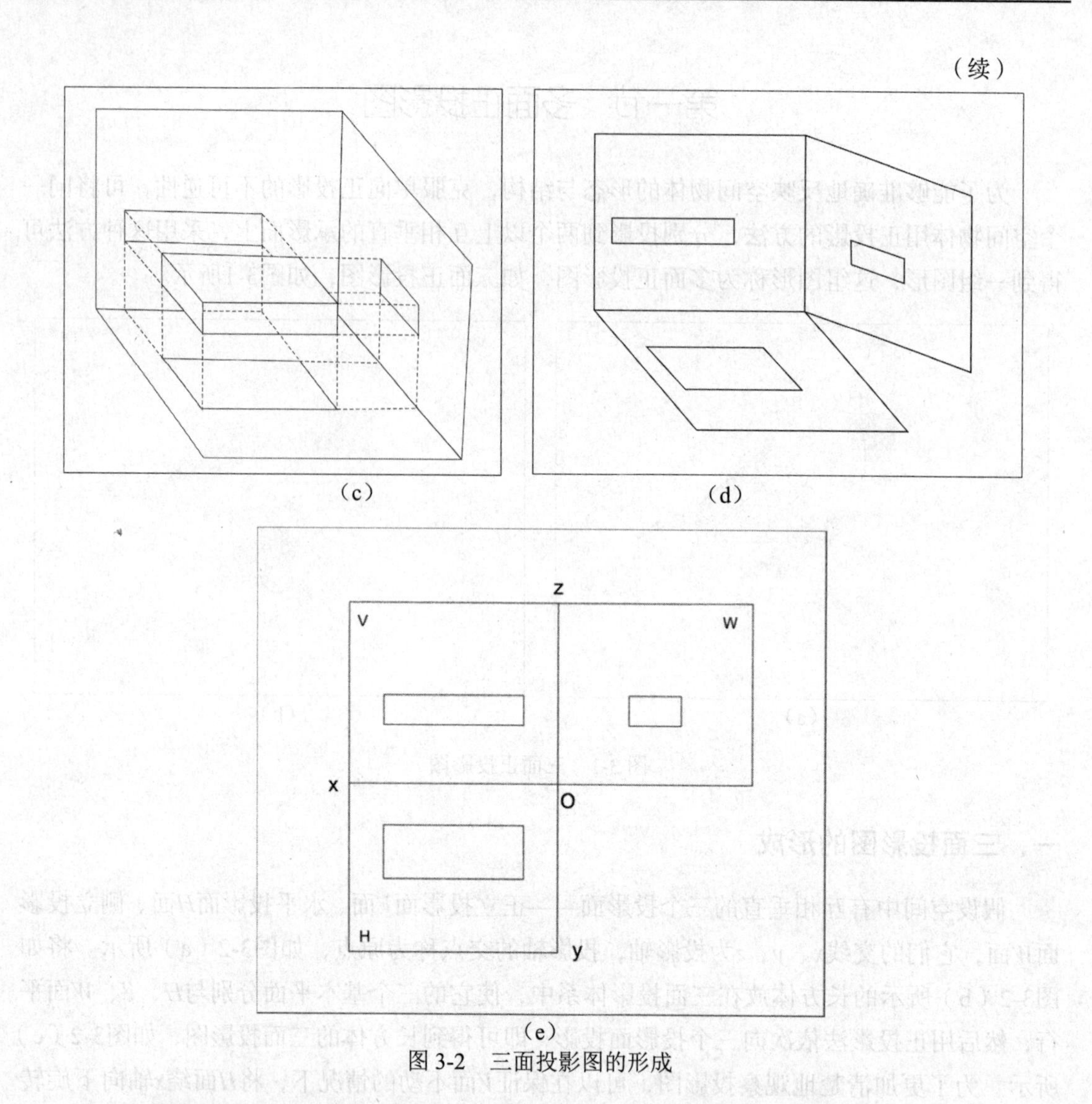

图 3-2　三面投影图的形成

二、三面投影与物体的对应关系

分析上面得到的三面投影图发现，每个投影面上的投影只能反映物体两个方向的形状和尺寸。

*V*面投影反映物体的高度和长度，以及这两个方向的形状；

*H*面投影反映物体的宽度和长度，以及这两个方向的形状；

*W*面投影反映物体的宽度和高度，以及这两个方向的形状。

由于三面投影是从同一物体投影得到的，所以它们之间有以下对应关系：

*V*面投影与*H*面投影的长度相等，因此*V*面投影与*H*面投影要长相等；

*V*面投影与*W*面投影的高度相等，因此*V*面投影与*W*面投影要高平齐；

*H*面投影与*W*面投影的宽度相等，因此*H*面投影与*W*面投影要宽相等。

综上所述，三面投影之间的对应关系可概括为九个字：长相等、高平齐、宽相等。

第二节　三视图的画法

任何物体的表面都是由点、线、面组成的，要完整、准确地绘制物体的三面投影图，必须认识这些基本几何元素的投影特性及其作图方法。下面来看看三视图的画法。

【例题3-1】根据图3-3（a）所示的物体轴测图，画出它的三面投影图。各向尺寸在图中量取，按照1:1的制图比例绘图。

分析：上图中箭头方向说明了正投影的光线方向，绘图时我们可以将其理解为观察物体的三个方向。根据正投影的知识可知，在正视时，可见物体的正面形状，图像应具备高度、长度两个维度的尺寸；在俯视时，可见物体的水平形状，图像应具备长度、宽度两个维度的尺寸；在侧视（正视物体的左边方向观察）时，可见侧面形状，图像应具备高度、宽度两个维度的尺寸。根据以上信息，我们就可以画出物体的三视图了。

（1）建立*x*轴、*y*轴、*z*轴，画出45° 辅助线，如图3-3（b）所示。

（2）在*V*面即*x*轴、*z*轴所形成的面上，根据正面形状，画出长度和高度尺寸，如图3-3（c）所示。

（3）在*H*面即*x*轴、*y*轴所形成的面上，根据顶面形状，画出长度和宽度尺寸，如图3-3（d）所示。

（4）在*W*面即*y*轴、*z*轴所形成的面上，根据左侧面形状，画出高度和宽度尺寸。此时可依据正视图提供的高度，把正视图中的高度用虚线对应到侧视图中；顶视图提供的宽度通过45° 辅助线对应到侧视图中，即可画出侧视图中图形的宽度和高度尺寸，如图3-3（e）所示。

（5）将物体可见的结构用实线画出，不可见的结构用虚线画出，如图3-3（f）所示。

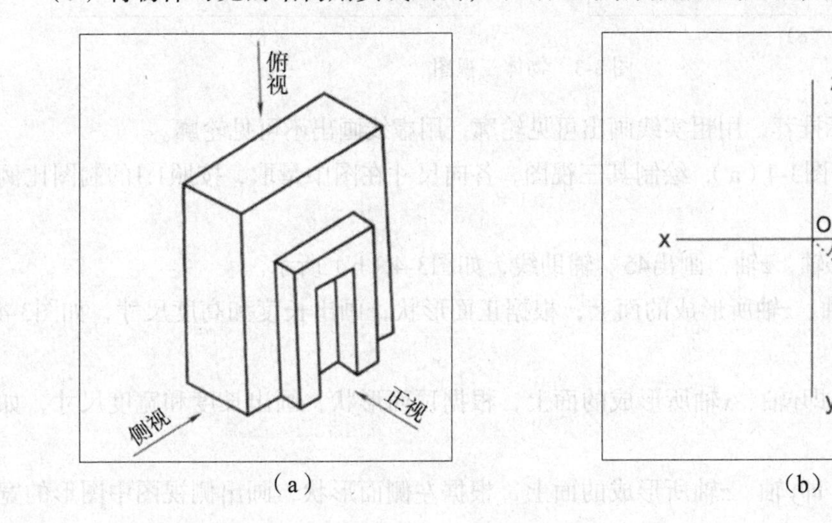

（a）

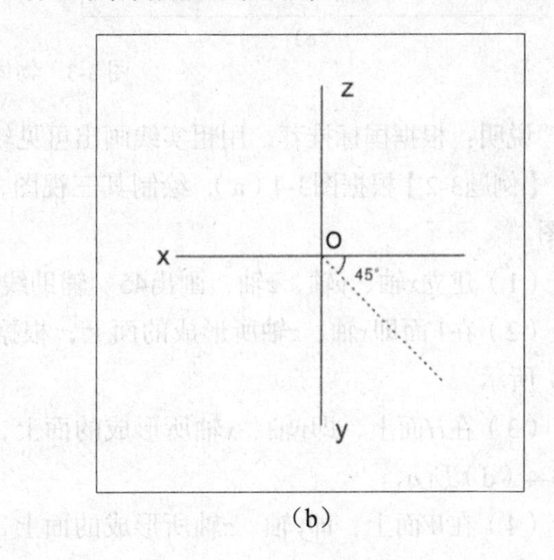

（b）

（续）

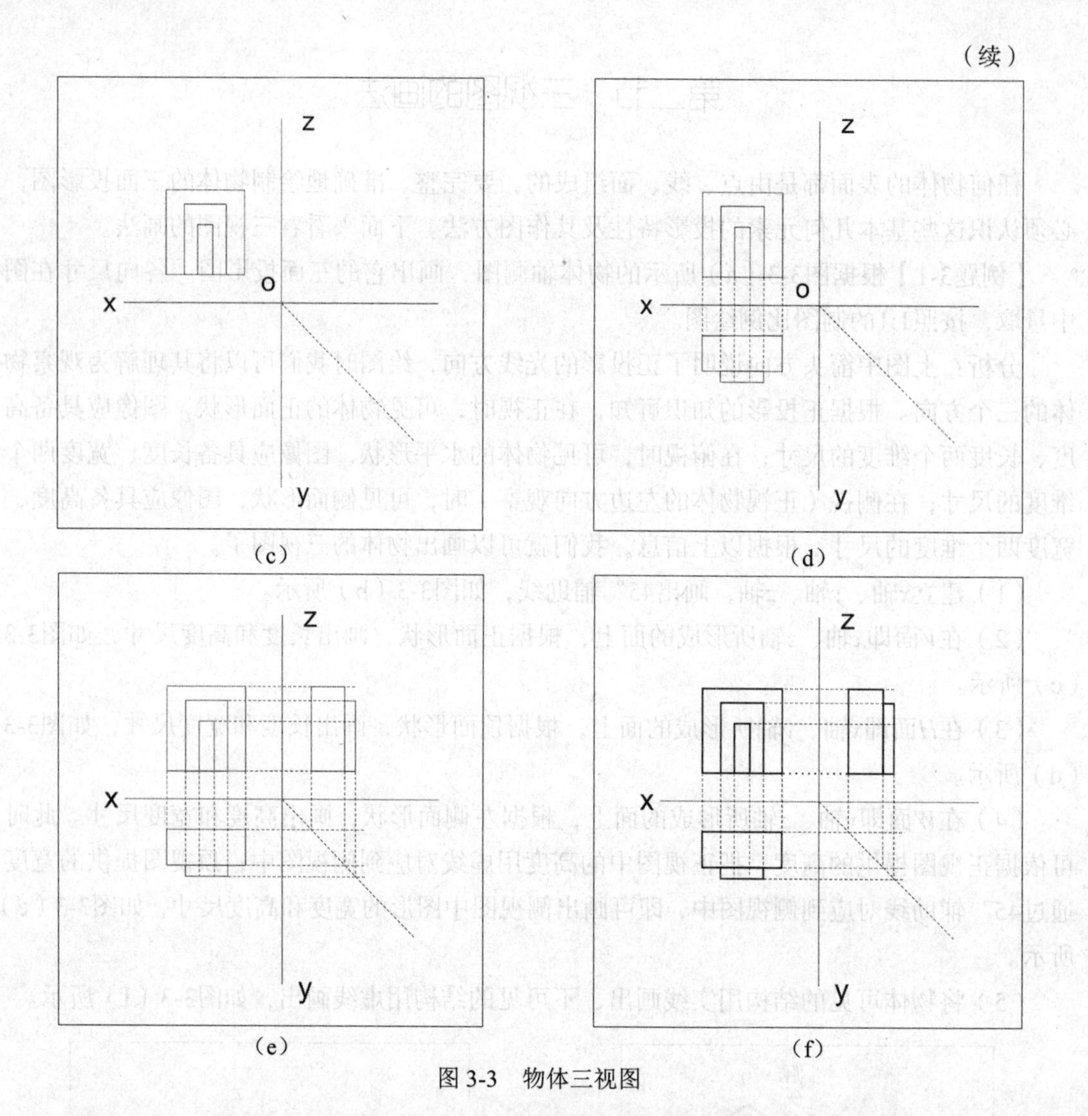

图 3-3　物体三视图

说明：根据国标推荐，用粗实线画出可见轮廓，用虚线画出不可见轮廓。

【例题3-2】根据图3-4（a），绘制其三视图，各向尺寸在图中量取，按照1:1的制图比例绘图。

（1）建立x轴、y轴、z轴，画出45°辅助线，如图3-4（b）所示。

（2）在V面即x轴、z轴所形成的面上，根据正面形状，画出长度和高度尺寸，如图3-4（c）所示。

（3）在H面上，即y轴、x轴所形成的面上，根据顶面形状，画出长度和宽度尺寸，如图3-4（d）所示。

（4）在W面上，即y轴、z轴所形成的面上，根据左侧面形状，画出侧视图中图形的宽度和高度尺寸，如图3-4（e）所示。

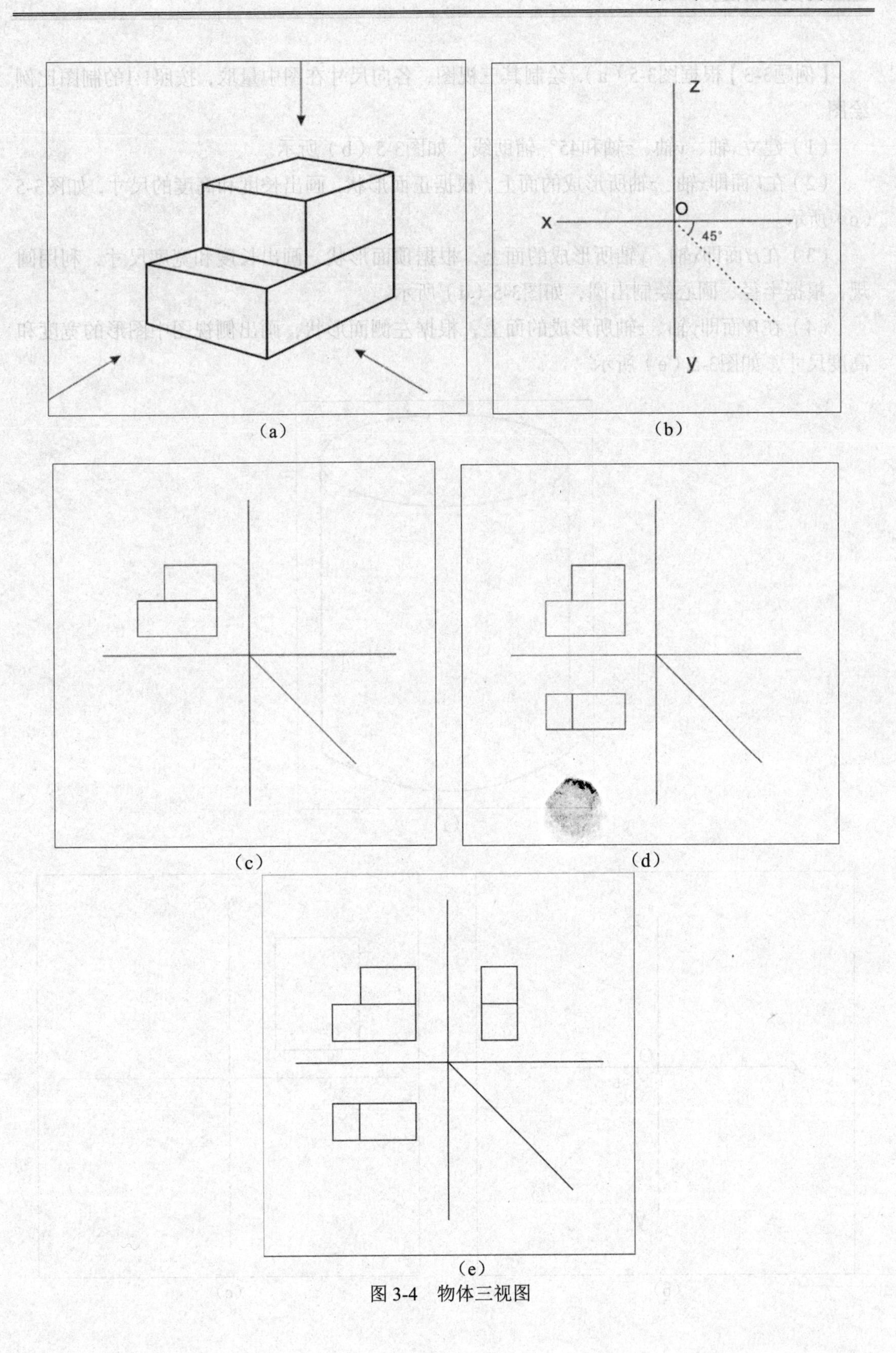

（a）　（b）　（c）　（d）　（e）

图 3-4　物体三视图

【例题3-3】根据图3-5（a），绘制其三视图，各向尺寸在图中量取，按照1:1的制图比例绘图。

（1）建立x轴、y轴、z轴和45° 辅助线，如图3-5（b）所示。

（2）在V面即x轴、z轴所形成的面上，根据正面形状，画出长度和高度的尺寸，如图3-5（c）所示。

（3）在H面即x轴、y轴所形成的面上，根据顶面形状，画出长度和宽度尺寸，利用圆规，根据半径、圆心绘制出圆，如图3-5（d）所示。

（4）在W面即y轴、z轴所形成的面上，根据左侧面形状，画出侧视图中图形的宽度和高度尺寸，如图3-5（e）所示。

（a）

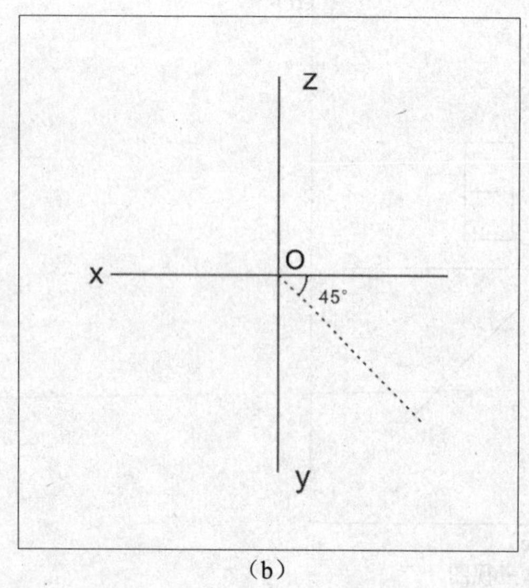

（b）

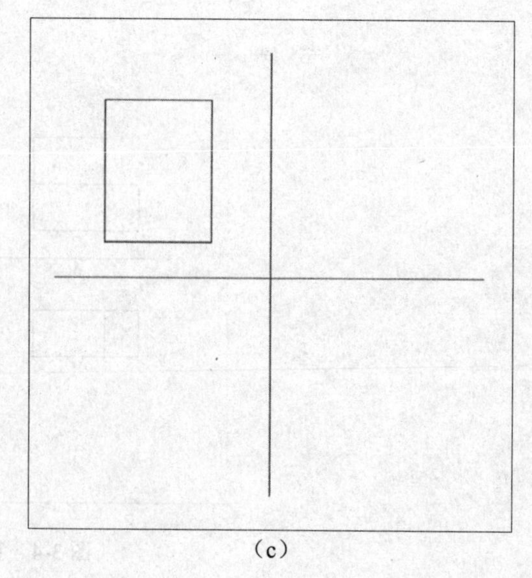

（c）

（续）

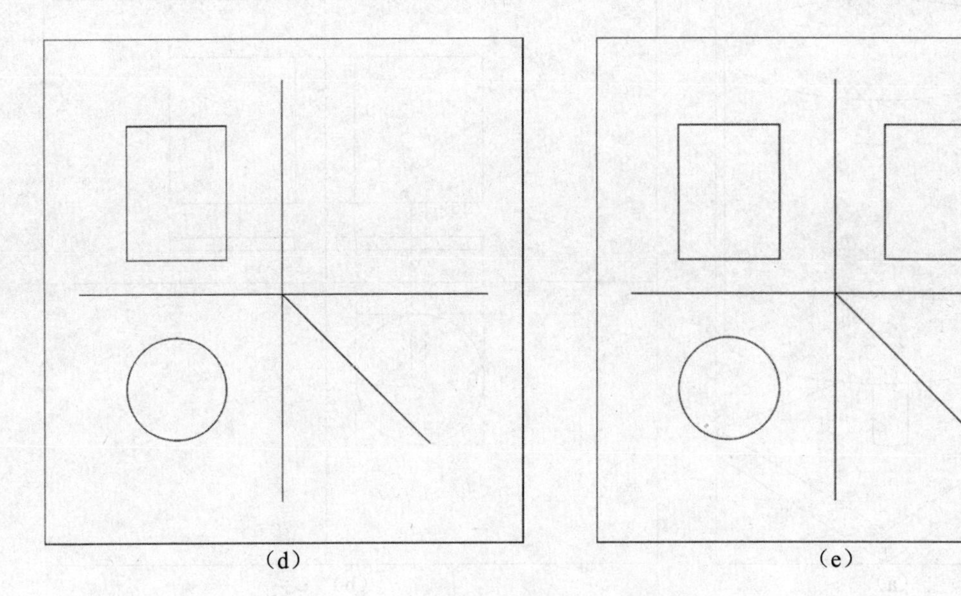

（d）　　（e）

图 3-5　物体的三视图画法

【例题3-4】根据图3-6（a），绘制床头柜的三视图，可在图中量取各个方向的尺寸。

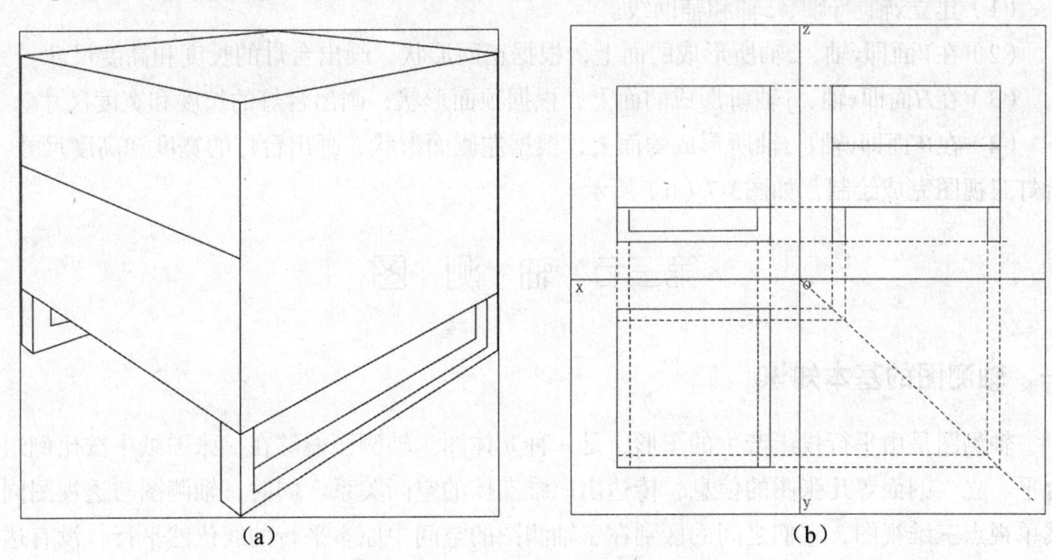

（a）　　（b）

图 3-6　床头柜的三视图画法

（1）建立x轴、y轴、z轴和辅助线。

（2）在V面即x轴、z轴所形成的面上，根据正面形状，画出床头柜的长度和高度尺寸。

（3）在H面即x轴、y轴所形成的面上，根据顶面形状，画出床头柜的长度和宽度尺寸。

（4）在W面即y轴、z轴所形成的面上，根据左侧面形状，画出床头柜的宽度和高度尺寸。床头柜三视图完成绘制，如图3-6（b）所示。

【例题3-5】根据图3-7（a），绘制台灯的三视图，可在图中量取各向尺寸。

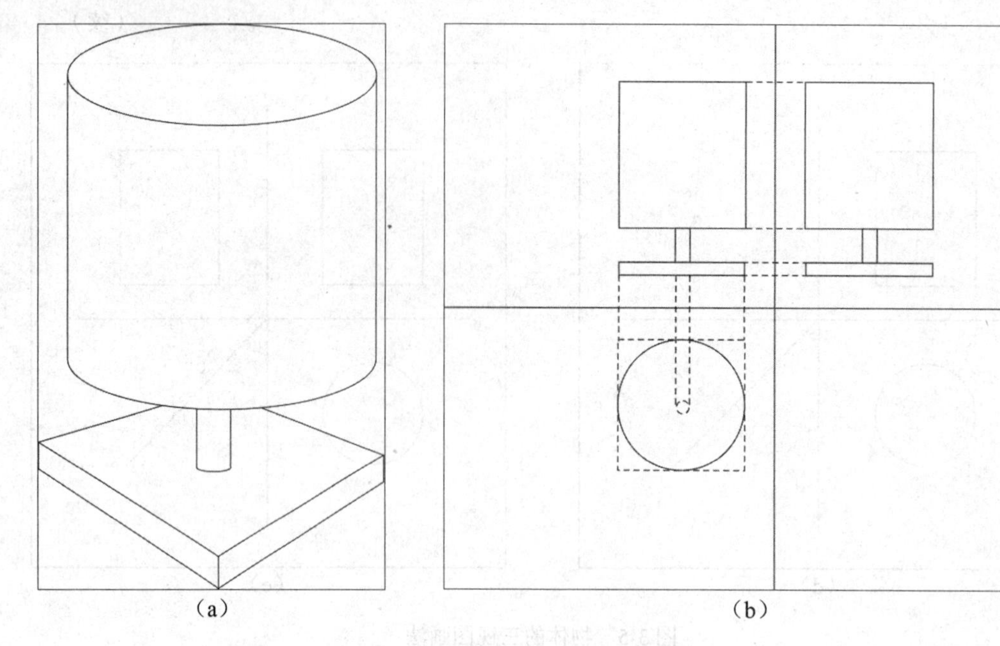

（a）　　（b）

图 3-7　台灯的三视图画法

（1）建立x轴、y轴、z轴和辅助线。

（2）在V面即x轴、z轴所形成的面上，根据正面形状，画出台灯的长度和高度尺寸。

（3）在H面即x轴、y轴所形成的面上，根据顶面形状，画出台灯的长度和宽度尺寸。

（4）在W面即y轴、z轴所形成的面上，根据左侧面形状，画出台灯的宽度和高度尺寸。台灯三视图完成绘制，如图3-7（b）所示。

第三节　轴　测　图

一、轴测图的基本知识

轴测图是由平行投影产生的图形，是一种立体图。轴测图能够在一张图纸中按比例组合平、立、剖面等几张图的信息，传达出三维实体的空间关系。同时，轴测图与透视图同属单视点三维视图，它们之间的区别在于轴测图的空间中原本平行的线依然平行，没有透视图中的灭点，如图3-8（b）所示。而透视的研究重点就是透视变化方向即灭点的问题，如图3-8（a）所示。

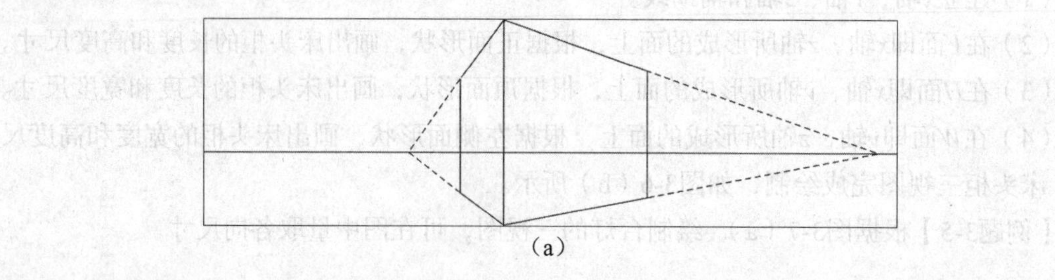

（a）

（续）

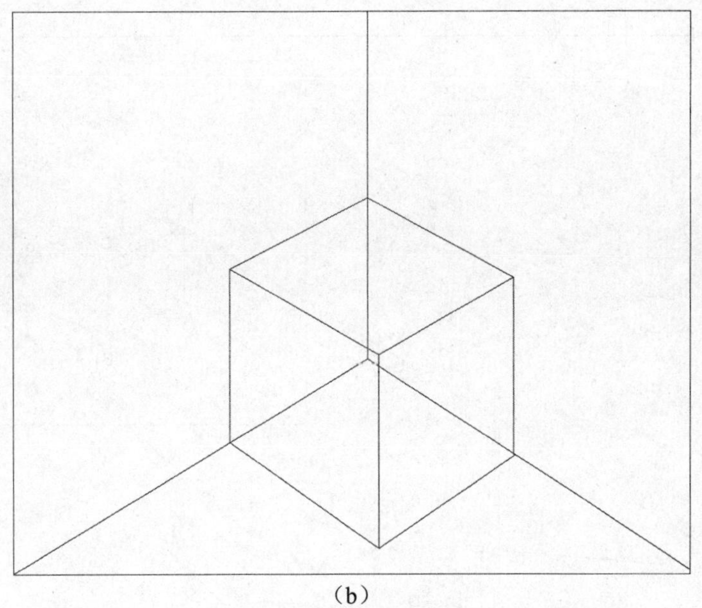

（b）

图 3-8　轴测图与透视图

从图中可以看到无论是透视图还是轴测图都能体现三维形体及相关信息，但是轴测图具有表现更直观、更容易绘制的特点。由于轴测图具有三视图的精准度和透视图的三维表现特征，因此它常被应用到施工工程中，既可以用来展示管道铺设类的具体设计，也可以用来表达设计人员的思想和意图。图3-9是一个建筑空间的轴测图。

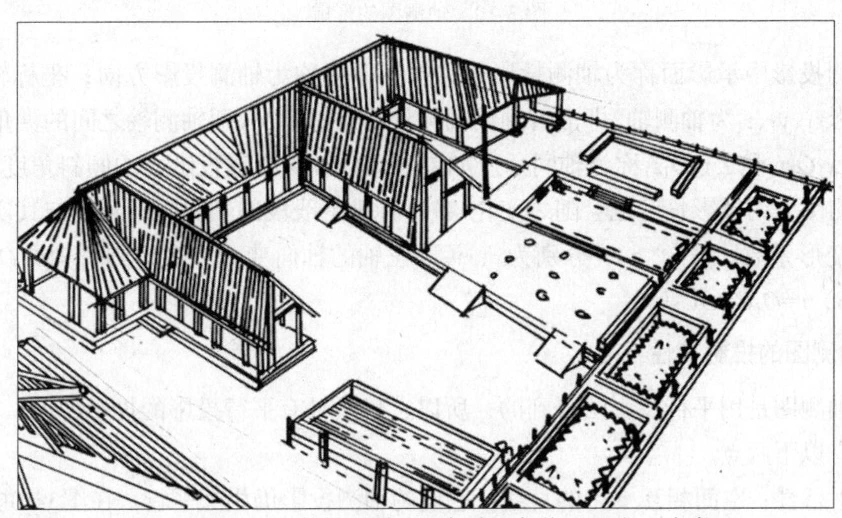

图 3-9　建筑空间的轴测图（西安财经大学 2016 级　商亮）

1．轴测图的形成

如图3-10所示，假设有承影面和投影方向，将物体连同确定其空间位置的坐标系转动，用平行投影法投射到承影面上，使所得的投影图就能反映物体的立体形象，这样的投影图称为轴测投影图。

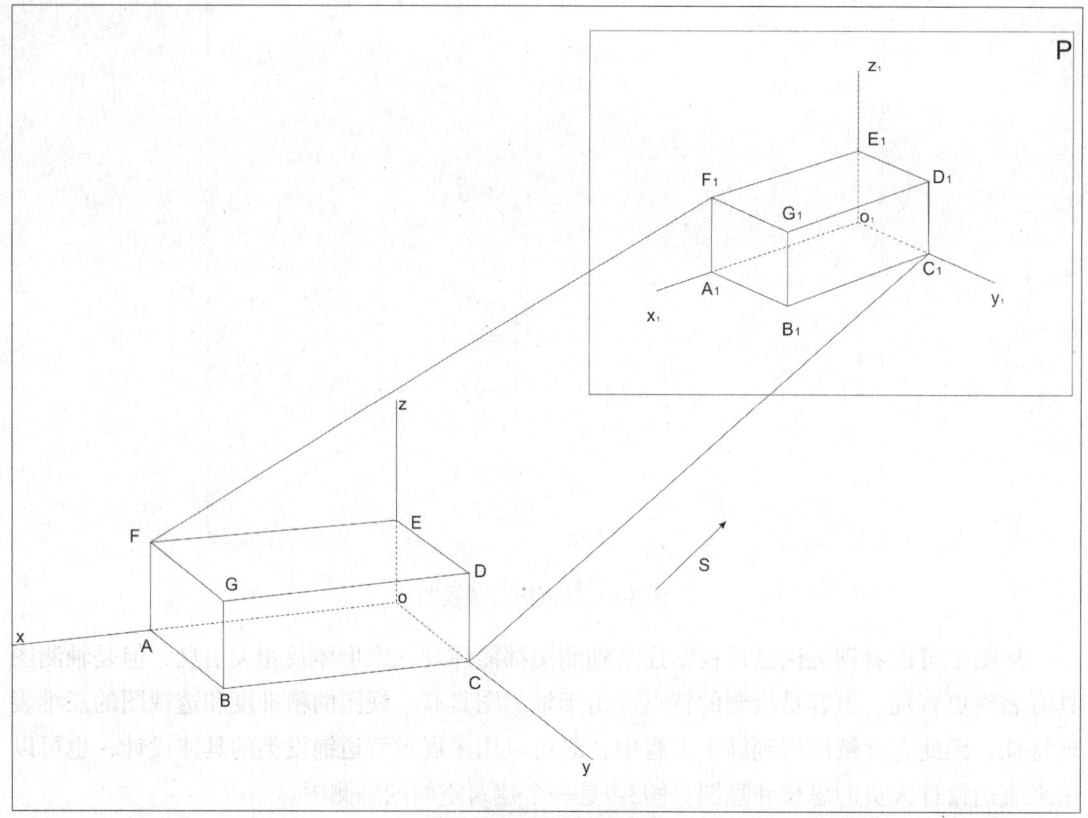

图 3-10　轴测图的形成

在轴测投影中承影面称为轴测投影面；投影方向称为轴测投影方向；坐标轴x、y、z的轴测投影x_1、y_1、z_1为轴测轴，即沿着轴测轴测量的意思。相邻两轴测轴之间的夹角$\angle x_1O_1z_1$、$\angle x_1O_1y_1$和$\angle y_1O_1z_1$称为轴间角。如果各坐标轴对轴测投影面的倾斜角度不同，则它们在轴测图上的投影长度也会随之变化，各坐标轴上线段的轴测投影长度与其实长之比，称为轴向变形系数。设p、q、r分别为x、y、z三轴的轴向变化系数，则可知$p=O_1A_1/OA$，$q=O_1B_1/OB$，$r=O_1C_1/OC$。

2. 轴测图的投影特性

由于轴测图是用平行投影法得到的，所以它仍然具有平行投影的投影特性，轴测图的投影特性有以下两点。

（1）平行性：空间相互平行的直线，它们的轴测投影仍相互平行。在图3-10中，$GF /\!/ DE$，则$G_1F_1 /\!/ D_1E_1$。物体上平行于三根坐标轴的线段，在轴测图上仍平行于相应的轴测轴，如图3-10所示，$CB /\!/ Ox$，则$C_1B_1 /\!/ O_1x_1$。

（2）定比性：物体上平行于坐标轴的线段的轴测投影与原线段实长之比，等于相应的轴向变形系数。如图3-10所示，$O_1A_1=p\bullet OA$，$C_1B_1=p\bullet CB$。因此画轴测图时，物体上凡是平行于各坐标轴的线段，只要将它们乘以相应的轴向变形系数，就可得到它们在轴测图上的长度，然后根据平行性特征再沿着平行于相应轴测轴的方向画出。

3．轴测图分类

根据投影方向与轴测投影面（即光线与承影面）所成的角度不同，轴测图可以分为两类。

（1）正轴测图：投影线与轴测承影面垂直时所形成的图。

（2）斜轴测图：投影线与轴测承影面倾斜时所形成的图。

根据各轴向变形系数是否相同，轴测图又可分为以下三类。

（1）等测轴测图：三个轴向变化系数均相等，即$p=q=r$。各轴向简化系数为1。

（2）二等测轴测图：总存在两个轴向变化系数相等的情况，即$p=q\neq r$，或$p\neq q=r$，或$p=r\neq q$。

（3）三等测轴测图：三个轴向变化系数均不相等，即$p\neq q\neq r$。

在制图过程中，为了更加便捷地作图，又常采用以下轴测图。

（1）正等轴测图（简称正等测）：此时轴测投影方向与轴测投影面垂直，轴向变化系数相等。

（2）正二等轴测图（简称正二测）：此时轴测投影方向与轴测投影面垂直，x轴与z轴的轴向变化系数相等，是y轴轴向变化系数的2倍。

（3）斜二等轴测图（简称斜二测）：此时轴测投影方向与轴测投影面倾斜，x轴与z轴的轴向变化系数相等，是y轴轴向变化系数的2倍，即$p=r=2q$。

边长为5cm的正方体的三种常用轴测图如图3-11所示。

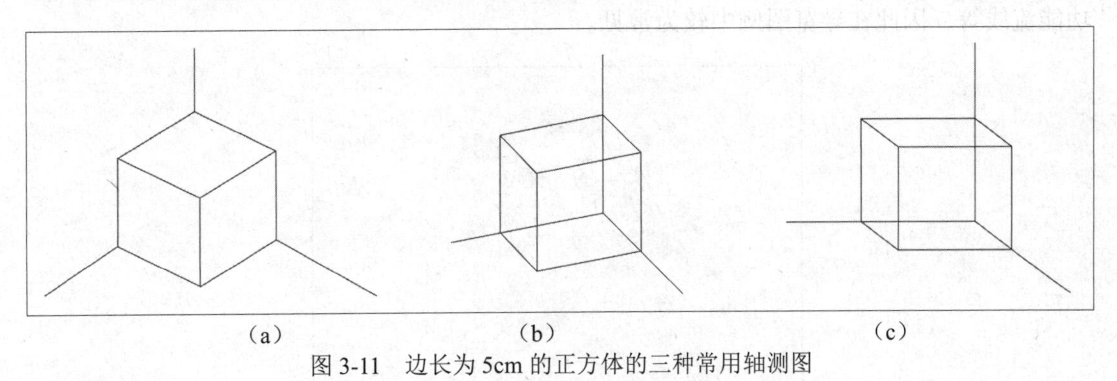

（a）　（b）　（c）

图 3-11　边长为 5cm 的正方体的三种常用轴测图

二、轴测图的应用

在设计表达的过程中，所有图纸的绘制都是根据其用途来选择的，轴测图在实际应用中也是根据目的来选择合适的类型的。例如，著名建筑大师勒·柯布西耶在建筑设计中就选择了这样一种轴测图，如图3-12所示。

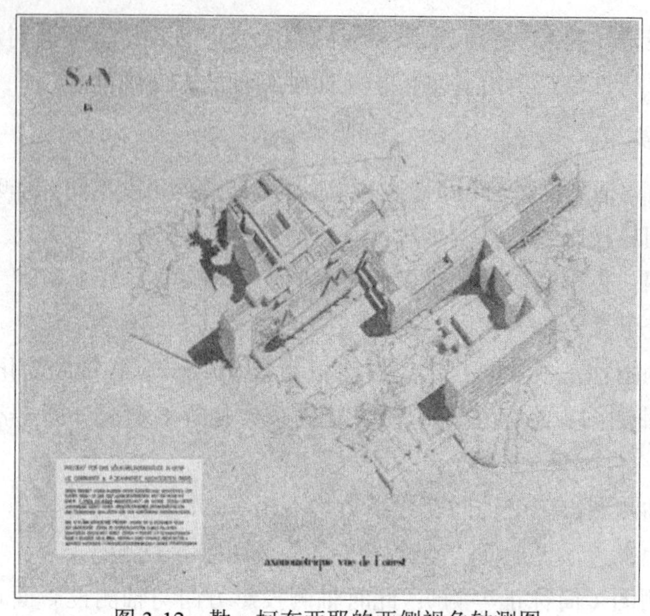

图 3-12　勒·柯布西耶的西侧视角轴测图

在研究或表现城市或较大规模的街区时，鸟瞰或俯视轴测图有助于全面地把握设计对象的结构与秩序。特别是平面斜轴测图因为绘制相对简便，视角宽阔，适合表现范围较大、形态较复杂的城市空间。此外，为了研究或表现建筑与周边环境的关系、功能布局等内容，这样的轴测图也可以清晰地展现出建筑及其环境的全貌，如图3-13所示。平面斜轴测图因为与平面图有许多相似之处，它在表现建筑时具有平面图的特长，例如清晰的平面关系、功能流线等，因此在导览图例中较为常见。

图 3-13　西汉南越王墓博物馆平面斜轴测图

与平面斜轴测图的视角相比，还有一种轴测图更加接近日常观看视角，即立面斜轴测图。它的视点相对低，符合视觉习惯，更容易被人接受，如图3-14所示。

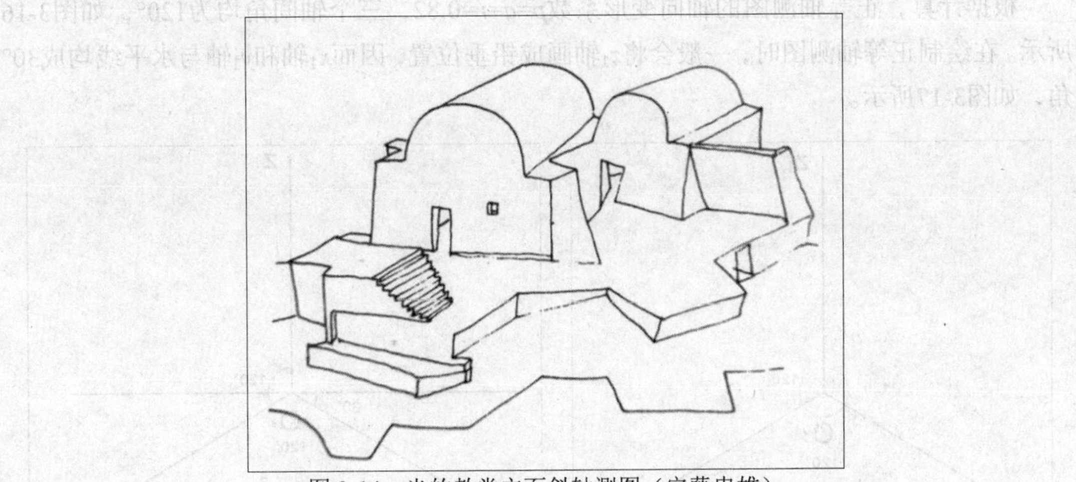

图 3-14　光的教堂立面斜轴测图（安藤忠雄）

第四节　正等轴测图的画法

如图3-15所示，当轴测投影方向垂直于轴测投影面，并且使确定物体空间位置的三个坐标轴对轴测投影面的轴夹角都相等时，此时所得到的轴测投影图称为正等轴测图。

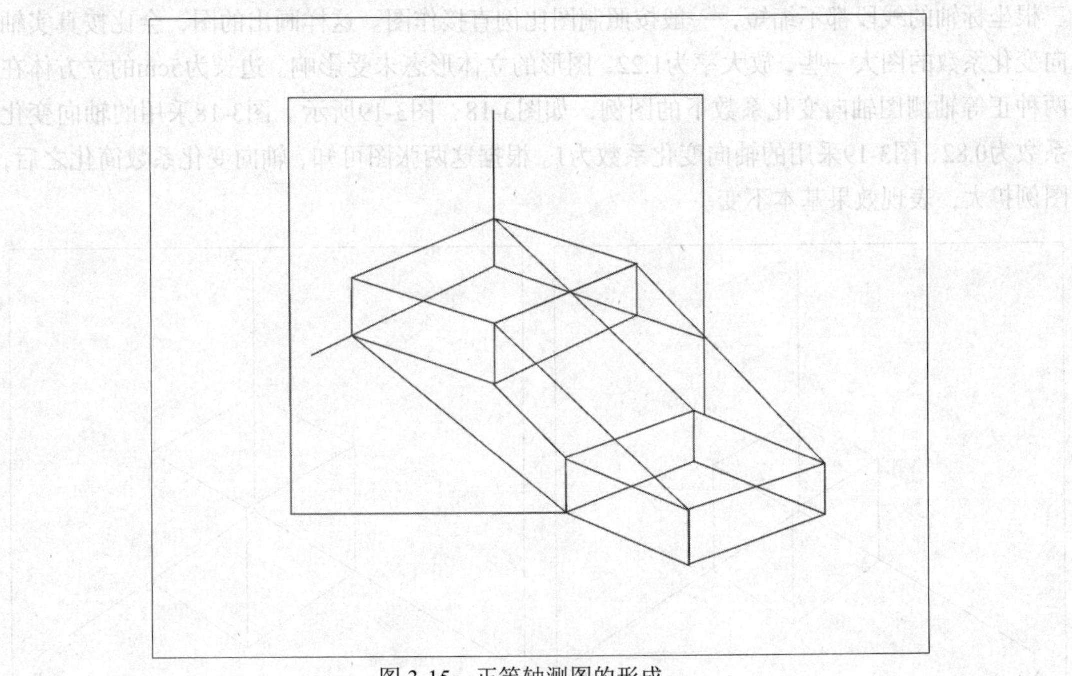

图 3-15　正等轴测图的形成

一、正等轴测图轴间角和轴向变形系数

根据计算，正等轴测图的轴向变形系数$p=q=r=0.82$，三个轴间角均为120°，如图3-16所示。在绘制正等轴测图时，一般会将z_1轴画成铅垂位置，因而x_1轴和y_1轴与水平线均成30°角，如图3-17所示。

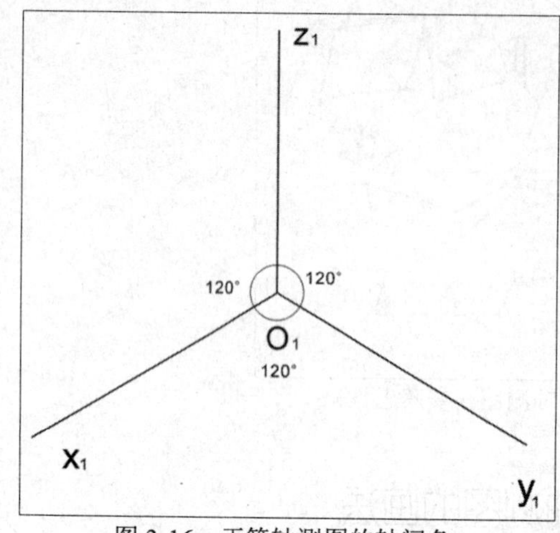

图 3-16　正等轴测图的轴间角

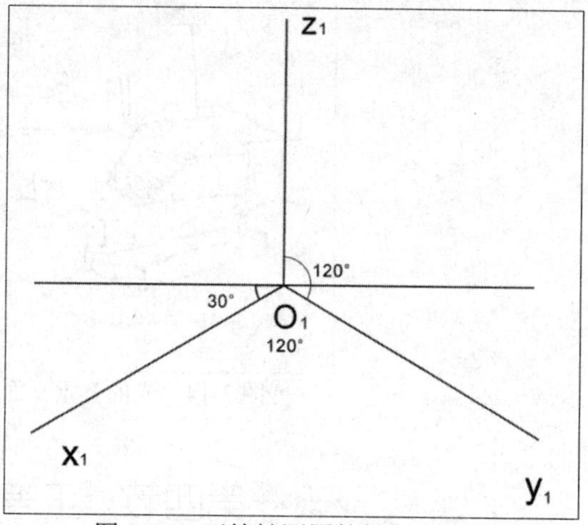

图 3-17　正等轴测图的轴间角画法

在绘制正等轴测图时，如果按照实际轴向变化系数制图，会增加作图的复杂性。为了方便作图，通常绘制正等轴测图时会将轴向变化系数简化为1。实际上就是画图时，平行于三根坐标轴的线段都不缩短，一般按照制图比例直接作图。这样画出的图，会比按真实轴向变化系数的图大一些，放大率为1.22，图形的立体形态未受影响。边长为5cm的立方体在两种正等轴测图轴向变化系数下的图例，如图3-18、图3-19所示。图3-18采用的轴向变化系数为0.82，图3-19采用的轴向变化系数为1。根据这两张图可知，轴向变化系数简化之后，图例扩大，表现效果基本不变。

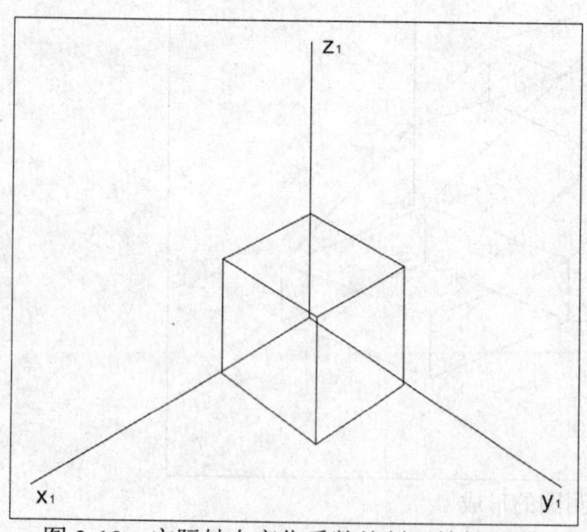

图 3-18　实际轴向变化系数绘制正等轴测图

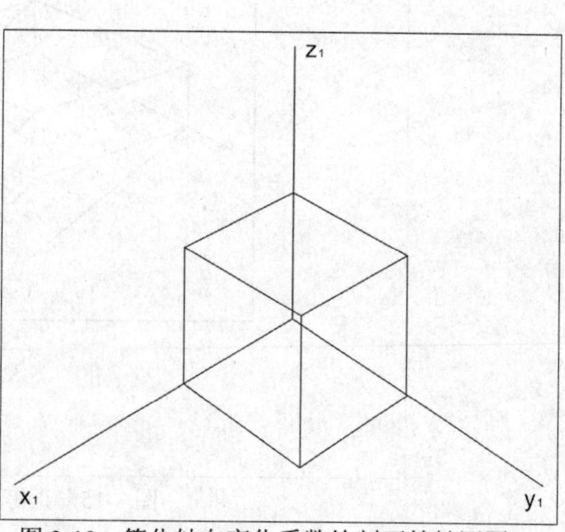

图 3-19　简化轴向变化系数绘制正等轴测图

【例题3-6】已知三棱锥的三视图如图3-20（a）所示，作出它的正等轴测图。

（1）根据三视图分别定出原点及坐标轴的位置，可以使x轴与a重合，原点O与顶点b重合，如图3-20（b）所示；

（2）画出正等轴测图的轴测轴，根据三视图信息画出三棱锥底面三角形的三个顶点A_1、B_1、C_1，如图3-20（c）所示；

（3）根据顶点S的坐标值，画出其轴测投影S_1，如图3-20（d）所示；

（4）连接空间物体各点，加深可见轮廓，完成三棱锥的正等测图，如图3-20（e）所示。

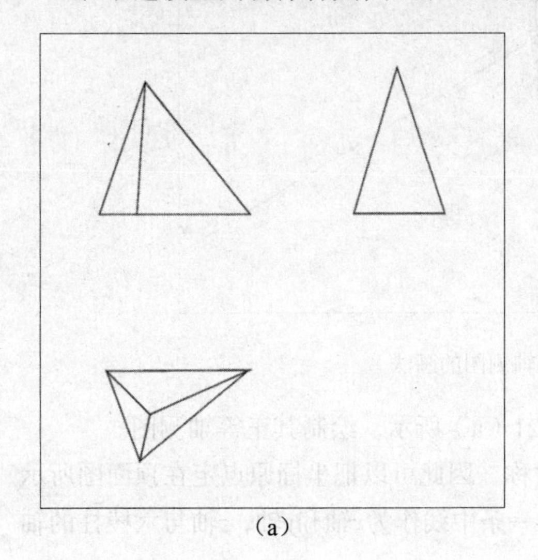
（a）

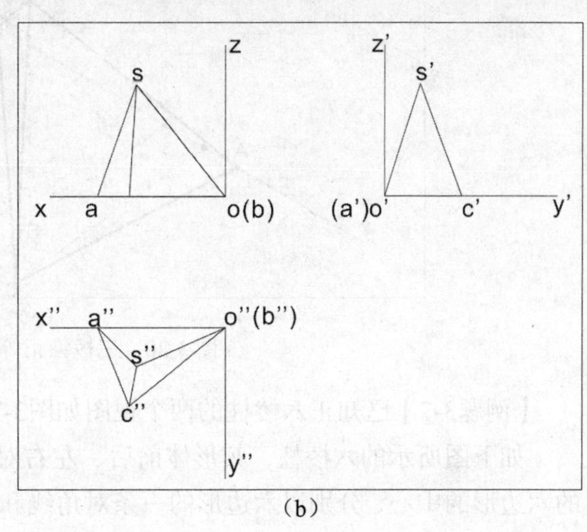

（b）

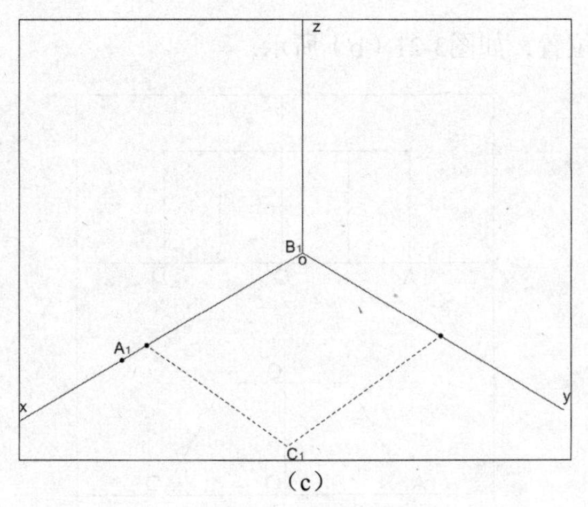

（c）

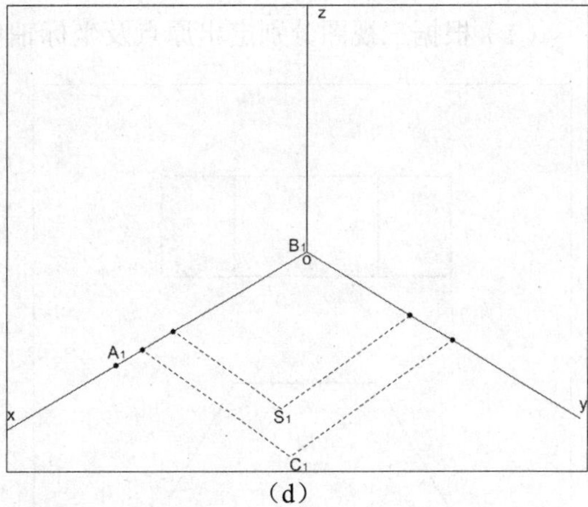

（d）

（续）

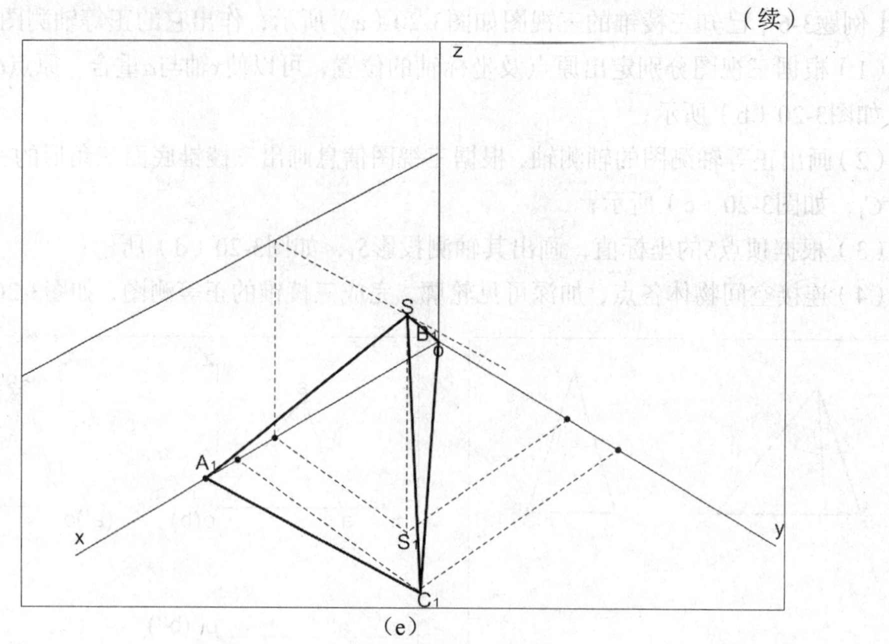

（e）

图 3-20　三棱锥正等轴测图的画法

【例题3-7】已知正六棱柱的两个视图如图3-21（a）所示，绘制其正等轴测图。

如下图所示的六棱柱，其形体前后、左右对称，因此可以把坐标原点定在顶面图所示的六边形的中心，分别以六边形的一条对角线和一条中线作为x轴和y轴，z轴与六棱柱的轴线重合。

（1）根据三视图分别定出原点及坐标轴位置，如图3-21（b）所示；

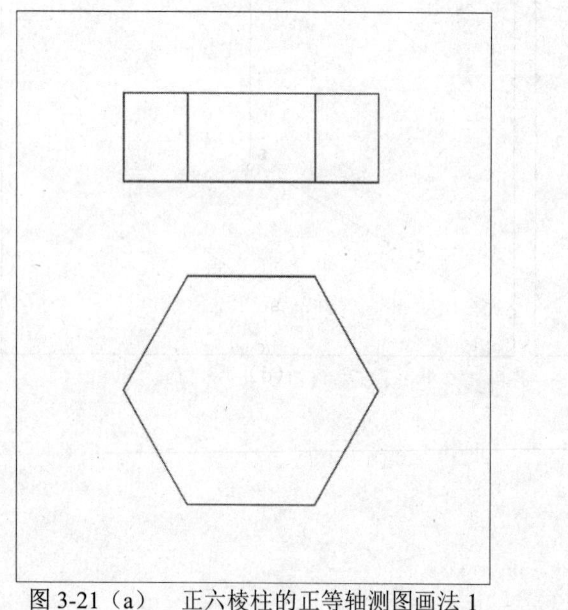

图 3-21（a）　正六棱柱的正等轴测图画法 1

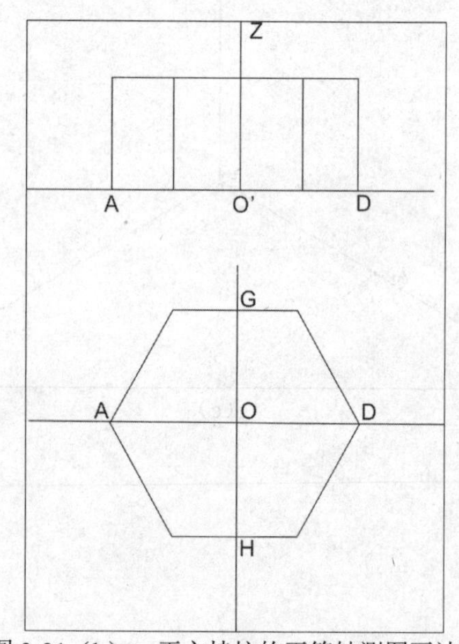

图 3-21（b）　正六棱柱的正等轴测图画法 2

（2）画出正等轴测图的轴测轴，根据三视图信息在x_1轴上画出A_1D_1，在y_1轴上取

$H_1G_1=HG$，如图3-21（c）所示；

（3）过H_1、G_1分别作x_1轴的平行线，分别以H_1、G_1为中点，在其所作的平行线上取各边长度。顺次连接各点，即可得到底面六边形的轴测图，如图3-21（d）所示；

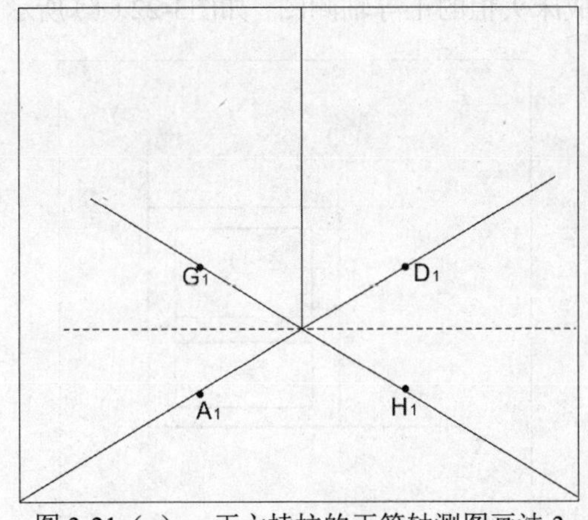

图 3-21（c）　正六棱柱的正等轴测图画法 3

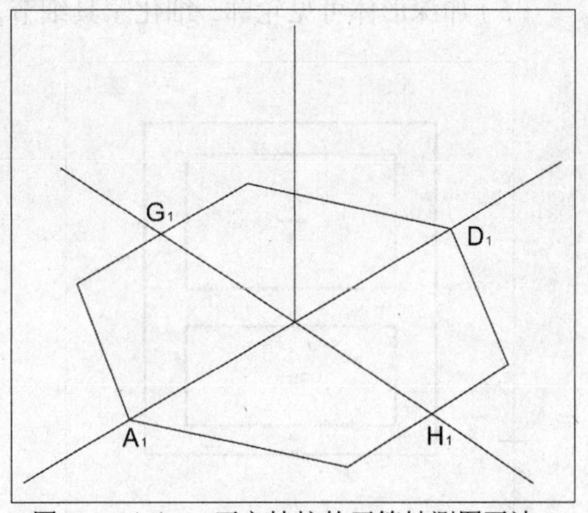

图 3-21（d）　正六棱柱的正等轴测图画法 4

（4）过各点向上作z_1轴的平行线，在各平行线上按六棱柱高度对应量取各点并依次连线，加深形体可见轮廓，完成正六棱柱的正等轴测图，如图3-21（e）所示。

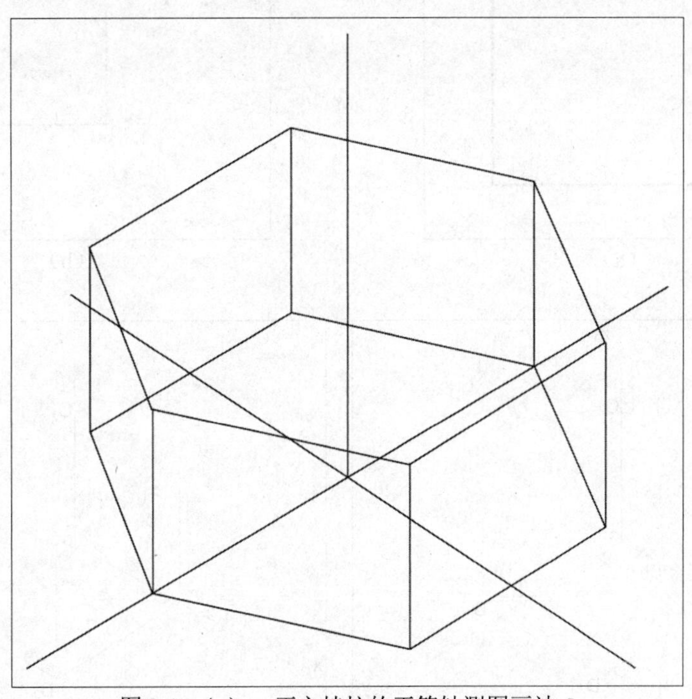

图 3-21（e）　正六棱柱的正等轴测图画法 5

【例题3-8】已知床头柜的正视图和顶视图，如图3-22（a）所示，作出它的正等轴测图。

（1）根据三视图分别定出原点及坐标轴位置，如图3-22（b）所示；

（2）画出正等轴测图的轴测轴，根据三视图信息画出床头柜的平面轴测图，如图3-22

（c）所示；

（3）过平面轴测图各点向上作z_1轴的平行线，如图3-22（d）所示；

（4）在各平行线上按空间高度对应量取各点并依次连线，如图3-22（e）所示；

（5）加深形体可见轮廓，细化家具细节，完成床头柜的正等轴测图，如图3-22（f）所示。

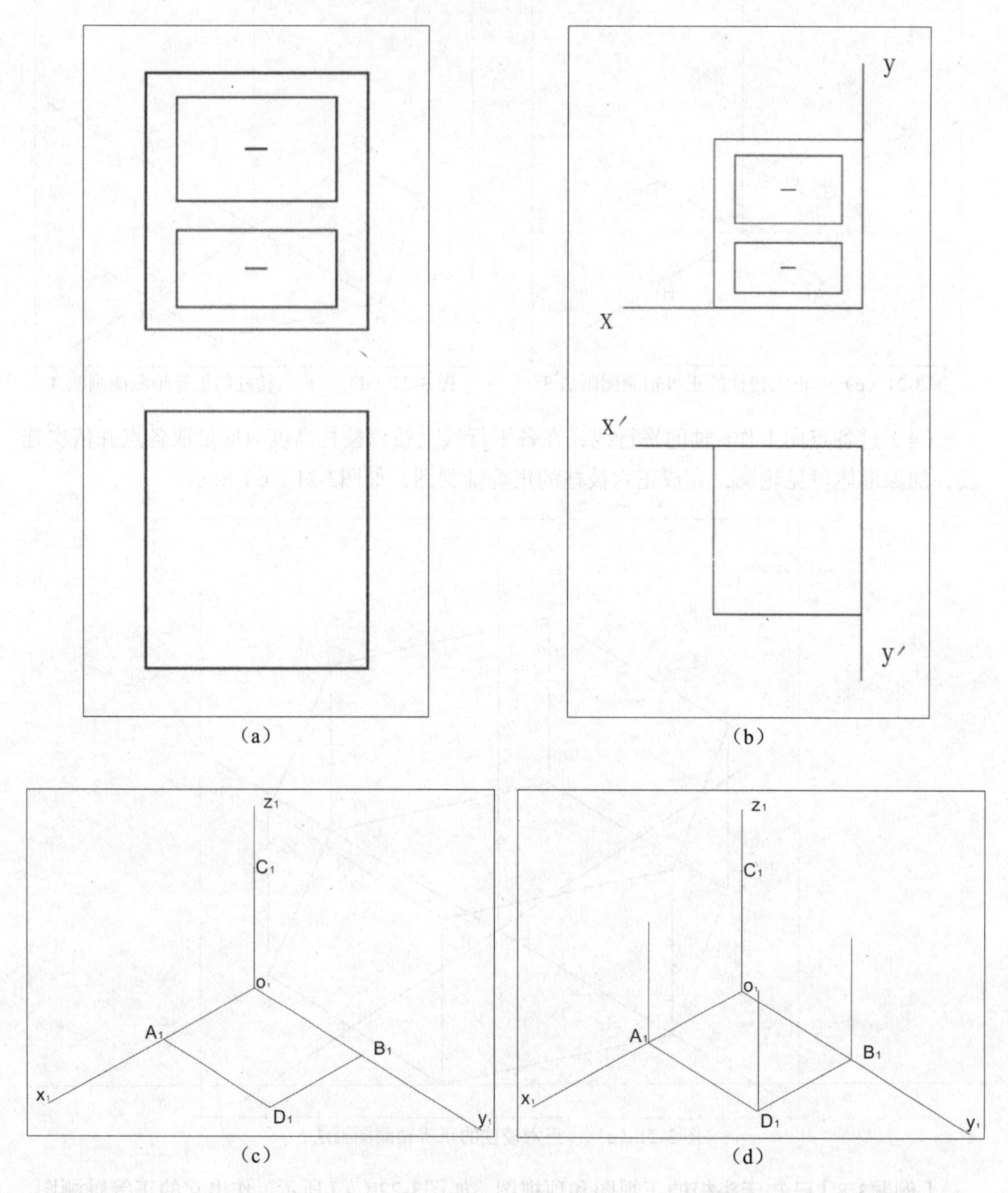

（a）　（b）　（c）　（d）

（续）

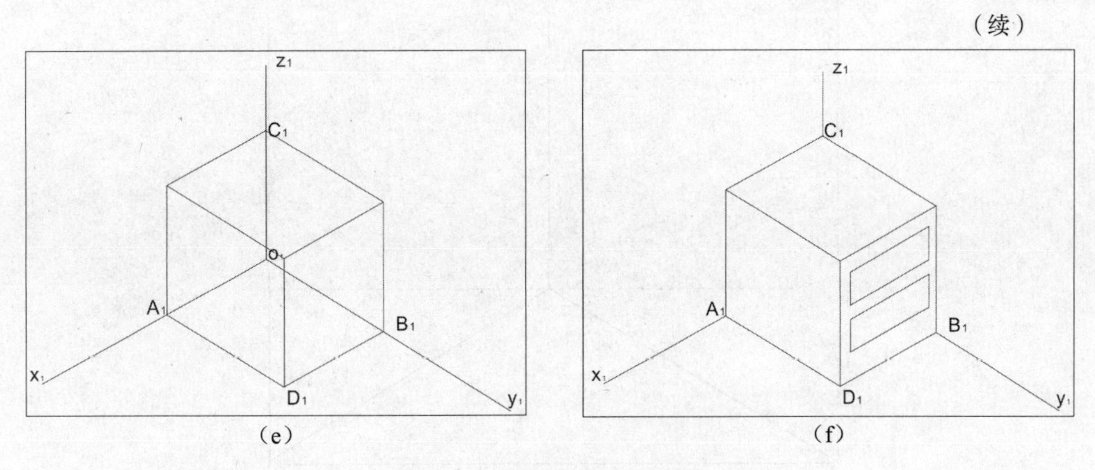

图 3-22　床头柜的正等轴测图画法

【例题3-9】已知空间平面图如图3-23（a）所示，作出它的正等轴测图。

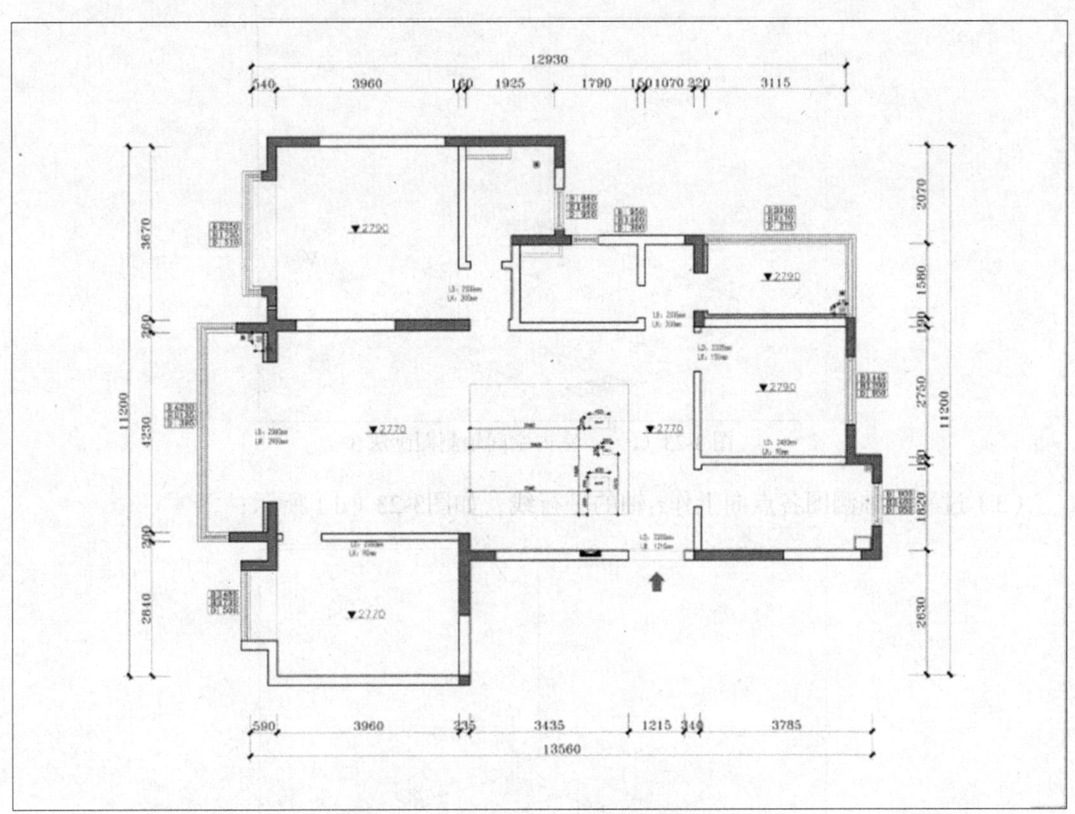

图 3-23（a）　室内空间轴测图画法 1

（1）根据平面图所表现的空间维度，在轴测轴上定出原点及空间各点的位置，如图3-23（b）所示；

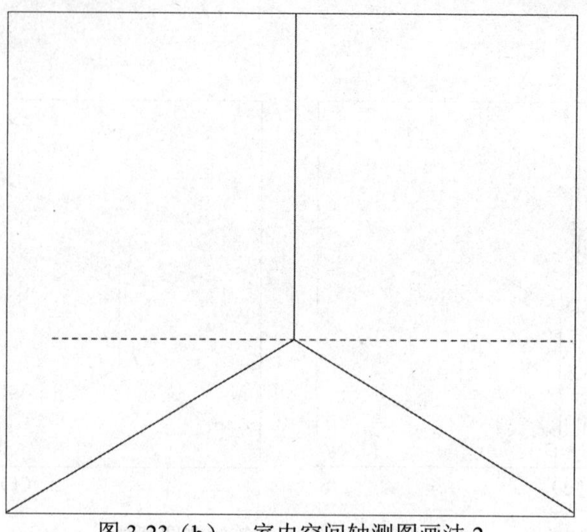

图 3-23（b）　室内空间轴测图画法 2

（2）根据正等轴测图平行性原理，画出空间平面轴测图，如图3-23（c）所示；

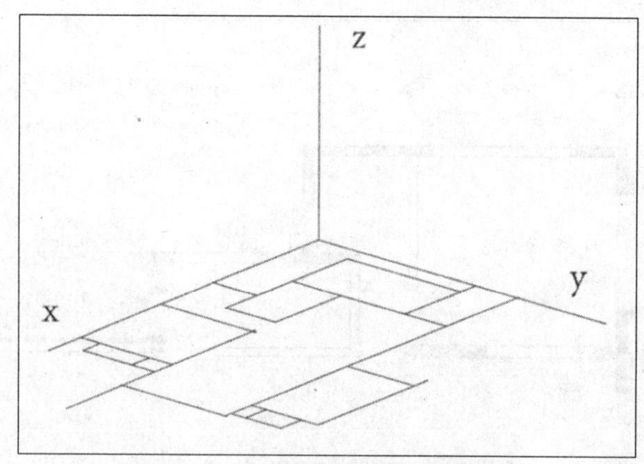

图 3-23（c）　室内空间轴测图画法 3

（3）过平面轴测图各点向上作z_1轴的平行线，如图3-23（d）所示；

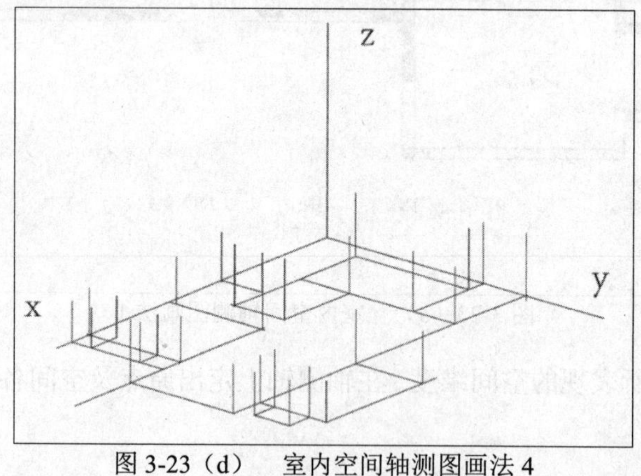

图 3-23（d）　室内空间轴测图画法 4

（4）在各平行线上按空间高度对应量取各点并依次连线，完成居住空间的正等轴测图，如图3-23（e）所示。

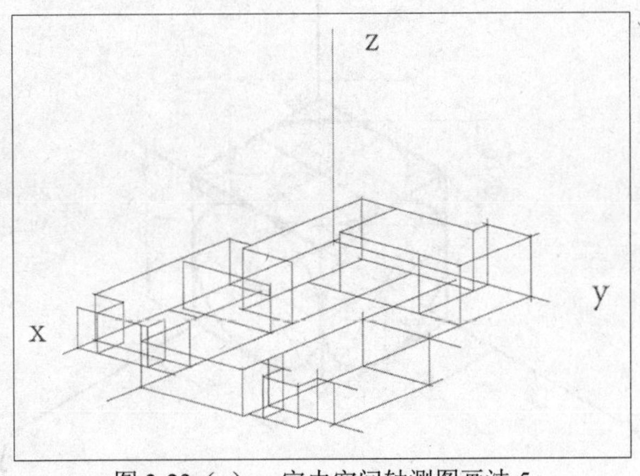

图 3-23（e）　室内空间轴测图画法 5

二、圆的正等轴测画法

为了更加快捷地绘制圆的轴测图，一般会让圆所在的面平行于坐标面，这样可以相对快速、准确地表现空间形体。一般情况下会优先绘制圆的外切正方形，在正等轴测图中正方形会发生变形，作为内切圆，在正等轴测图中也就相应地发生变化，成为椭圆。椭圆的长轴均等于圆的直径d，短轴等于$0.58d$，如图3-24所示。按照正等轴测轴的简化系数作图，其长短轴均放大1.22倍，即长轴等于$1.22d$，短轴等于$0.7d$，如图3-25所示。同时还需要了解三个坐标面上椭圆的长短轴方向有所不同，并存在以下关系，如图3-26所示。

（1）水平面上的圆与xOy坐标面平行，其椭圆长轴垂直于z轴，短轴平行于z轴；

（2）正面的圆与xOz坐标面平行，其椭圆长轴垂直于y轴，短轴平行于y轴；

（3）侧面的圆与yOz坐标面平行，其椭圆长轴垂直于x轴，短轴平行于x轴。

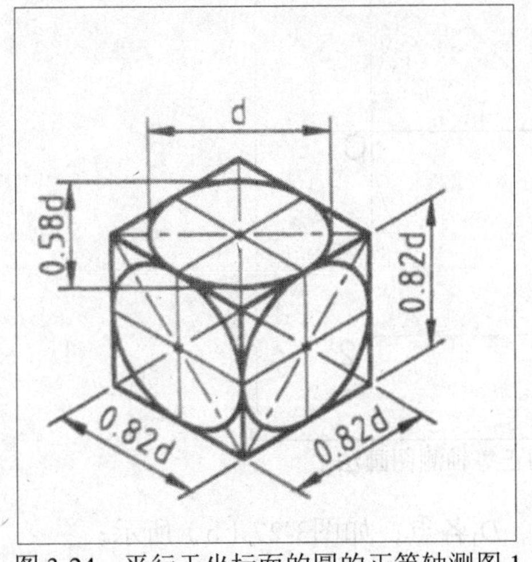

图 3-24　平行于坐标面的圆的正等轴测图 1

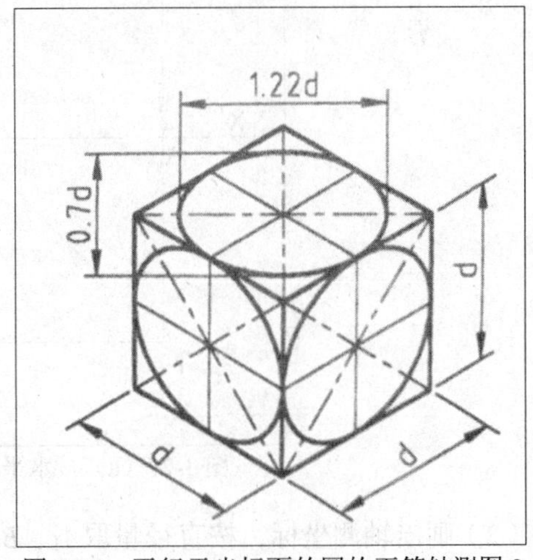

图 3-25　平行于坐标面的圆的正等轴测图 2

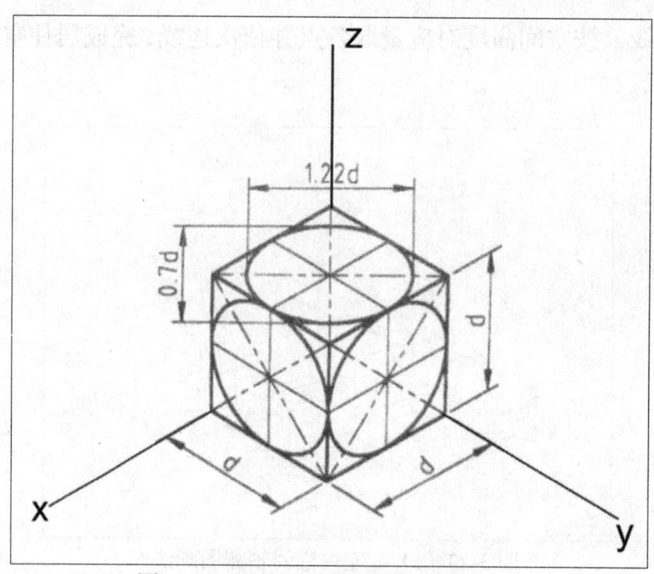

图 3-26　圆的正等轴测图长短轴关系

为了简化圆的正等轴测图的制图步骤，常采用四段圆弧连接成椭圆的近似画法，也被称作四圆弧法。

【例题3-10】已知圆的正视图和顶视图，如图3-27所示，求水平面圆的正等轴测图。

（1）根据圆的三视图定出原点及坐标轴的位置，并作圆的外切正方形四个切点分别为A、B、C、D，如图3-27（a）所示；

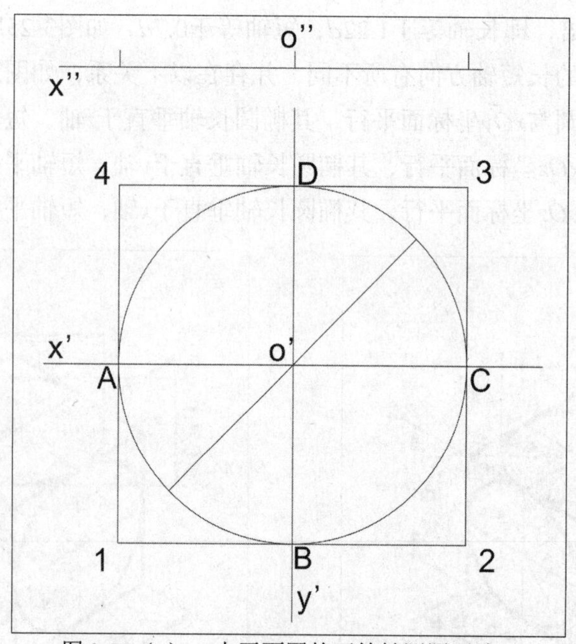

图 3-27（a）　水平面圆的正等轴测图画法 1

（2）画出轴测坐标，按直径量取A_1、B_1、C_1、D_1各点，如图3-27（b）所示；

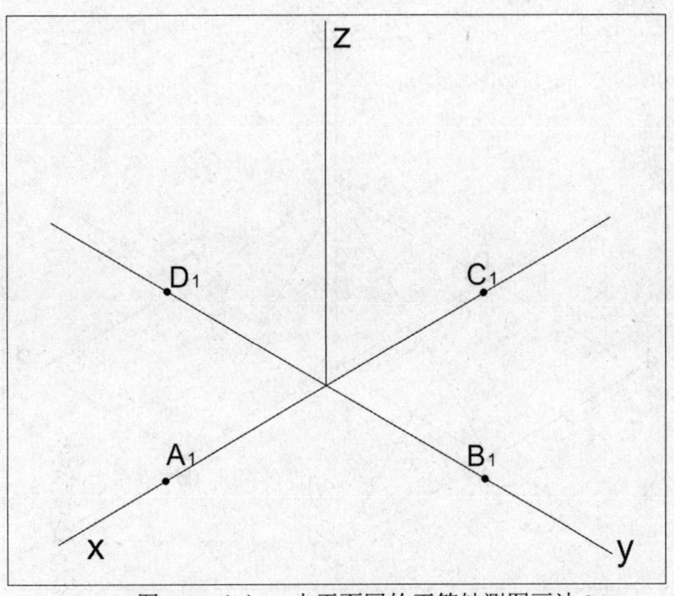

图 3-27（b）　水平面圆的正等轴测图画法 2

（3）过A_1、B_1、C_1、D_1点分别作x、y轴的平行线，得到圆外切正方形的正等测图的点1、2、3、4，如图3-27（c）所示；

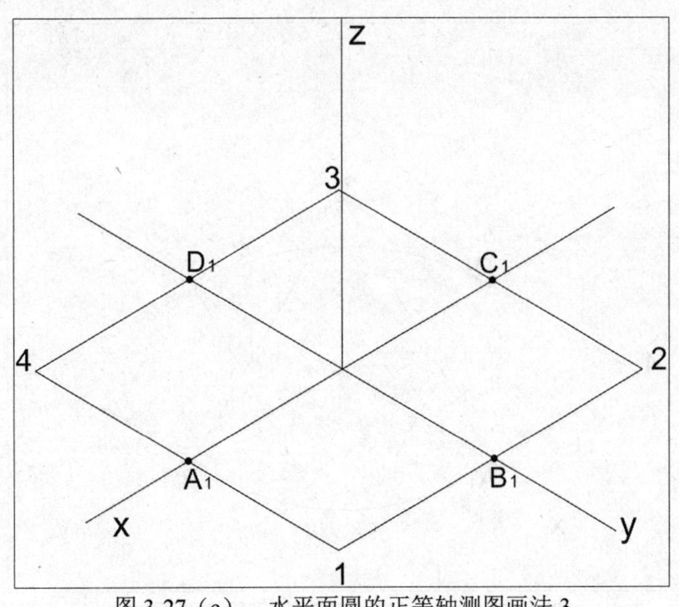

图 3-27（c）　水平面圆的正等轴测图画法 3

（4）将点1分别与C_1、D_1连接，将点3分别与A_1、B_1连接，得交点F、G，如图3-27（d）所示；

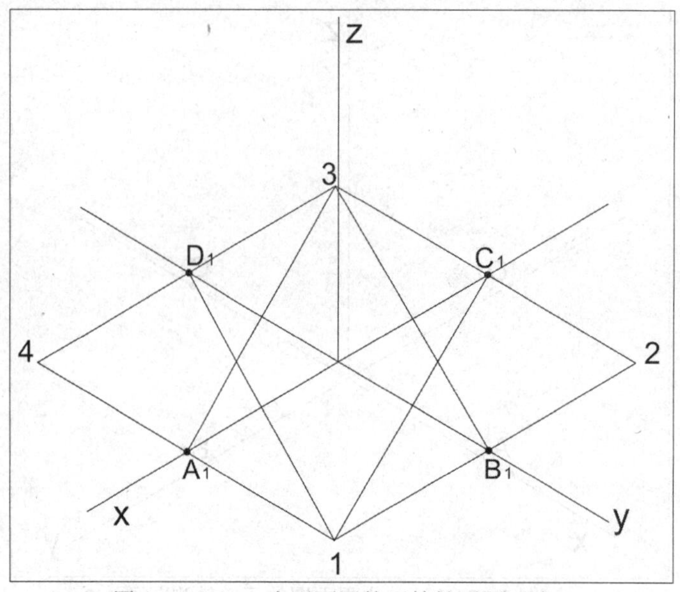

图 3-27（d） 水平面圆的正等轴测图画法 4

（5）以1为圆心，以$1D_1$为半径画圆弧，以3为圆心，以$3A_1$为半径画圆弧，如图3-27（e）所示；

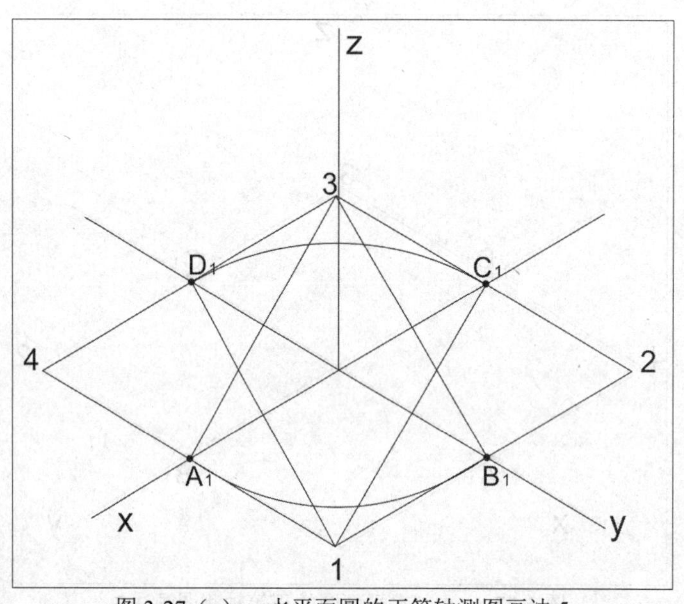

图 3-27（e） 水平面圆的正等轴测图画法 5

（6）以F为圆心，以FD_1为半径画圆弧，以G为圆心，以GC_1为半径画圆弧，如图3-27（f）所示。

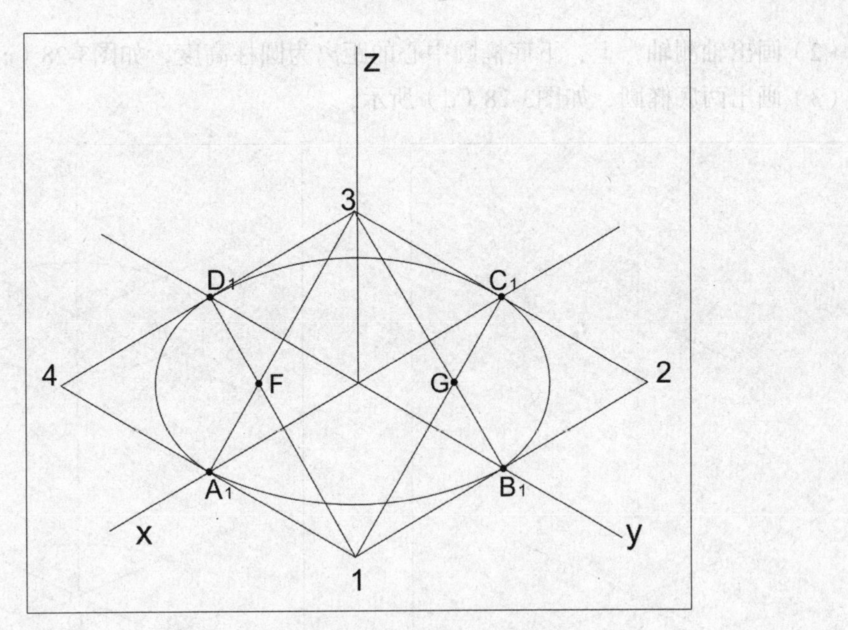

图 3-27（f）　水平面圆的正等轴测图画法 6

正面椭圆和侧面椭圆，其画法与水平椭圆画法完全相同，只需要注意一下长短轴方向。

【例题3-11】已知圆柱的正视图和顶视图，如图3-28（a）所示，绘制圆柱的正等轴测图。

（1）在三视图中定出原点及坐标轴的位置，如图3-28（b）所示；

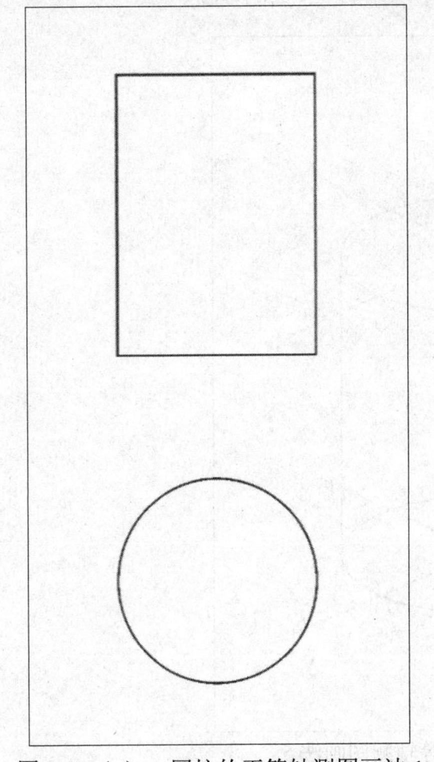

图 3-28（a）　圆柱的正等轴测图画法 1

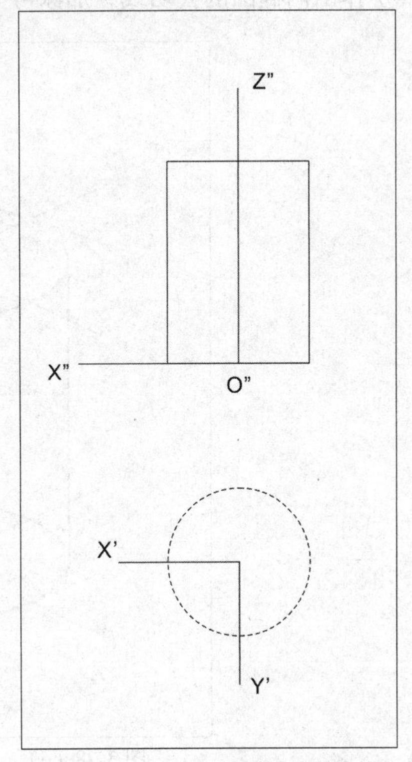

图 3-28（b）　圆柱的正等轴测图画法 2

（2）画出轴测轴，上、下底椭圆中心的距离为圆柱高度，如图3-28（c）所示；

（3）画出两底椭圆，如图3-28（d）所示；

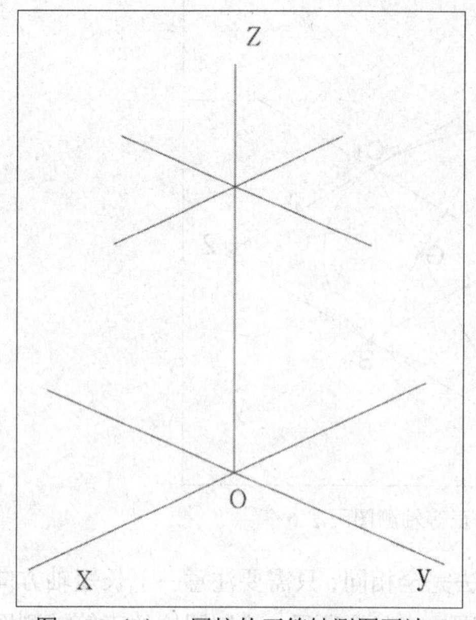

图 3-28（c） 圆柱的正等轴测图画法 3

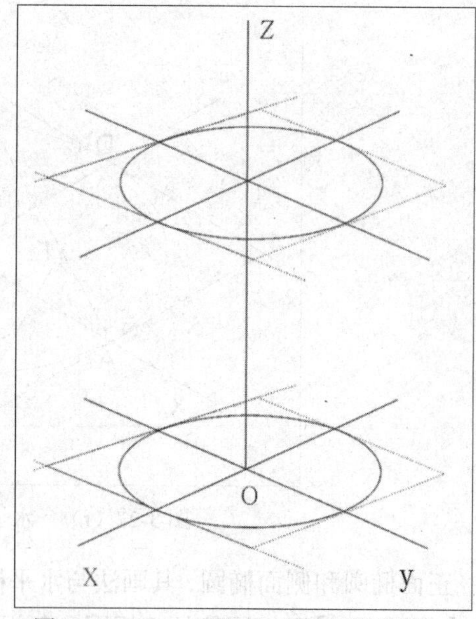

图 3-28（d） 圆柱的正等轴测图画法 4

（4）作出两椭圆的公切线，加深可见结构，如图3-28（e）所示。

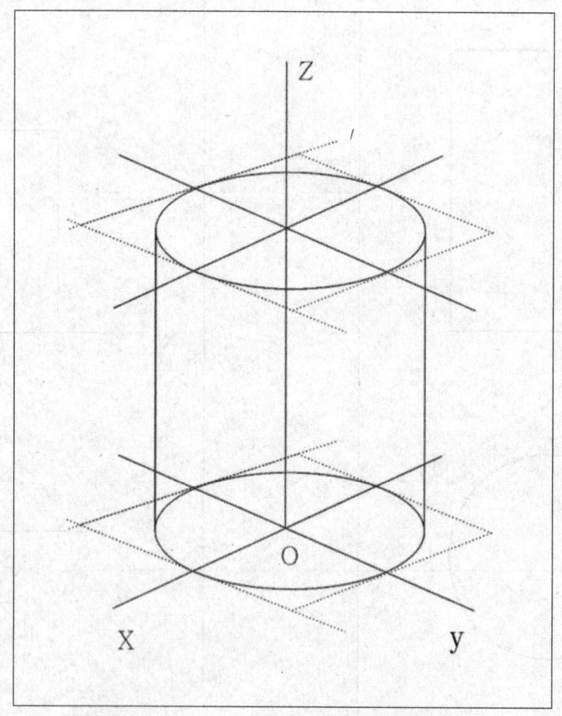

图 3-28（e） 圆柱的正等轴测图画法 5

【例题3-12】根据图3-29（a）所示的图形，作出圆角的简化画法。

在制图过程中如有圆角，一般会是平行于坐标面圆的一部分。比较常见的是1/4圆周的圆角，其正等测图是近似椭圆的四段圆弧中的一段。

（1）先画不带圆角的长方体，并在其上轴测投影图上的对应位置截取圆角半径，得切点*a*、*b*和*c*、*d*，如图3-29（b）所示；

（2）过切点*a*、*b*、*c*、*d*分别作垂直圆角两边的直线，交得两点O_1和O_2，如图3-29（c）所示；

（3）以O_1为圆心，O_1a为半径画圆弧连接*a*、*b*；以O_2为圆心，O_2c为半径画圆弧连接*c*、*d*，可得顶面圆角的正等测图，如图3-29（d）所示；

（4）底面圆角可用与顶面圆角完全相同的方法来画，并为形体可见部分作出圆弧的公切线，如图3-29（e）所示；

（5）加深可见形体结构，完成带圆角的平板的正等测图，如图3-29（f）所示。

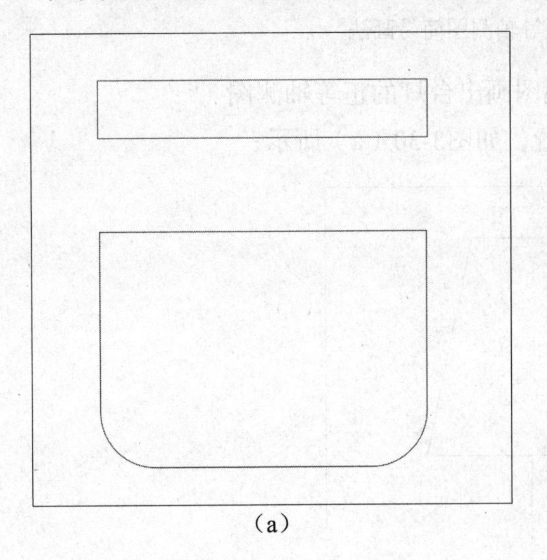
（a）

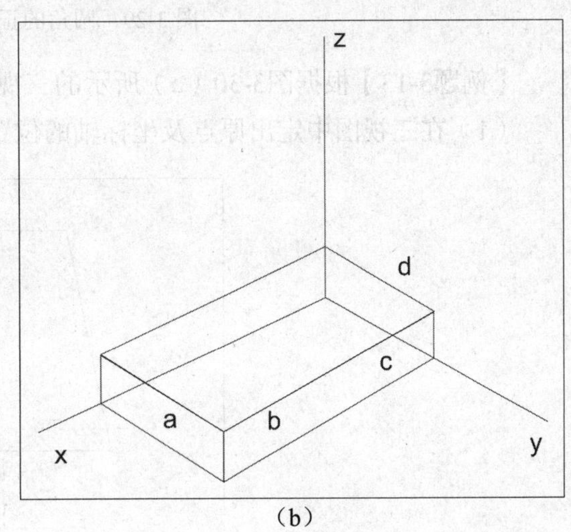

（b）

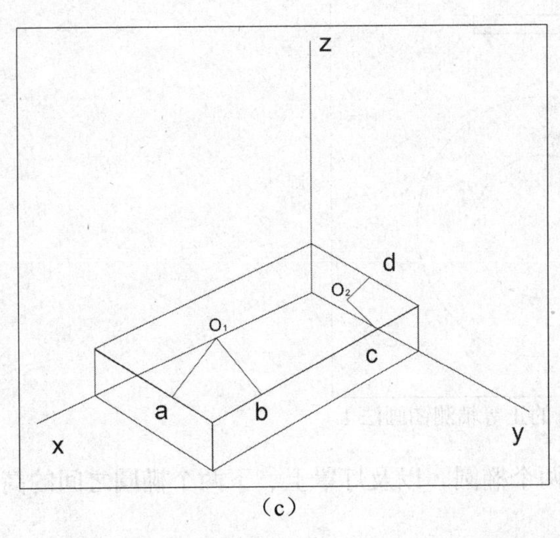

（c）

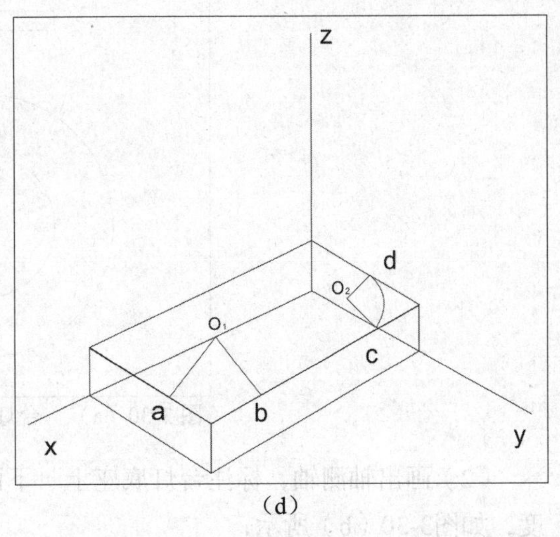

（d）

（续）

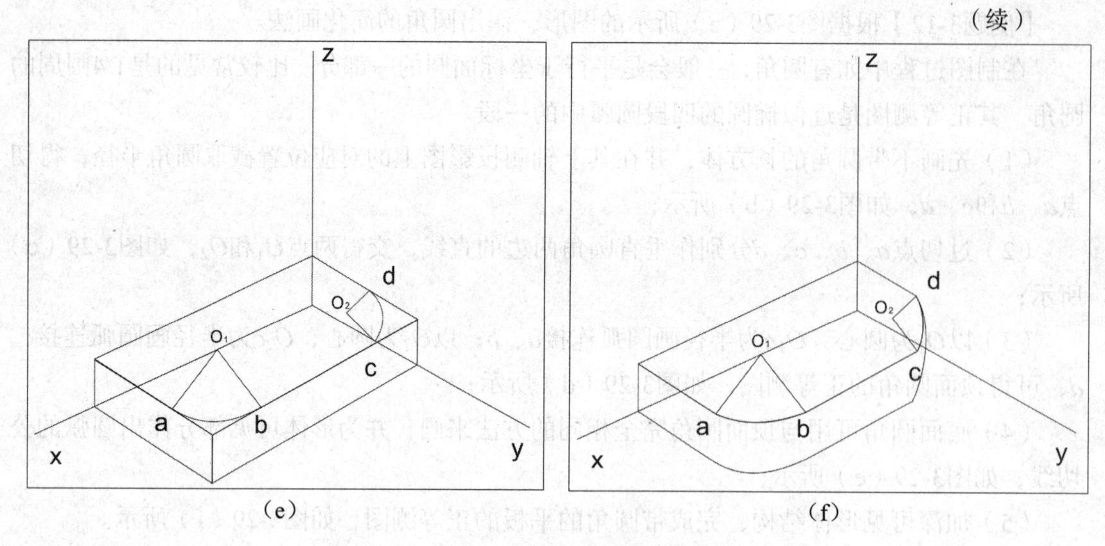

图 3-29　圆角的正等轴测图简易画法

【例题3-13】根据图3-30（a）所示的三视图画出台灯的正等轴测图。

（1）在三视图中定出原点及坐标轴的位置，如图3-30（a）所示；

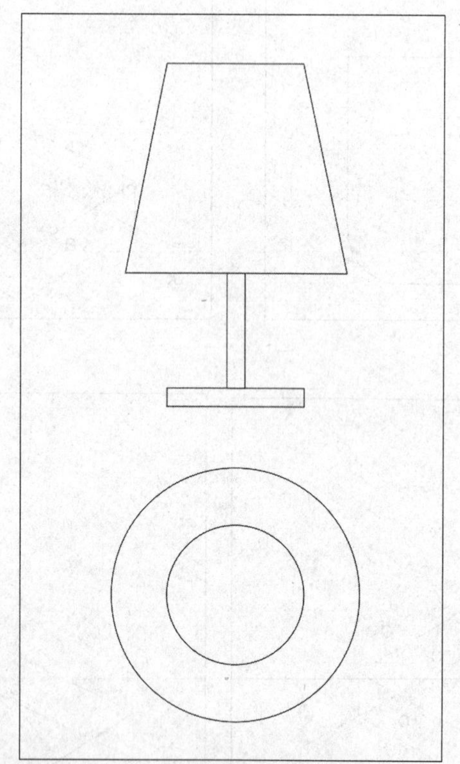

图 3-30（a）　台灯的正等轴测图画法 1

（2）画出轴测轴，标注台灯底座上、下两个椭圆，以及灯罩上、下两个椭圆之间的高度，如图3-30（b）所示；

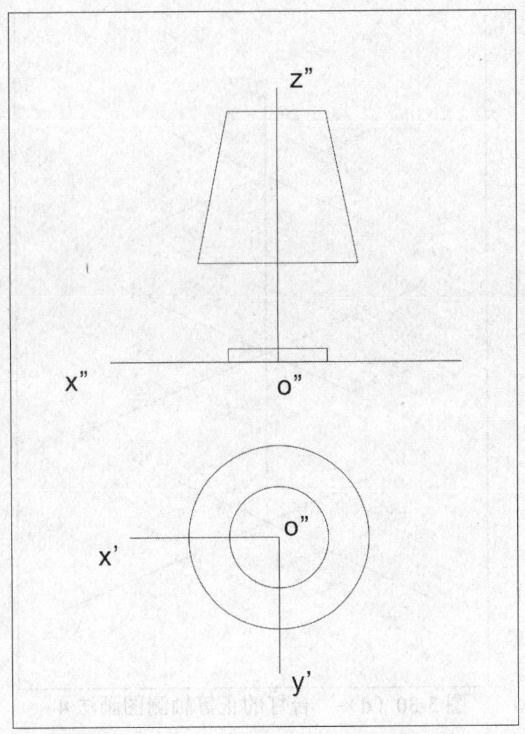

图 3-30（b）　台灯的正等轴测图画法 2

（3）画出三个椭圆，如图3-30（c）所示；

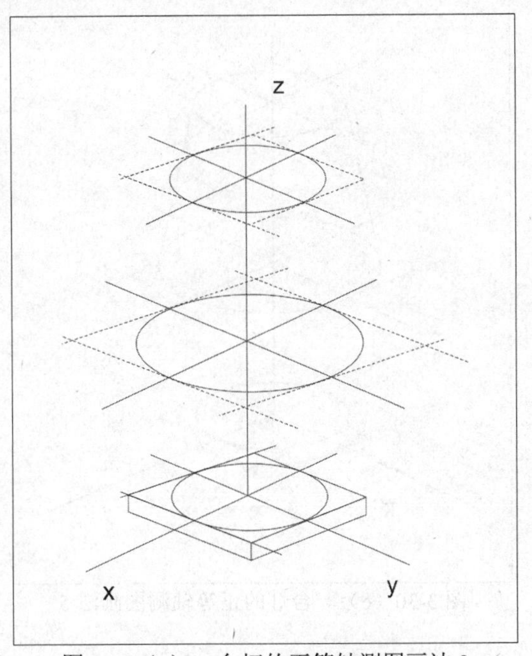

图 3-30（c）　台灯的正等轴测图画法 3

（4）作出必要的椭圆公切线，如图3-30（d）所示；

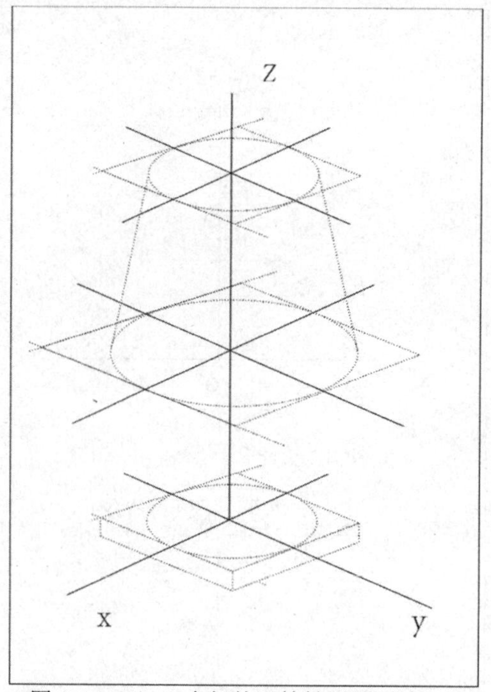

图 3-30（d） 台灯的正等轴测图画法 4

（5）加深台灯的可见结构，得到台灯的正等轴测图，如图3-30（e）所示。

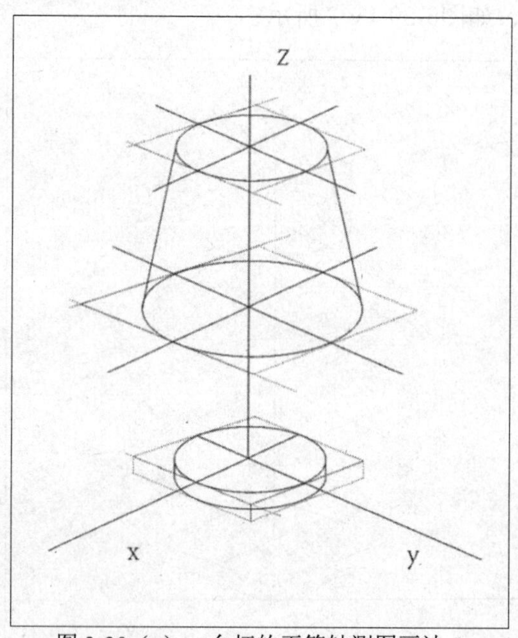

图 3-30（e） 台灯的正等轴测图画法 5

第五节　斜二测轴测图的画法

如图3-31所示，当轴测投影方向倾斜于轴测投影面时，所得到的轴测投影图称为斜轴测图。

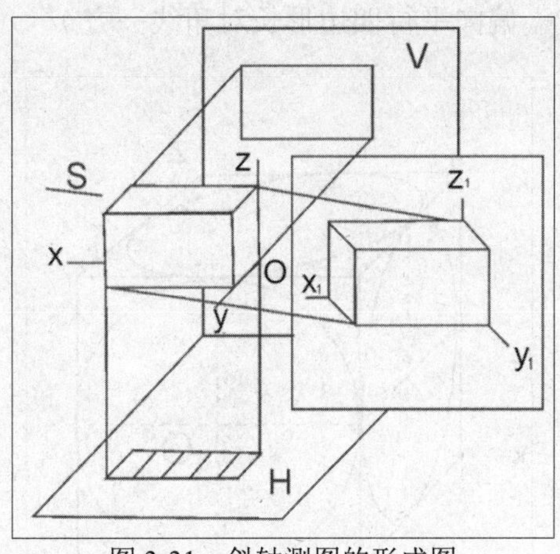

图 3-31　斜轴测图的形成图

一、斜二测的轴间角和轴向变形系数

在斜轴测中，因其轴向变化系数的不同，可分为斜等轴测、斜二测、斜三轴测。其中最常用的是斜二测，其轴向变形系数为：x轴与z轴的轴向变化系数相等，同时是y轴的轴向变化系数的2倍，即$p=r=2q$，$p=r=1$，$q=0.5$；轴间角$\angle x_1O_1z_1=90°$，$\angle x_1O_1y_1=\angle y_1O_1z_1=135°$，即$y_1$轴与水平线成45°角，可利用45°三角板画出，如图3-32所示。在斜二测中，xOz坐标面平行于轴测投影面，即$x_1O_1z_1$所在面。因此，空间物体与该坐标面平行的平面的投影反映实形。

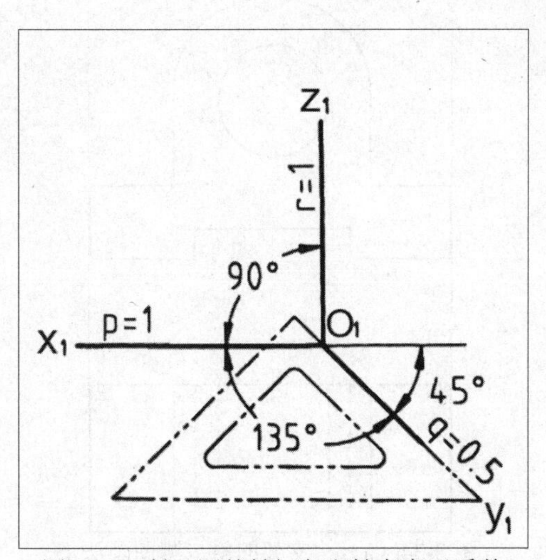

图 3-32　斜二测的轴间角和轴向变形系数

二、平行于坐标面的圆的斜二测

图3-33是正方体表面上三个内切圆的斜二测图。根据图3-33可知平行于xOz坐标面的圆的斜二测，仍是大小相同的圆，即空间中圆的斜二测仍然是正圆；而平行于xOy、yOz两坐标面的圆的斜二测则为椭圆。根据计算椭圆长轴约等于$1.06d$，短轴等于$0.33d$。椭圆长轴分别与x_1轴或z_1轴倾斜约7°（偏向平行四边形长对角线一方）。

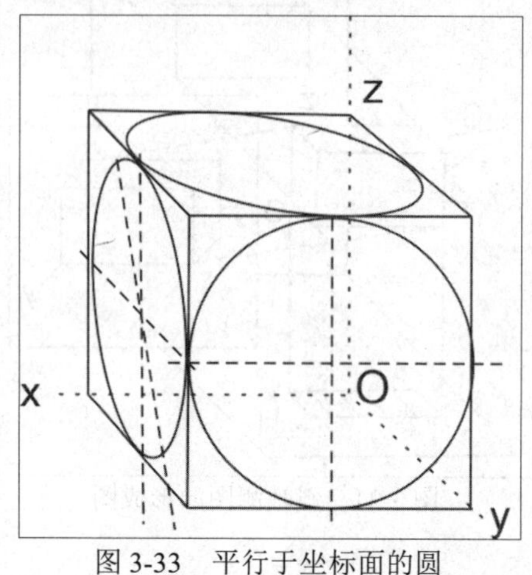

图 3-33　平行于坐标面的圆

斜二测椭圆的画法较麻烦，当物体在三个坐标面上都有圆时，宜选用正等轴测图。当物体只在一个坐标面上有圆时，宜选用斜二测画法。因为这时可使该面平行于轴测投影面P，该面的轴测投影与其正投影完全一样，作图十分简便。

绘制斜二测图时需要注意，斜二测的作图步骤与正等测相同。区别在于斜二测图的轴向变化系数q=0.5，在制图时沿y轴方向的长度应取物体相应长度的一半。

【例题3-14】已知如图3-34（a）所示的空间物体三视图，请绘制其斜二测图。

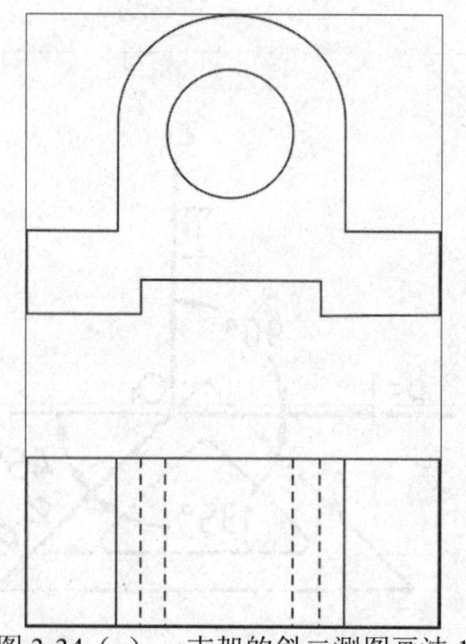

图 3-34（a）　支架的斜二测图画法 1

观察图中所示的三视图，其前后表面上的圆均平行于正面。为了方便制图，可将坐标系原点与正前面的圆心重合，y轴与圆孔轴线重合，使得xOz坐标面与正面平行。具体步骤如下：

（1）在视图中定出原点及坐标轴，如图3-34（b）所示；

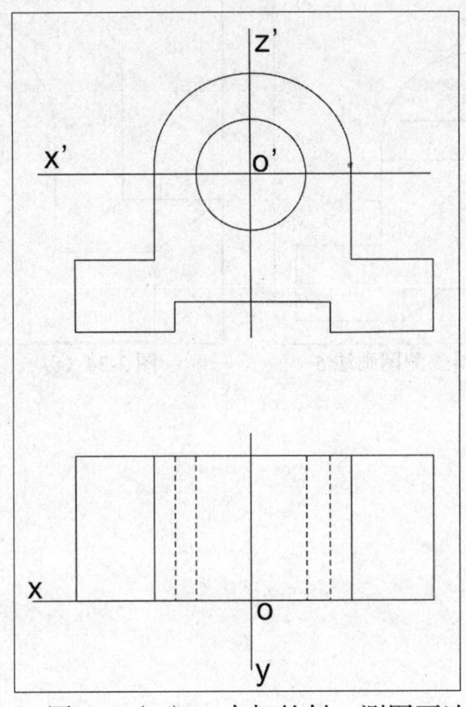

图3-34（b）　支架的斜二测图画法2

（2）画轴测轴，$\angle x_1O_1z_1=90°$，y_1轴与水平线成45°角，如图3-34（c）所示；

（3）以O_1为圆心，以z_1轴为对称线画出其正面投影，即为支架前面的轴测图，如图3-34（d）所示；

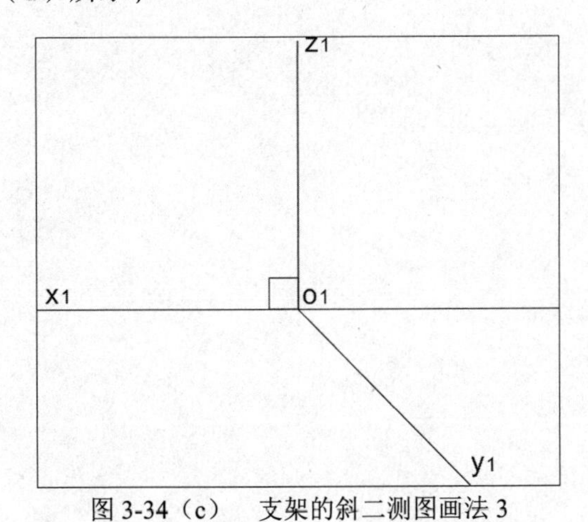

图3-34（c）　支架的斜二测图画法3

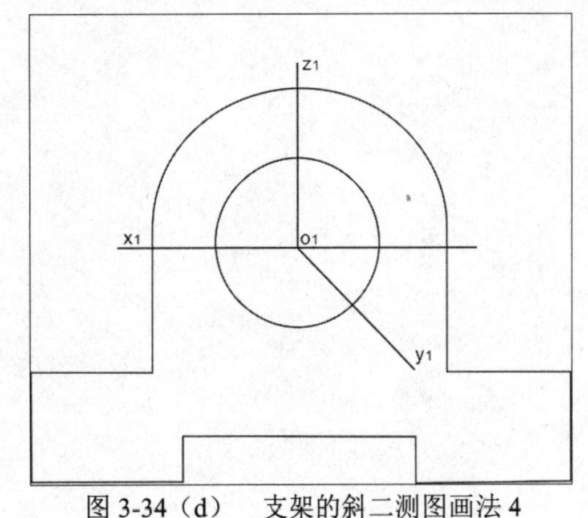

图3-34（d）　支架的斜二测图画法4

（4）在y_1轴上以O_1点为起点向后量取原图深度的一半，并定位圆心O_2，再按上一步作出支架后面的轴测图，并画出上部右侧两半圆的公切线及y_1轴方向的轮廓线，如图3-34（e）所示；

（5）擦去多余的作图线，加深轮廓线，即得支架的斜二测图，如图3-34（f）所示。

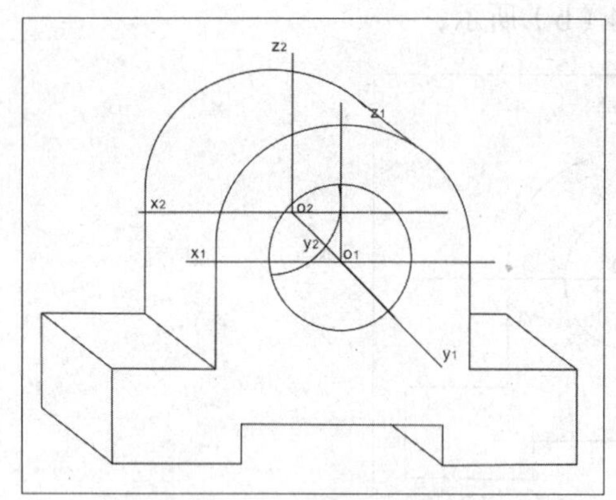

图 3-34（e）　支架的斜二测图画法 5

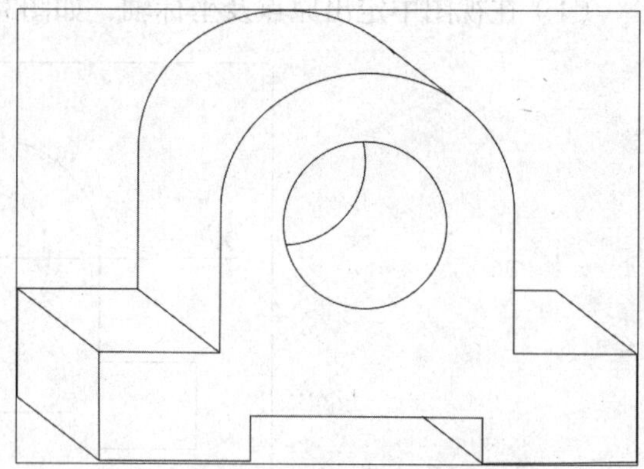
图 3-34（f）　支架的斜二测图画法 6

本章练习题

1. 根据下面物体的图例画出三视图。

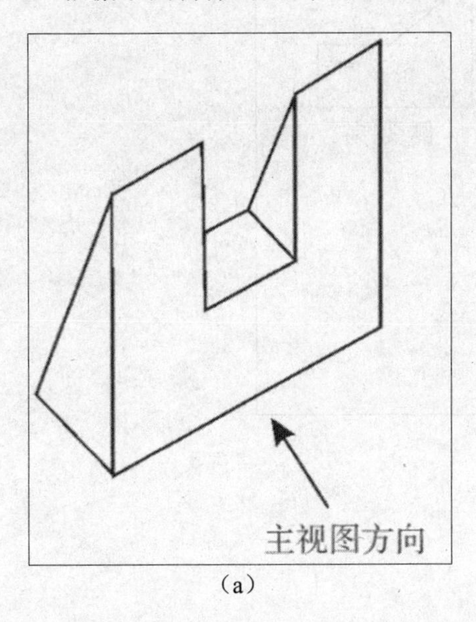

（a）

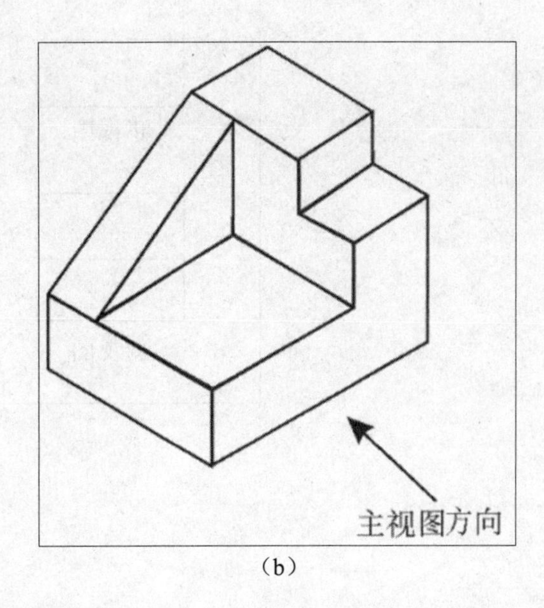

（b）

2. 根据已知的三视图画出它的正等轴测图。

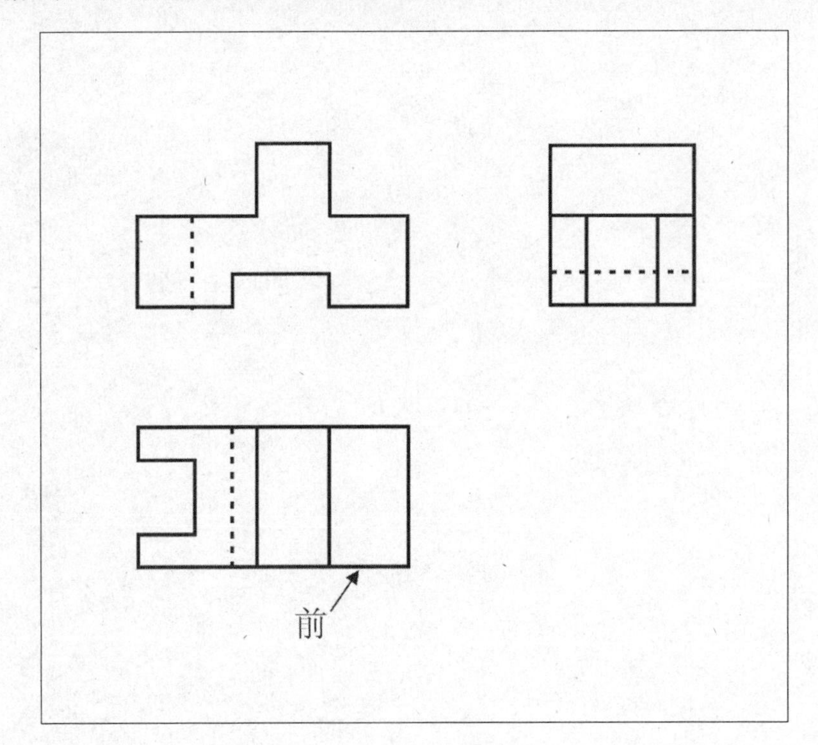

3. 根据已知的三视图画出其斜二测图。

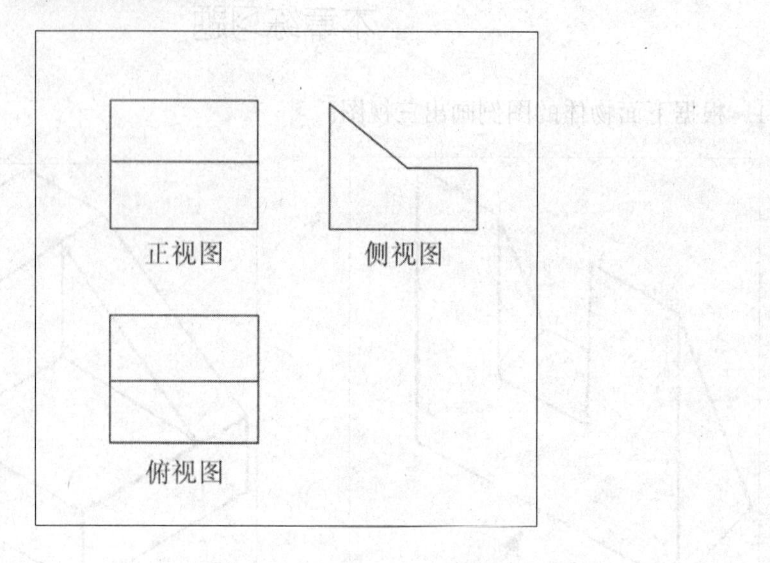

第四章　透视的基础知识

◆ 内容概述

本章主要介绍有关透视的基础知识，包括透视的基本概念、透视的形成与发展、透视的基本术语。

◆ 教学目标

通过学习本章，要求同学们认识透视形成的条件，理解透视的一些基本概念和名词，熟悉透视中的视平线、基线、视中线，能够在不同透视中对应理解消失点等基本概念，为下一步学习透视画法打下基础。

◆ 本章重点

了解透视的发展过程，理解透视产生的原理，掌握透视中常用的各类术语及对应概念。

◆ 课前思考

在生活中有哪些和透视有关的经验？

第一节　透视的基本概念

一、什么是透视

透视即通过某一介质观察空间物体，可以理解为透过玻璃去观察空间物体。它是一种理性的观察方法，是研究视觉画面空间的专业术语，是一种把立体三维空间的形象表现在二维平面上的绘图方法。它所表达的是观察者站在预设地点向特定方向望去时，物体及所在的空间在眼睛中所呈现的全貌，如图4-1、图4-2所示。

图 4-1　雅典学派

图 4-2　奥地利

从投影的分类看，透视属于中心投影，其主要研究的是眼睛与物体之间的关系，以及在有限距离内观察物体所产生的投影现象、原理和规律。它能够帮助使用者运用各种透视原理和规律，在二维平面上准确地表现出三维的立体感、纵深感、空间感。从这一点上来说，透视既是科学的方法，也是科学研究的工具，同时还是艺术表达的手段，它兼具艺术的审美要求与科学研究的严谨程序，如图4-3和图4-4所示。

图 4-3　建筑手绘（达•芬奇）

图 4-4　最后的晚餐（达•芬奇）

二、透视的基本规律

1. 近大远小

在现实生活中看到相同形状或大小相同的物体，由于观察者与其距离较近，常常会看起来有变大、变高、变长的情况；当观察者与其距离较远时，又会出现变小、变低、变短的情况。根据投影的原则，确定物体的近大远小、近宽远窄是以物体离开画面的垂直距离为唯一条件的，即空间物体与透视介质之间的距离，如图4-5和图4-6所示。

图 4-5　照片中的透视

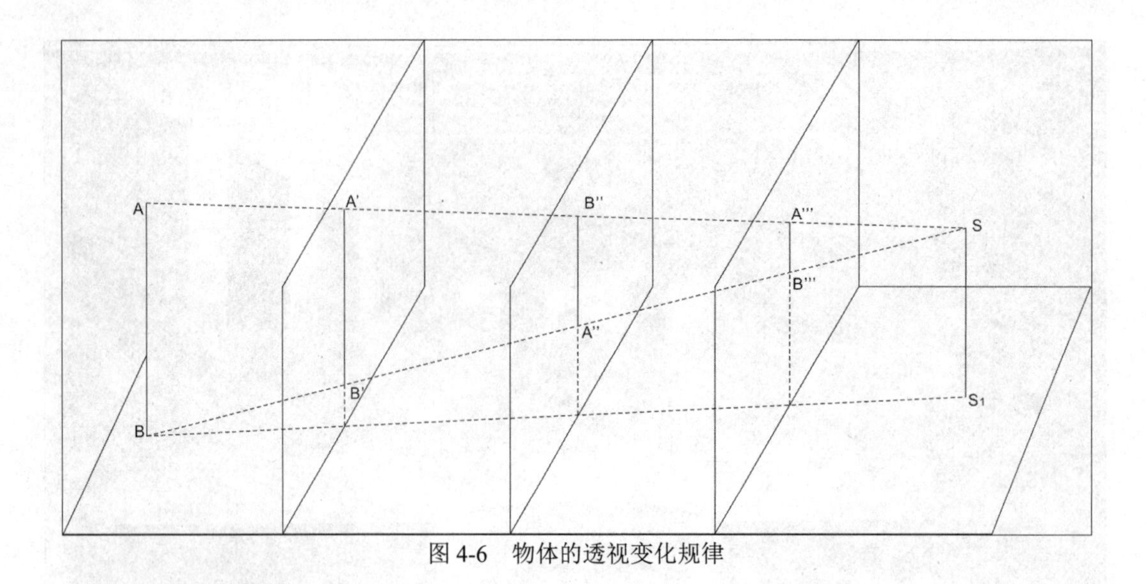

图 4-6　物体的透视变化规律

2．透视的深度变化

透视学研究和解决的重点问题之一就是透视深度问题。透视图要用长短不同的线准确地画出透视的深度变化。在观察空间中的物体时，物体的体和面的基本元素是线。线是表现透视变化较直观的手法。线有不发生透视变化的原线和发生透视变化的变线，变线消失至灭点，因此也被叫作灭线。如图4-7所示，表示高度的线不发生透视方向的变化，只发生近大远小的变化，属于原线；表示深度和宽度的线不仅有近大远小的变化，还有透视方向的变化，属于变线。

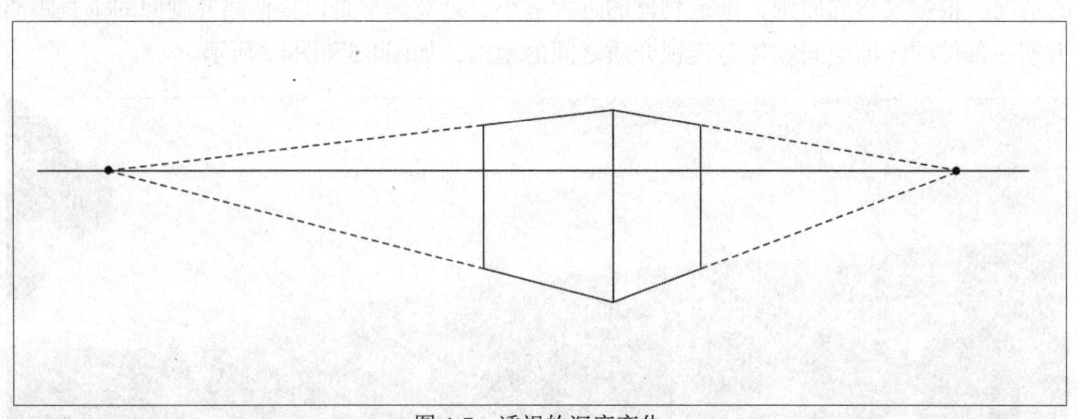

图 4-7　透视的深度变化

第二节　透视的形成与发展

人们对现实生活中透视现象的关注由来已久。从古代岩画中尝试通过上下关系体现远近关系开始，人类就没有停止过对透视深度关系的探讨与表现。大约从文艺复兴时期开始，画家们开始有意识地研究透视现象，数学家们则开展了相关理论研究，从此透视的科学表现与理论基础研究进入了一个崭新的世界。

经过乔托、布鲁内莱斯基等很多人的实践，人们对透视的认识有了长足的进展，尤其是在灭点的研究与应用上有了很大进步，如图4-8所示。

图 4-8　透视研究（达•芬奇）

达•芬奇在版画“三博士来朝”的草图中准确地描绘了地面透视变化，丢勒则发明了一些机械装置试图克服透视变形与误差，如图4-9所示，这些对透视表现的探索都充分说明了艺术家为了精准地再现人眼观察到的物体所付出的努力与尝试。

图 4-9　丢勒研究透视

通过目前保留下来的文献我们可以发现，在这些大师研究透视的过程中，他们都找到了一些共同点，其中包括固定的观察点、透视表现的画面、辅助制图的网格等。今天，我们在学习透视知识的过程中，依然会对视点、画面进行区分，还会使用网格辅助制图，不同的是在前人研究的基础上，我们更加细致、准确地定义了透视观察与表现过程中的各个变量，定义了透视观察中的各个关键点、线、面。通过系统学习，有利于大家进一步掌握透视的基本知识，更好地利用这些知识为设计服务。

第三节 透视的基本术语

一、透视三要素

视点、物体和画面是构成透视投影的三个基本要素。视点是指人眼，即观察者；物体是指观察对象；画面则是指物体投影所在的平面，一般假定它是一个透明介质，制图中的画面则是指画幅、画纸，如图4-10所示。

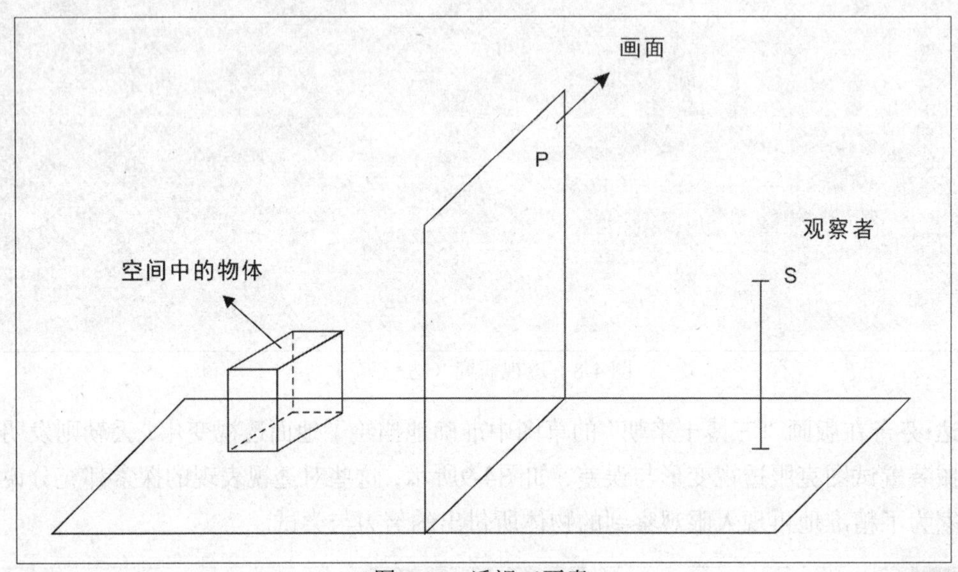

图4-10 透视三要素

二、透视名词

作为一门应用十分广泛的基础学科，在学习透视基本原理和画法时，常常接触到一些术语，对于这些术语，我们不仅仅要理解，还要熟练掌握其内涵，为以后理解透视的形成过程和掌握透视的作图方法打下基础。可结合图4-11理解以下名词。

（1）视点——人眼所在的位置，通常用字母“*S*”表示。

（2）物体——被观察的物体。

（3）画面——画面是取景时假定的透明介质，起到取景框的作用，一般情况下用字母“*P*”表示。

（4）基面——放置物体的平面，如地面、桌面等，基面与画面互相垂直，当人站在地面平视观察时，基面即地面，一般情况下用字母“*G*”表示。

（5）心点——视中线和画面的交接点，用字母“*CV*”表示。心点是视点的视向在画面上的反映，是视点的高低和左右位置在画面上的反映，也是与画面成90°角垂直变线的灭点。每幅透视图上必须有一个心点。

（6）视中线——从视点向心点引出的直线，也称为视心线。

（7）视平线——通过视中线与画面垂直相交的心点所作的水平线，用字母“*HL*”表示。无论平视，还是俯视、仰视，视平线总是横贯画面的。

（8）基线——画面与基面的交界线，用字母“*GL*”表示。

（9）视距——视点到心点之间的距离。观看同样的物体视距近、视角大、投影场面大；视距远、视角小、投影场面小。

（10）视高——平视时视点到基面的垂直距离，在画面上是视平线到基线之间的距离。

（11）距点——在画面上以心点为圆心，视距长度为半径作圆线，在此圆线上的任一点，都可称为距点。常用的是在视平线上的距点，用字母“*D*”表示。距点也是与画面成45°角的变线的灭点。

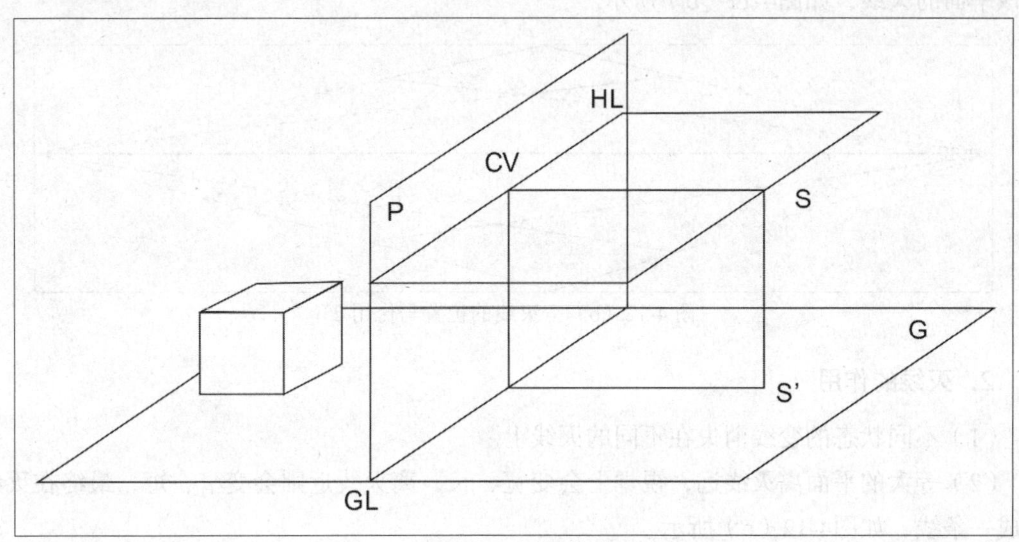

图4-11　透视关系

三、灭线

灭线（也叫作消失线）是指在透视中透视方向发生变化的线条，灭线是透视研究的主要问题之一。通常情况下空间中相互平行直线的灭线，向同一个灭点集中并消失。空间中相互平行的平面最终只有一条共同的灭线，如平行于地平面的各种灭线、直立的墙壁的直立灭线、屋顶斜面的斜面灭线。

1．灭线的位置

（1）在方形平面中，如果一对边线是变线，另一对是原线，在变线的消失点作一条与原线完全平行的线，就是该平面的灭线，如图4-12（a）所示。

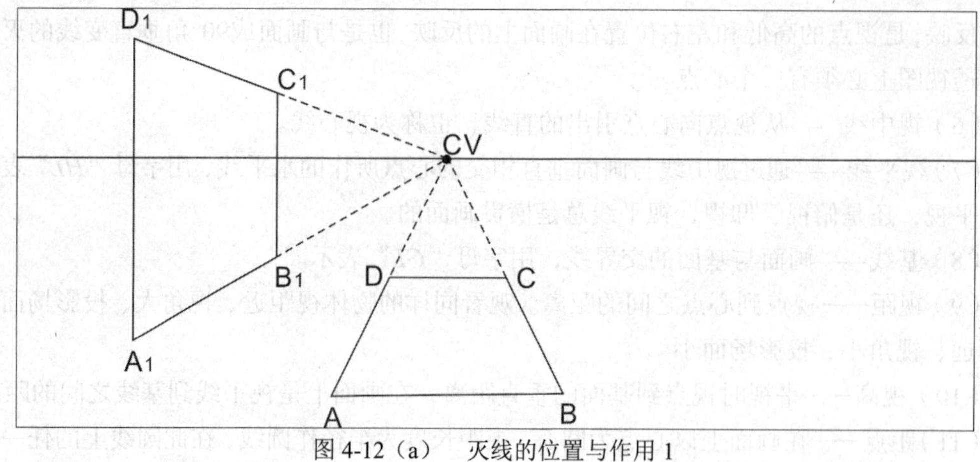

图 4-12（a） 灭线的位置与作用 1

（2）在方形平面中，如果两对边线都是变线，则将两对边线的两个灭点作线相连，就是该平面的灭线，如图4-12（b）所示。

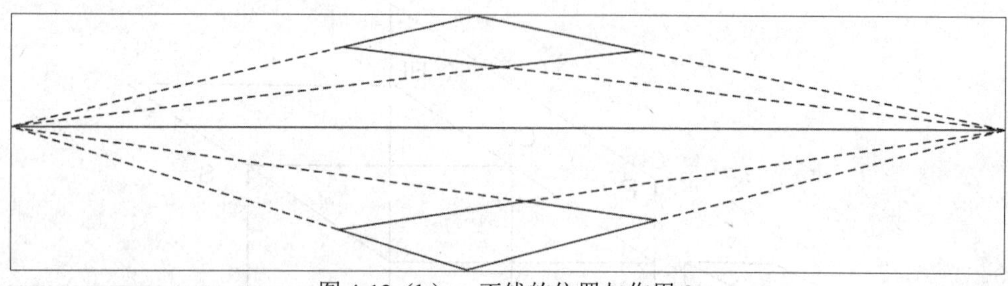
图 4-12（b） 灭线的位置与作用 2

2．灭线的作用

（1）不同状态的变线消失在不同的灭线上。

（2）等大的平面离灭线远，视觉上会变宽、长，离灭线近则会变窄、短，最终在灭线上成一条线，如图4-12（c）所示。

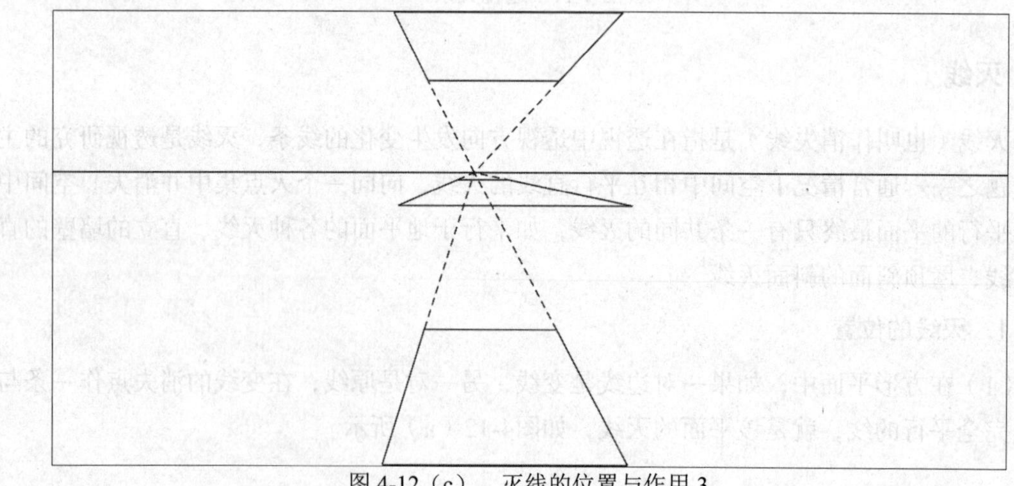
图 4-12（c） 灭线的位置与作用 3

（3）在同一平面上物体相互平行的变线其消失点在同一灭线上，如图4-12（d）所示。

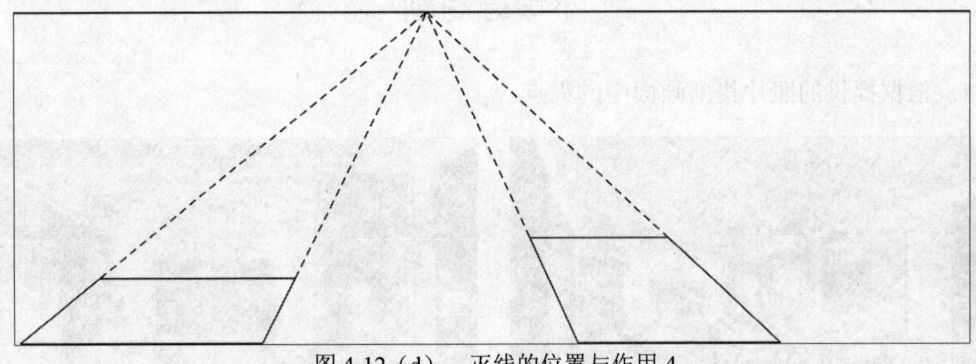

图 4-12（d）　灭线的位置与作用 4

（4）在阴影透视中，不同方向的光点有不同光足的阴影，灭点在不同承影面的灭线上。

（5）在反影透视中，反影的消失点消失在反影面的灭线上。

本章练习题

1. 根据提供的照片找出画面中的灭点。

2. 试画出透视图基本线、视平线、基线、画面线、视中线之间的关系。
3. 尝试临摹2种不同的室内透视图，并用文字记录临摹时遇到的问题。

第五章　点、直线和平面的透视

◆ 内容概述

本章主要介绍点、直线、平面的透视原理，通过介绍点、直线透视变化的方向，即理解灭点和灭线之间的关系，为学习透视画法打下基础。

◆ 教学目标

通过学习本章课程，要求同学们认识透视形成的条件，在理解透视基本概念的基础上，进一步掌握点、直线、平面透视的规律，要求可以理解消失线、消失方向、灭点、灭线，并能在不同透视中辨别灭线的位置，为学习透视画法打下基础。

◆ 本章重点

理解透视原理与规律，掌握透视中的灭点、灭线。

◆ 课前思考

在临摹透视图的过程中，总有一些线条的位置不够准确，出现问题的线条有哪些共性，它们是水平线，还是有方向变化的线条？

第一节　点 的 透 视

点的透视与基透视

点的透视仍然是点，点的透视是由通过该点的视线与画面的交点（通常称其为迹点）所确定的。但是通过观察图5-1我们会发现，A点、A'点、A''点的透视都是A_1，显然这是不准确的。那么就是说，仅仅用迹点无法精准地确定一个点的透视。此时可以考虑通过A点在基面上的正投影a，进一步确定A点的透视。a点为空间中A点的基面投影，即基点，a_1是空间中A点的基透视。基透视就是通过该点的基点所引的视线与画面的交点。因此可以看到，A点的透视A_1就是视线SA在画面P上的迹点，其基透视a_1则是视线Sa在画面P上的迹点。

在此基础上，我们可以进一步来看看点透视的规律。

A点的透视A_1与基透视a_1的连线是一条铅垂线，它垂直于基线GL、视平线HL。因为Aa线垂直于基面G，由视点S引向Aa线上所有点的视线，形成了一个垂直基面的视线平面SAa，而此处的画面也处于铅垂状态，因此，视线平面和画面的交线必然也垂直于基面，因此点的透视与基透视的连线是铅垂线并垂直于视平线。正是由于对于点透视及其基透视原理的研究进一步产生了透视的基础画法——视线法，下一章我们将对其进行重点介绍，此处不再赘述。

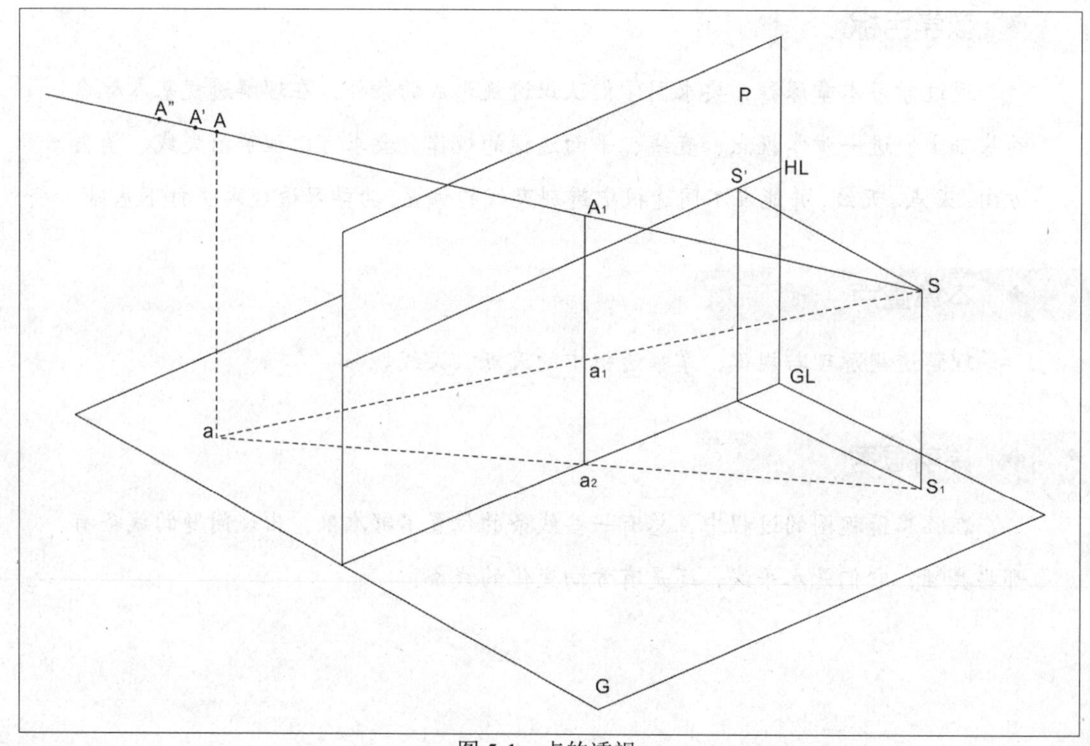

图 5-1　点的透视

第二节　直线的透视

一、直线的透视及迹点

（1）直线的透视是直线上所有点透视的集合。如图5-2所示，由视点S引向直线AB上所有点的视线，包括SA、SE、SB……，形成一个视线平面，它与画面的交线，必然是一条直线，A_1B_1就是AB线的透视。同样，直线AB的基透视a_1b_1也是一条直线。

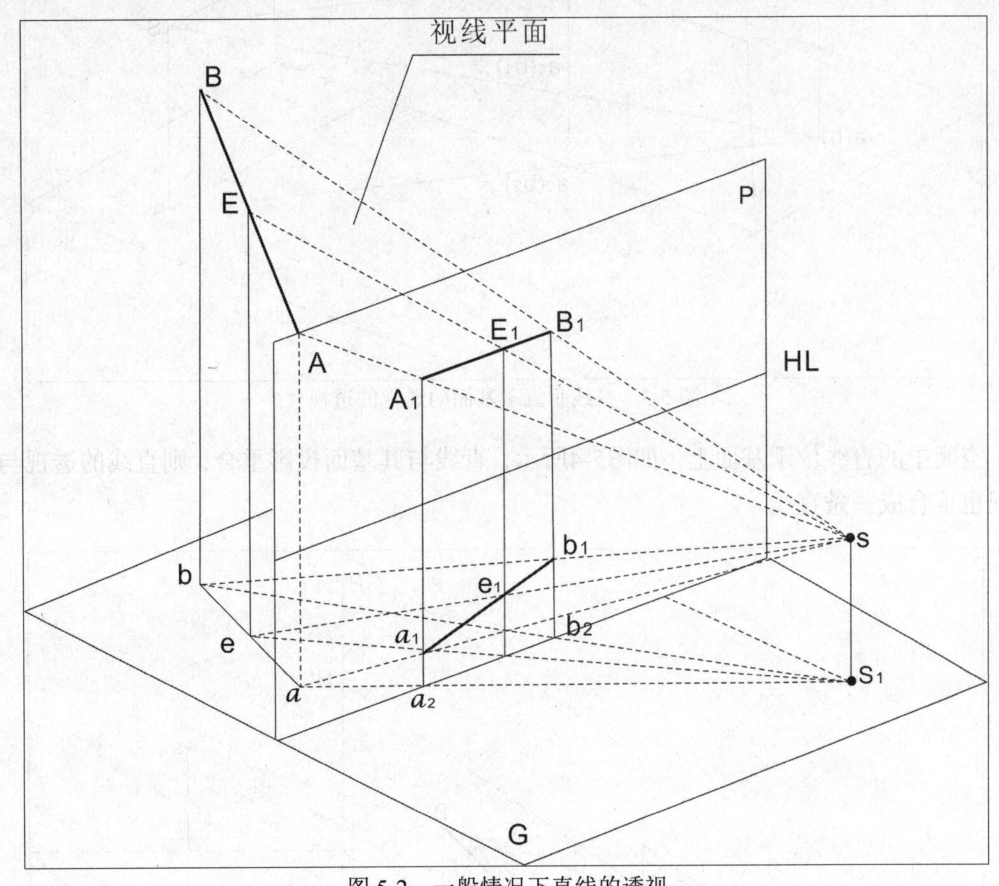

图 5-2　一般情况下直线的透视

一些特殊情况也值得大家注意：

空间中的直线是铅垂线。如图5-3所示，直线AB是铅垂线，由于它在基面上的正投影ab积聚成一个点，故该直线的基透视a_1、b_1也是一个点，而直线本身的透视仍是一条铅垂线A_1B_1。

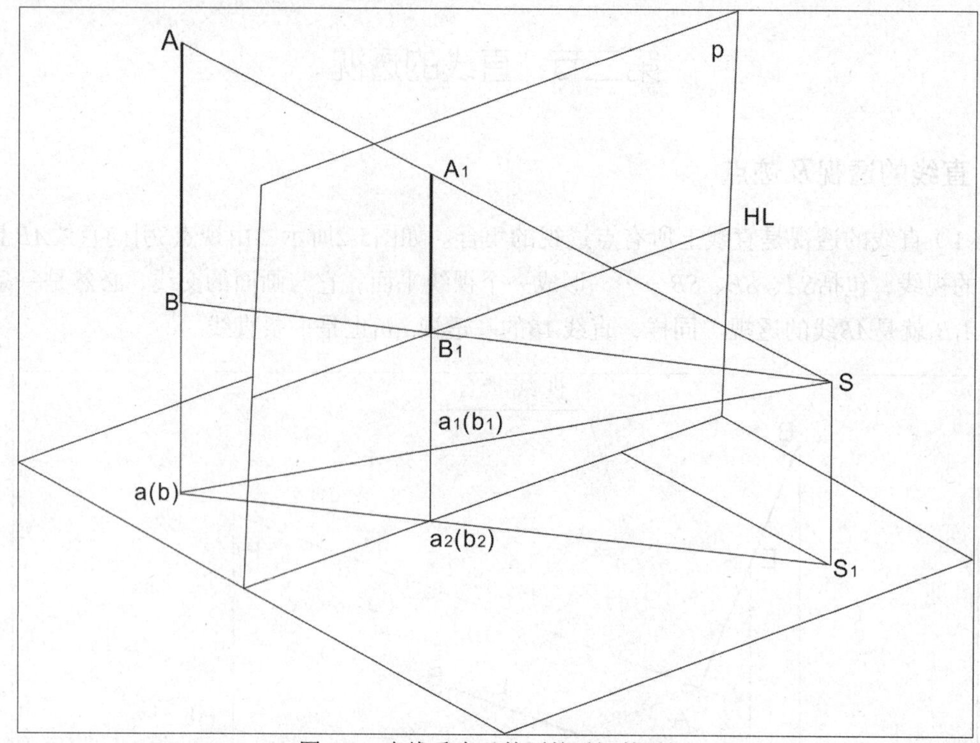

图 5-3　直线垂直于基面的透视的透视

空间中的直线位于基面上。如图5-4所示，直线与其基面投影重合，则直线的透视与基透视也重合成一条直线。

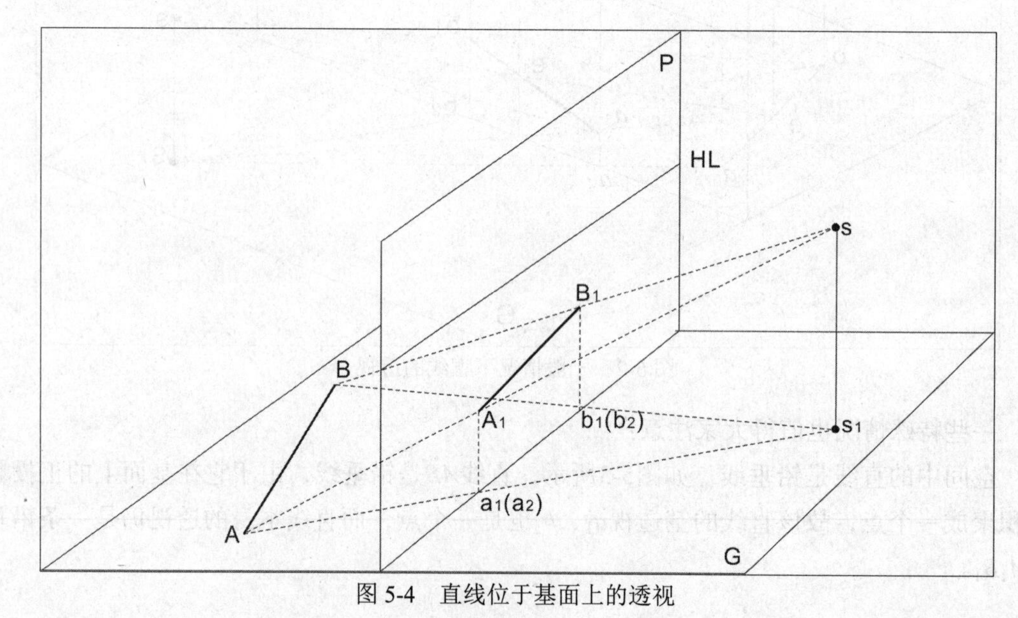

图 5-4　直线位于基面上的透视

（2）直线上的点，其透视与基透视分别在该直线的透视与基透视上，点在直线上所分线段的长度之比，在透视中不再成立，即经过透视的长度比会发生变化，如图5-5所示。

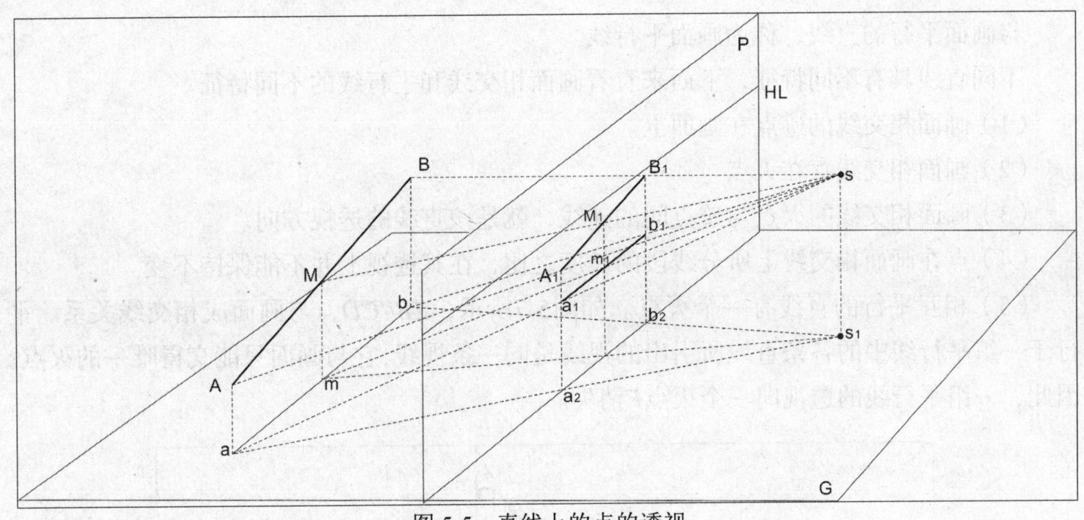

图 5-5　直线上的点的透视

（3）迹点是直线与画面的交点。迹点的透视即其本身，其基透视则在基线上。直线的透视必然通过直线的画面迹点；直线的基透视必然通过该迹点在基面上的正投影，即直线在基面上的正投影和基线的交点。如图5-6所示，延长直线AB与画面相交于点Q，Q即AB的画面迹点。迹点的透视即其自身Q，故直线AB的透视A_1B_1通过迹点Q。画面迹点Q在基面上的正投影就是其迹点的基透视q，它也是直线投影ab与画面的交点且在基线上。那么延长直线的基透视a_1b_1，必然通过迹点Q的基透视点q。

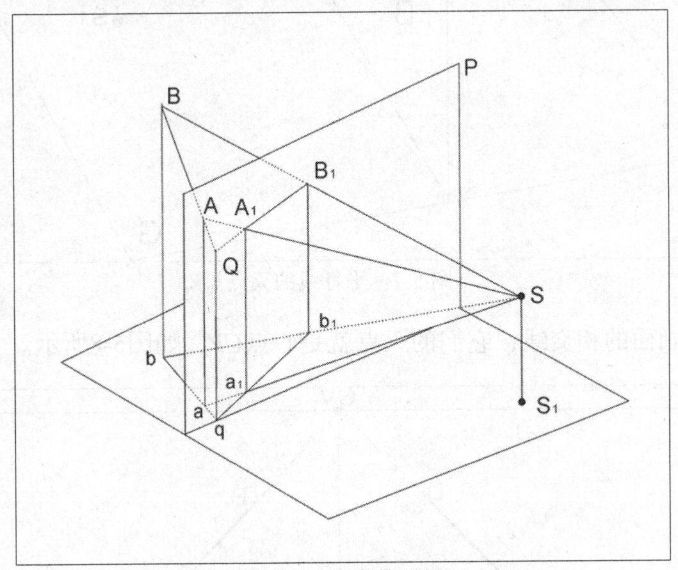

图 5-6　迹点的透视

二、空间中直线的分类与特征

空间中的直线根据它们与画面的相对位置，可分为：

与画面相交的直线，称为画面相交线；

与画面平行的直线，称为画面平行线。

不同直线具有不同特征，下面来看看画面相交线和平行线的不同特征。

（1）画面相交线的迹点在画面上。

（2）画面相交线存在灭点。

（3）画面相交线的灭点与迹点间的连线，就是该直线的透视方向。

（4）点在画面相交线上所分线段的长度之比，在其透视上并不能保持不变。

（5）相互平行的直线有一个灭点。如图5-7所示，*AB*//*CD*，与画面成相交线关系。平行于一组平行线中的各条直线所引出的视线是同一条视线，它与画面只能交得唯一的灭点。因此，一组平行线的透视向一个灭点*F*消失。

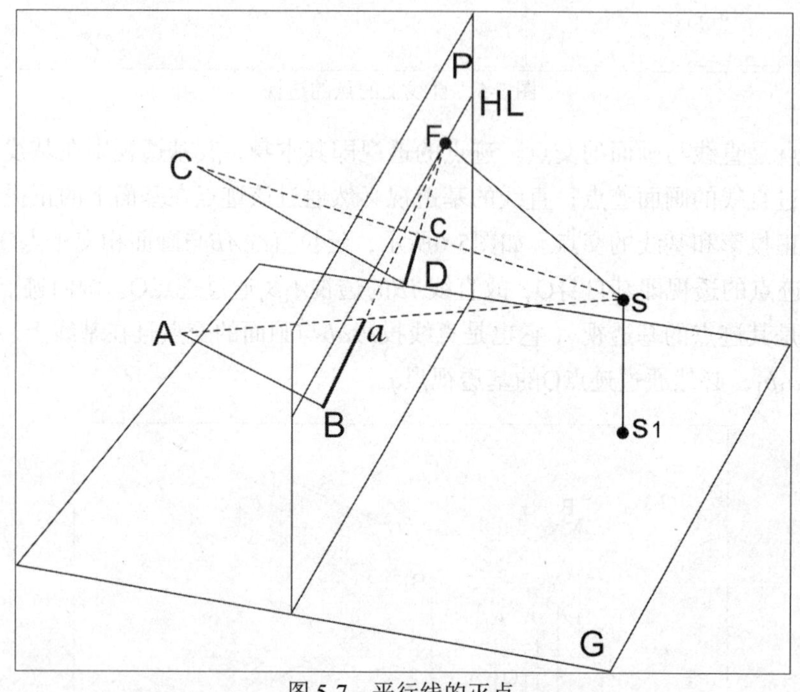

图 5-7　平行线的灭点

（6）垂直于画面的相交线，它们的灭点就是心点*CV*，如图5-8所示。

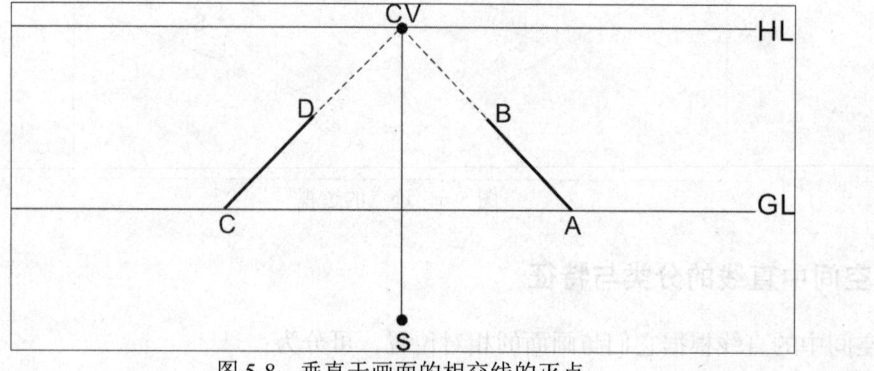

图 5-8　垂直于画面的相交线的灭点

（7）平行于基面的画面相交线，它们的透视如图5-9所示。

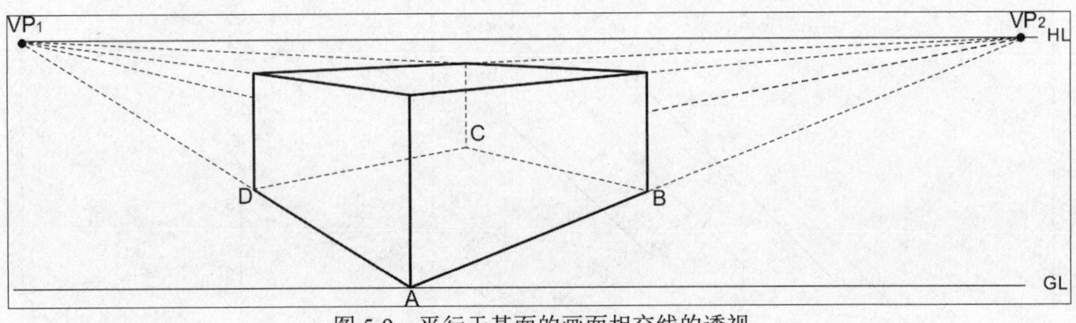

图 5-9　平行于基面的画面相交线的透视

（8）倾斜于基面的画面相交线，它们的透视如图5-10所示。

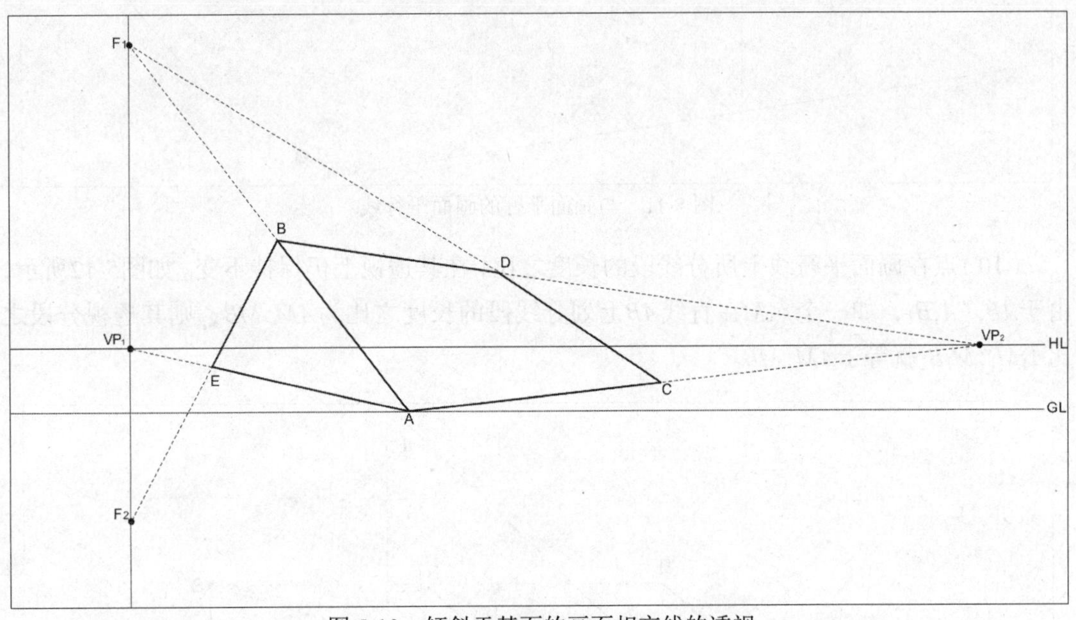

图 5-10　倾斜于基面的画面相交线的透视

（9）与画面平行的画面平行线，在画面上不会有迹点和灭点。如图5-11所示，空间中的直线*AB*平行于画面*P*，因此，*AB*与画面*P*不相交，也就没有迹点。同时，自视点*S*所引平行于*AB*的视线，与画面也是平行的，因此，该视线与画面也没有交点，即不存在灭点。自视点*S*向*AB*线所引视线平面*SAB*，与画面的交线A_1B_1，即直线*AB*的透视，$AB /\!/ A_1B_1$。

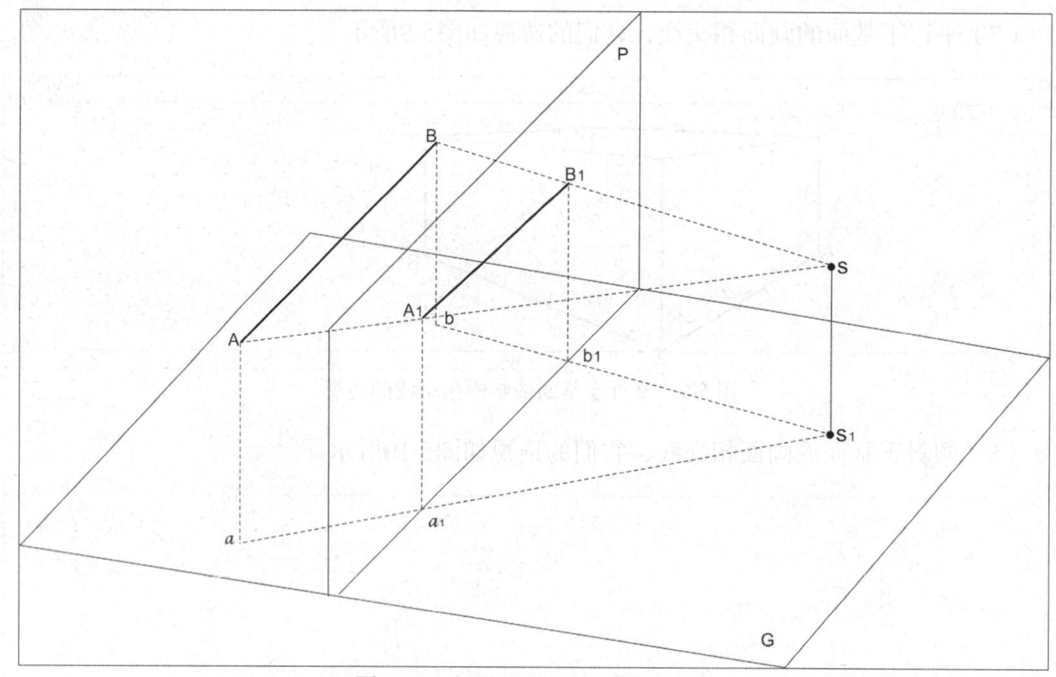

图 5-11　与画面平行的画面平行线

（10）点在画面平行线上所分线段的长度之比，在其透视上仍保持不变。如图5-12所示，由于$AB \parallel A_1B_1$，如一个点M在直线AB上划分线段的长度之比为$AM:MB$；则其透视分段之比$A_1M_1:M_1B_1$就等于$AM:MB$。

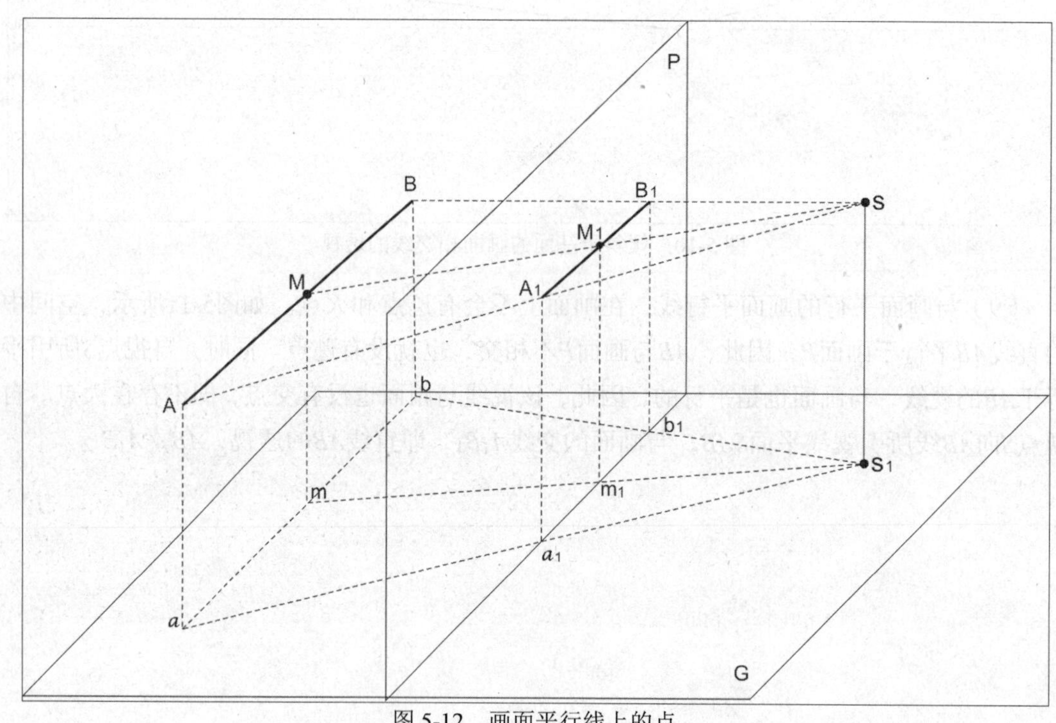

图 5-12　画面平行线上的点

（11）一组相互平行的画面平行线，其透视仍保持相互平行，它们的基透视也相互平行并平行于基线。如图5-13所示，AB和CD是两条相互平行的画面平行线，其透视A_1B_1和C_1D_1也相互平行。

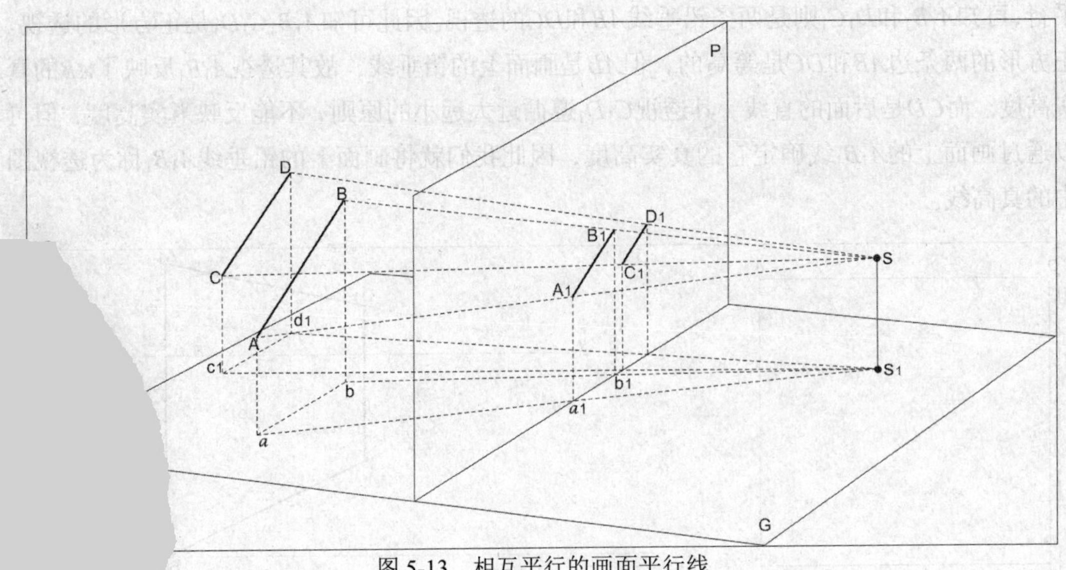

图 5-13　相互平行的画面平行线

直于基面的画面平行线，它们的透视仍表现为铅垂线段，如图5-14中的线段AB、

）倾斜于基面的画面平行线，它们的透视仍为倾斜线段，它和基线的夹角反映了段在空间对基面的倾角，如图5-14中的线段AC、A_1C_1。

（14）平行于基线的直线，其透视为水平线段，如图5-14中的线段BC、B_1C_1。

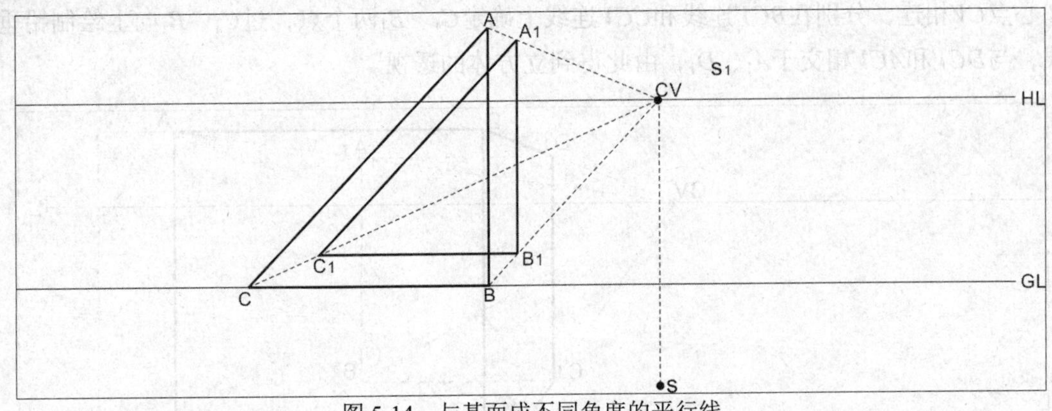

图 5-14　与基面成不同角度的平行线

三、透视中的高度

在直线的透视特征中，我们已知当铅垂线位于画面上时，则其透视为该直线本身，也就是说，透视长度即为该直线实长。那么如何利用这一特点来进一步确定其他直线的透视

高度呢？

如图5-15（a）所示，在空间中有一正方形*ABCD*。在其透视图中竖置四边形的边A_1D_1和B_1C_1消失于视平线上的同一个灭点*CV*，如图5-15（b）所示。正方形两条边*AD*和*BC*相互平行，可知A_1B_1和D_1C_1则是两条铅垂线*AB*和*DC*的透视。因此可知$A_1B_1C_1D_1$是正方形的透视。正方形的两条边*AB*和*DC*是等高的，但*AB*是画面上的铅垂线，故其透视A_1B_1反映了*AB*的真实高度。而*CD*是后面的直线，其透视C_1D_1遵循近大远小的原则，不能反映真实高度，但可以通过画面上的A_1B_1线确定它的真实高度，因此我们就将画面上的铅垂线A_1B_1称为透视图中的真高线。

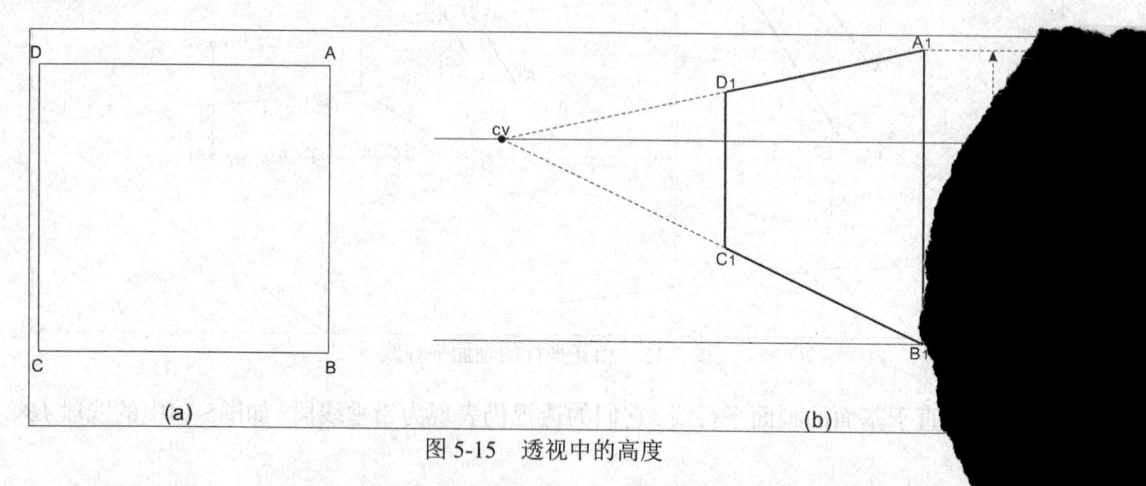

图 5-15　透视中的高度

利用真高线，即可按照给定的真实高度，通过基面上某一点的透视绘制出铅垂[illegible]视。如图5-16所示，已知立方体高度，可在基线上直接量取立方体的长度和高度，形[illegible]面上的正方形*ABCD*。在视平线上确定透视心点*CV*，根据透视规律，将点*A*、*B*、*C*、*D*分[illegible]和心点*CV*相连，分别在*BCV*连线和*CCV*连线上确定C_1、B_1两个点，过C_1、B_1向上绘制铅垂线，与*DCV*和*ACV*相交于A_1、D_1，由此得到立方体的透视。

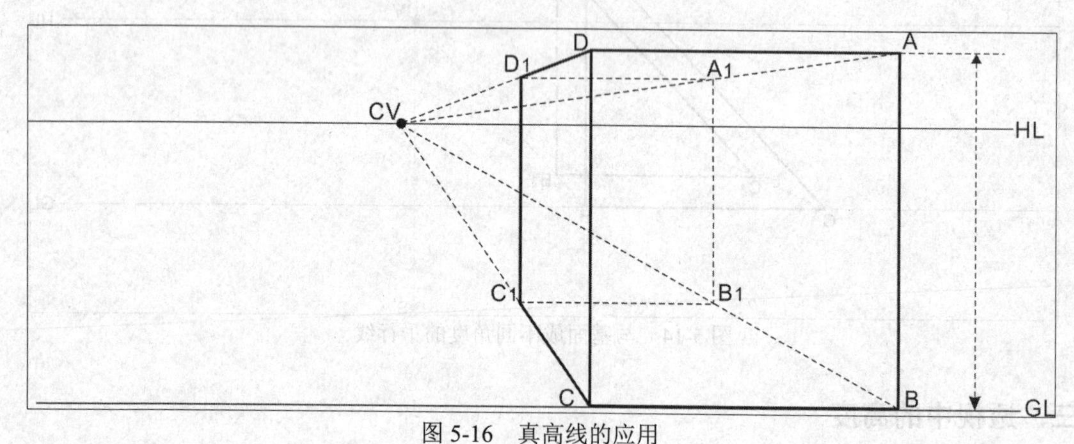

图 5-16　真高线的应用

第三节 平面的透视、迹线与灭线

一、平面的透视

平面的透视就是构成平面周边的诸多轮廓线的透视。如果平面是直线多边形，其透视与基透视一般仍为直线多边形，而且边数仍保持不变。图5-17所示的是一个长方形*ABCD*的透视图，其透视$A_1B_1C_1D_1$仍为四边形。

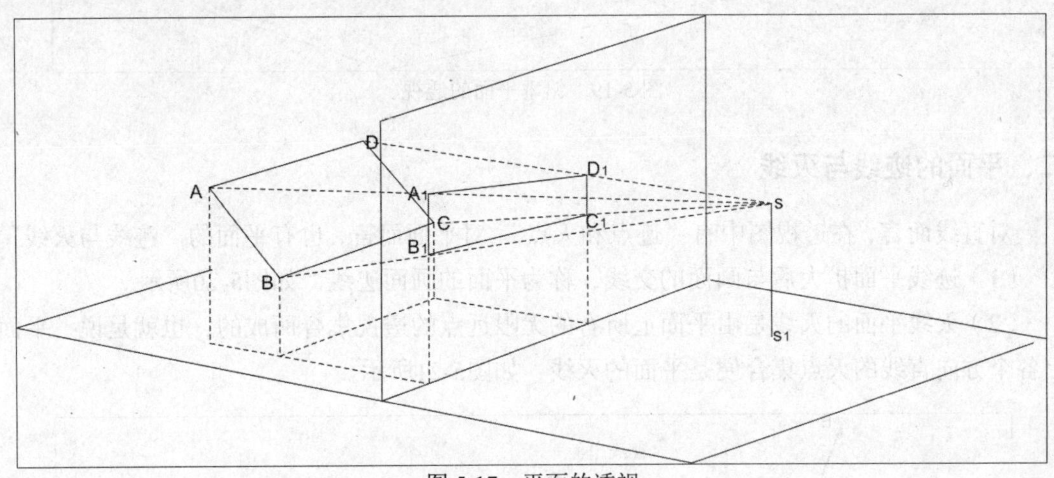

图 5-17 平面的透视

如果平面形所在的平面通过视点，其透视则蜕化成一条直线。如图5-18所示，长方形*ABCD*所在的平面通过视点*S*，其透视$A_1B_1C_1D_1$成一条直线线段。

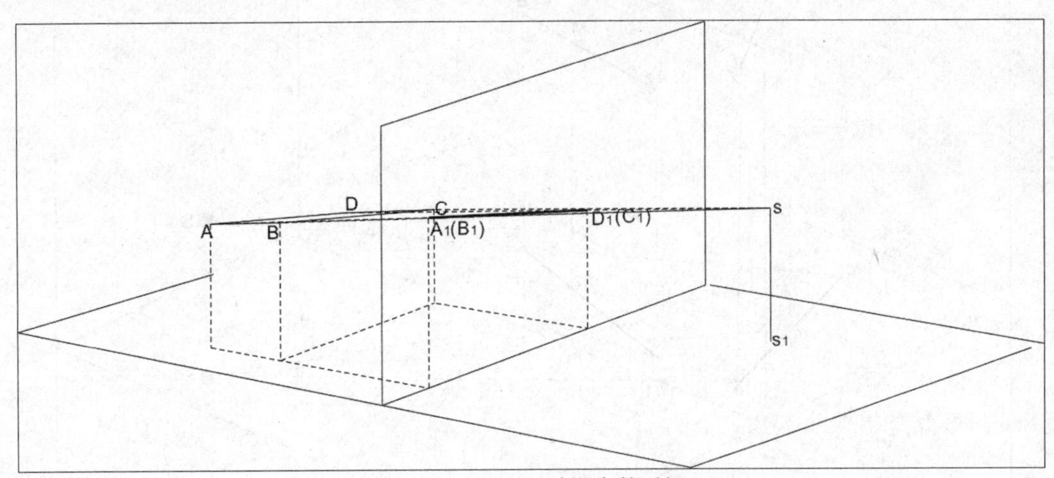

图 5-18 平面通过视点的透视

如果平面处于铅垂位置，其透视还是一个多边形。图5-19中所示的长方形*ABCD*就是一个铅垂平面。

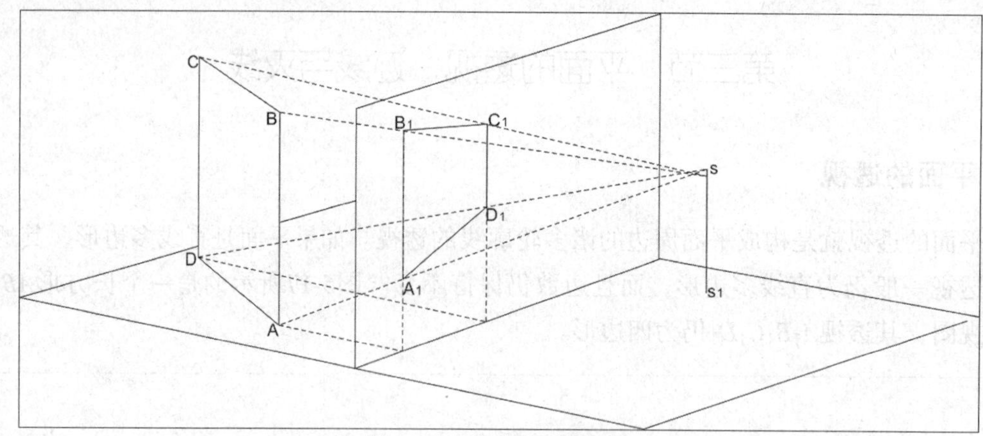

图 5-19　铅垂平面的透视

二、平面的迹线与灭线

对直线而言，在透视图中有“迹点和灭点”。对平面而言，也有平面的“迹线与灭线”。

（1）迹线平面扩大后与画面的交线，称为平面的画面迹线，如图5-20所示。

（2）灭线平面的灭线是由平面上所有的无限远点的透视集合而成的，也就是说，平面上各个方向直线的灭点集合便是平面的灭线，如图5-21所示。

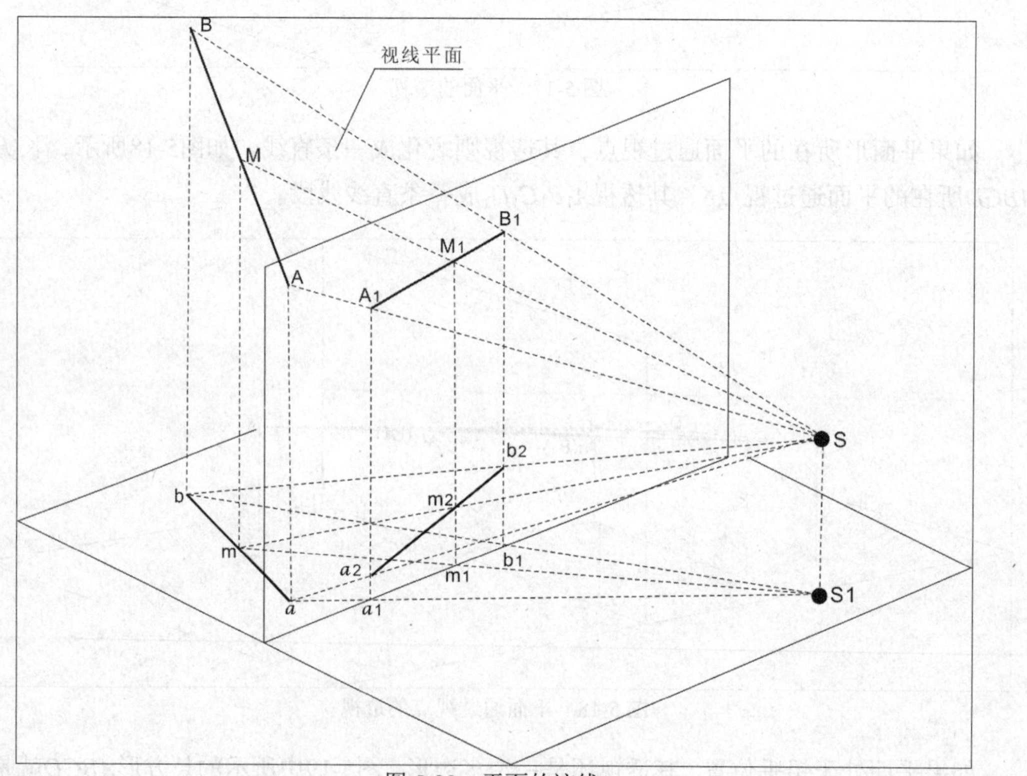

图 5-20　平面的迹线

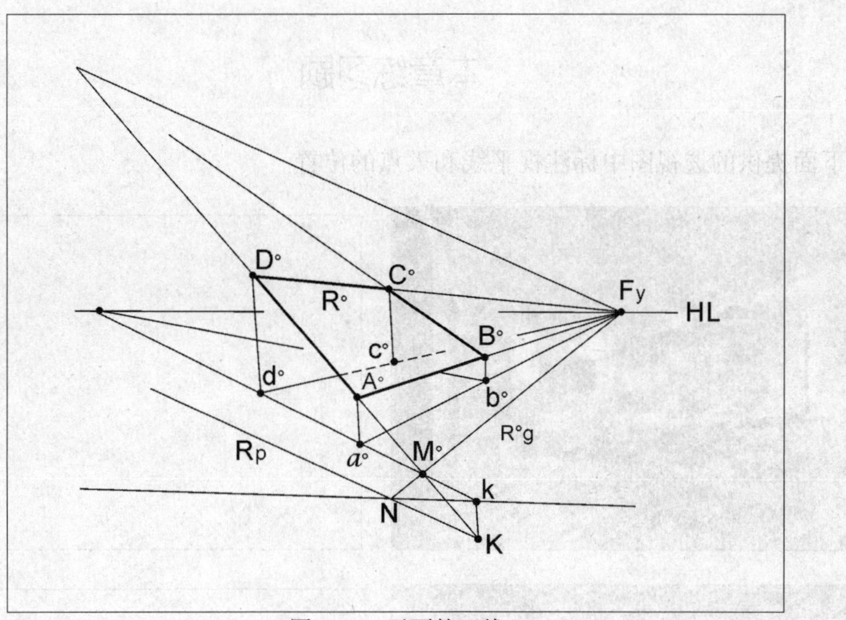

图 5-21　平面的灭线

本章练习题

在下面提供的透视图中标注视平线和灭点的位置。

第六章 平行透视

◆ 内容概述

通过讲解、演示平行透视的放置状态，理解平行透视的形成过程。

介绍平行透视的画法，其中要求学生重点掌握使用距点法绘制透视图的方法，进一步理解透视的重点是研究透视消失变化的方向和透视长度的变化。

◆ 教学目标

通过学习本章，了解平行透视产生的条件和特征，可以使学生进一步认识平行透视的规律和画法。

◆ 本章重点

掌握平行透视绘制透视图的方法。

◆ 课前思考

请学生找出一张自己拍摄的室内空间照片，分析这张照片在透视上的特点，如视平线的位置、灭点的位置。

第一节　平行透视的形成

平行透视的形成

在观察空间中的立方体时，当空间物体的一个面与画面平行，另一个面与画面垂直时，这样的放置状态即为平行透视，如图6-1所示。即在正方体的六面中，有一组面与画面平行，另一组面与画面垂直，这种情况下形成的透视被称为平行透视。其中，与画面平行的线经过平行透视后仍然保持平行，与画面垂直的线经过平行透视后会消失变化至心点，如图6-2所示。平行透视适合表现相对宏大的空间场景，具有构图比较稳定的特点，如图6-3、图6-4、图6-5、图6-6所示。

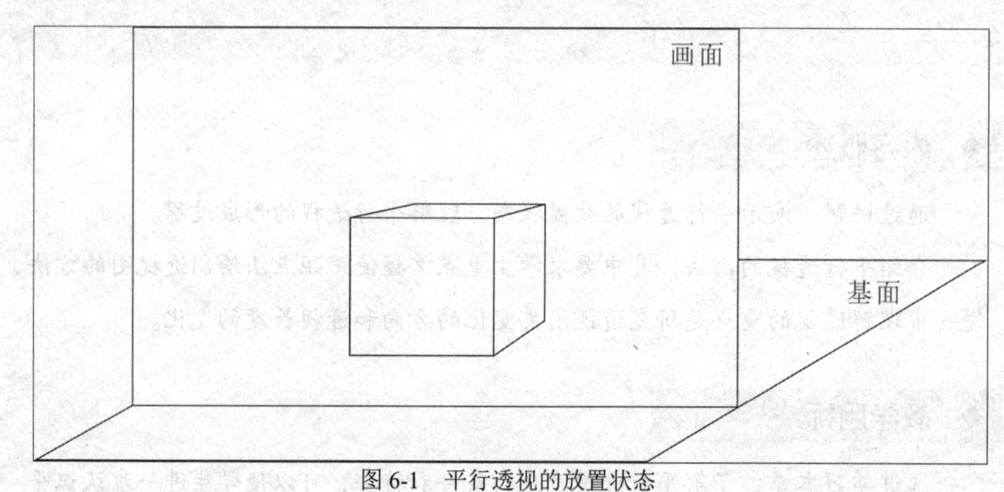

图 6-1　平行透视的放置状态

图 6-2　平行透视的变化规律

图 6-3 最后的晚餐（达・芬奇）

6-4 雅典学派（拉斐尔・桑西）

图 6-5 最后的晚餐（达利）

图 6-6 室内空间效果图（陕西欢合颜装饰设计有限公司）

第二节 平行透视的规律与特点

平行透视变化的特征如图6-7所示，具体如下：

（1）平行透视只有一个消失点（灭点），即心点。

（2）空间中平行于画面的平行线，在平行透视中，仍然保持平行。

（3）空间中垂直于画面的平行线，在平行透视图中消失变化到同一个灭点即心点。

图 6-7　平行透视变化的特征

第三节　平行透视图的画法

一、视线法（停点法）

视线法是将视点与空间物体平面图中的各点相连，并与视平线相交形成投射影点（迹点），再根据迹点向基线引垂线来绘制透视图的方法。这种方法被称为视线法，也叫作停点法。

利用视线法绘制透视图是学习绘制透视图的入门方法，这种方法比较容易理解，但是在绘制图过程中因为辅助线过多，容易造成误差，因此，仅仅作为透视制图的入门方法。

【例题6-1】已知立方体边长为2cm，视高为3cm，视距为4cm，物体与画面相切，如图6-8（a）所示，用视线法绘制其平行透视图。

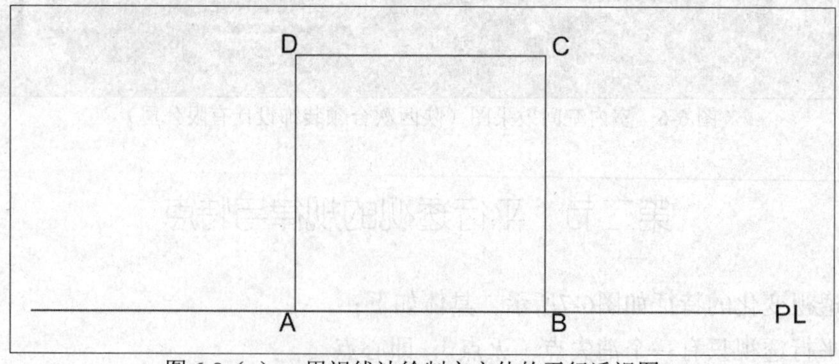

图 6-8（a）　用视线法绘制立方体的平行透视图 1

（1）根据已知条件绘制画面线*PL*、视平线*HL*、基线*GL*和平面图的位置。

（注意：视高是指视平线至基线的距离；视距是指视点至心点的距离）

（2）延长点*A*、点*B*至基线（*GL*）上，得到点A_1、点B_1。

（3）点A_1、点B_1分别与心点（*CV*）相连，以便确定*AD*、*BC*的消失方向。

（4）点*D*、点*C*分别与视点（*S*）相连，在画面线（*PL*）上产生迹点*D*′、*C*′。

（5）过迹点*D*′、*C*′分别向基线绘制垂线，在点A_1、点B_1与心点*CV*的连线上得到D_1、C_1。

（6）连接A_1、B_1、C_1、D_1。

（7）在AA_1或者BB_1上按比例量出真实高度，并连接对应点，得到立方体透视图，如图6-8（b）所示。

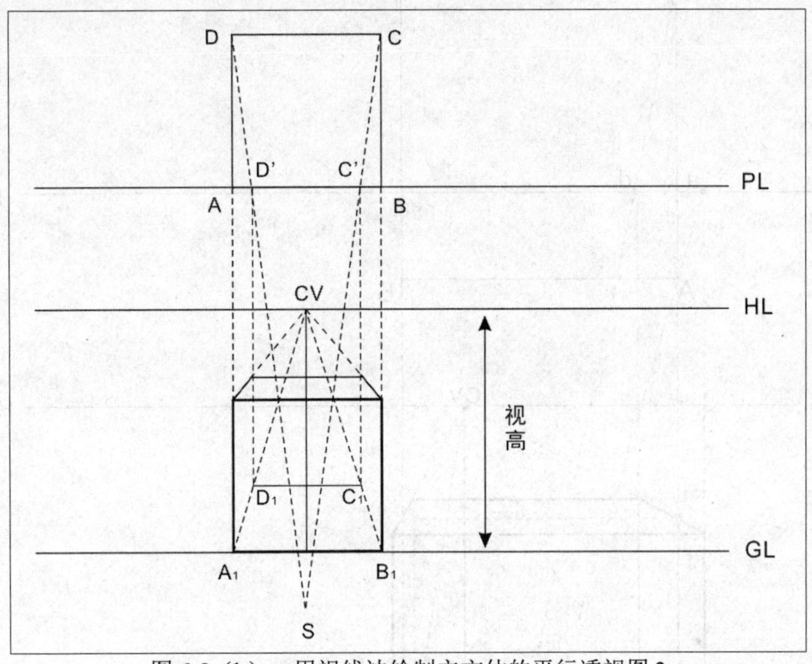

图 6-8（b）　用视线法绘制立方体的平行透视图 2

【例题6-2】已知立方体边长为3cm，视高为5cm，视距为6cm，物体与画面相交，如图6-9（a）所示，用视线法绘制其平行透视图。

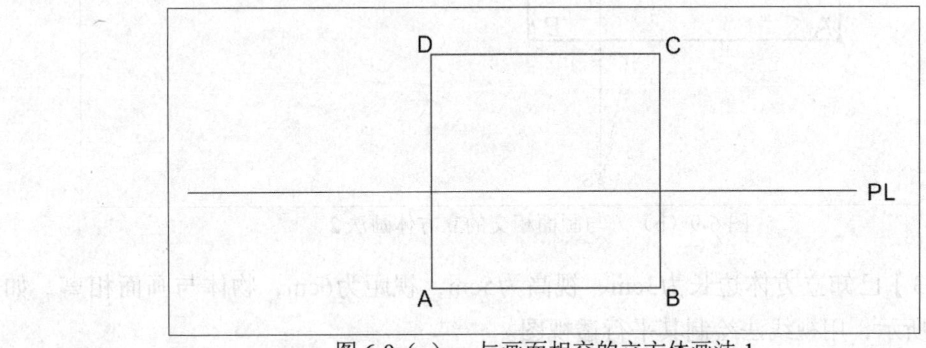

图 6-9（a）　与画面相交的立方体画法 1

（1）根据已知条件绘制画面线、视平线、基线和平面图的位置。

（2）延长点A、点B至基线上，得到点A_0、点B_0。

（3）点A_0、点B_0分别与心点相连并反向延长，以确定AD、BC的消失方向。

（4）点A、点D分别与视点相连，在画面线上产生迹点a、d。

（5）过迹点a、d分别向下作垂线，与A_0至心点CV的连线相交得到点A_1、点D_1，过点A_1、点D_1作水平线与B_0至心点CV的连线交于点B_1、点C_1，连接点A_1、B_1、C_1、D_1。

（6）在A_0A或者B_0B上按比例量出真实高度，并连接对应点，得到立方体透视图，如图6-9（b）所示。

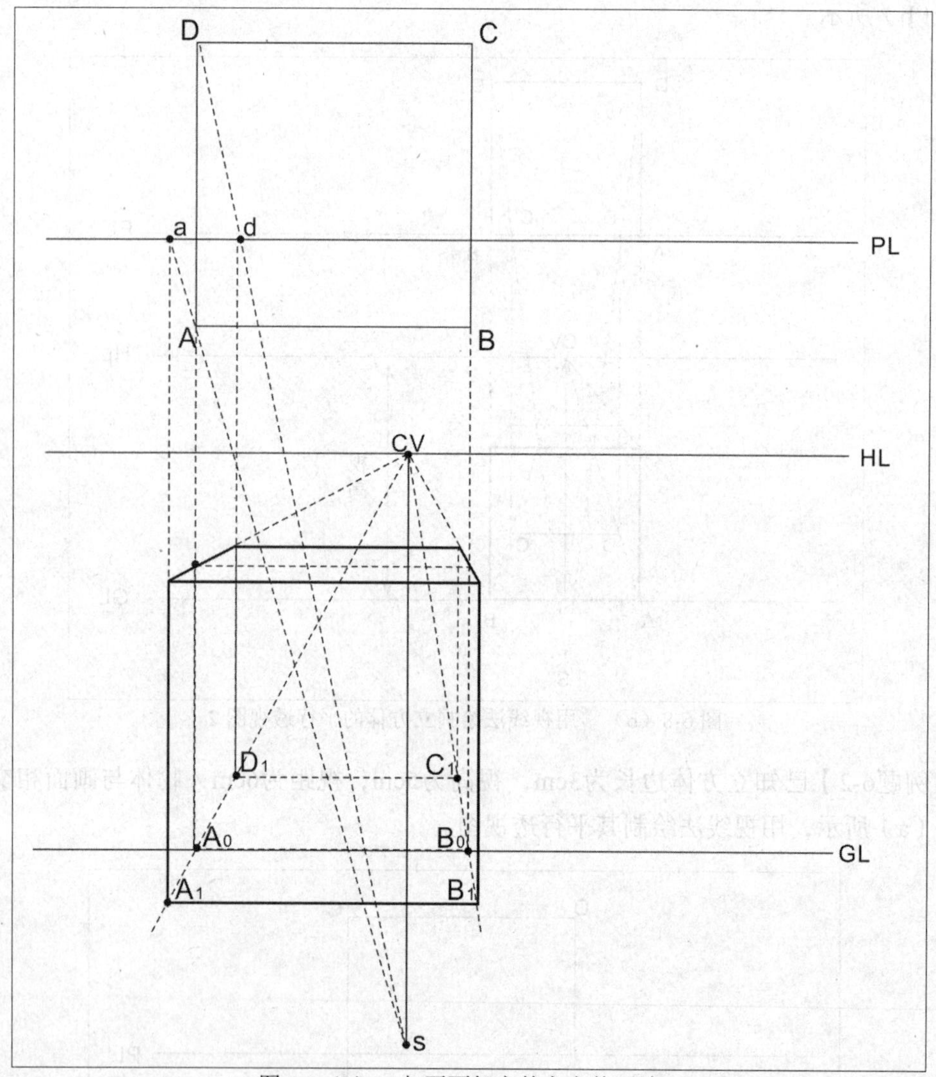

图 6-9（b）　与画面相交的立方体画法 2

【例题6-3】已知立方体边长为3cm，视高为5cm，视距为6cm，物体与画面相离，如图6-10（a）所示，用视线法绘制其平行透视图。

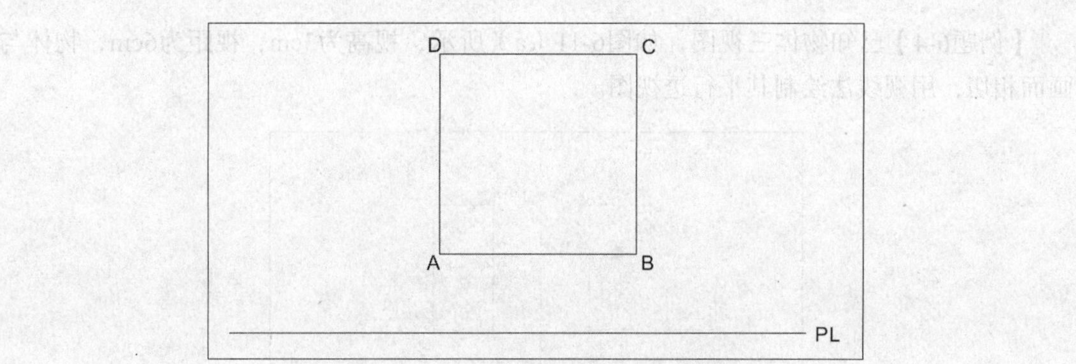

图 6-10（a） 与画面相离的立方体画法 1

（1）根据已知条件绘制画面线、视平线、基线和平面图的位置。

（2）延长点A、点B至基线上，得到点A_0、点B_0。

（3）点A_0、点B_0分别与心点相连，确定AD、BC的消失方向。

（4）点A、点D分别与视点相连，在画面线上产生迹点a、d。

（5）过迹点a、d分别向下绘制垂线，与A_0至心点CV的连线相交得到点A_1、点D_1，过A_1、D_1绘制水平线与点B_0至心点CV的连线交于点B_1、点C_1，连接A_1、B_1、C_1、D_1。

（6）在A_0A或者B_0B上按比例量出真实高度，并连接对应点，得到立方体透视图，如图6-10（b）所示。

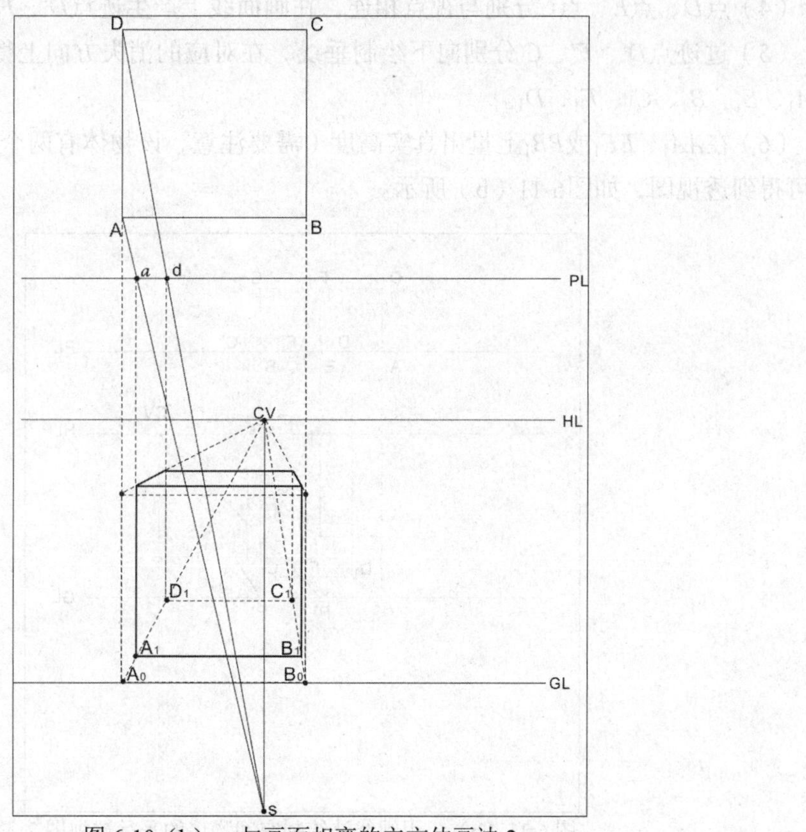

图 6-10（b） 与画面相离的立方体画法 2

【例题6-4】已知物体三视图，如图6-11（a）所示，视高为3cm，视距为6cm，物体与画面相切，用视线法绘制其平行透视图。

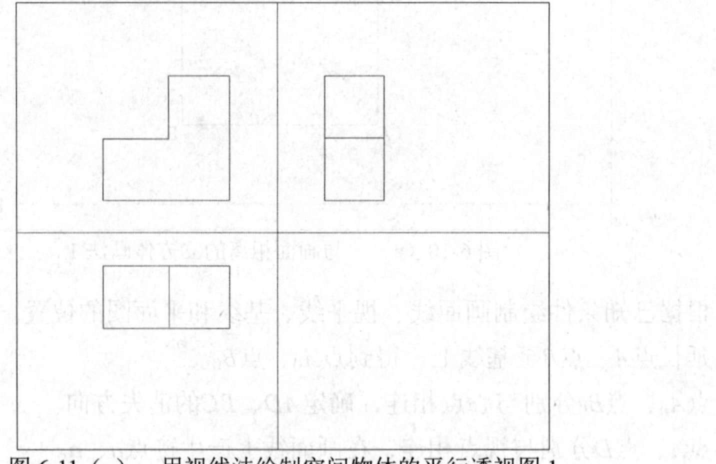

图 6-11（a） 用视线法绘制空间物体的平行透视图 1

（1）根据已知条件绘制画面线、视平线、基线。

（2）延长点A、点E、点B到基线上得到点A_1、点E_1、点B_1。

（3）点A_1、点E_1、点B_1分别与心点CV相连，确定消失方向。

（4）点D、点E、点C分别与视点相连，在画面线上产生迹点D'、F'、C'。

（5）过迹点D'、F'、C'分别向下绘制垂线，在对应的消失方向上得到D_1、F_1、C_1，连接A_1、E_1、B_1、C_1、F_1、D_1。

（6）在AA_1、EE_1或BB_1上量出真实高度（需要注意，该物体有两个高度），连接对应点即可得到透视图，如图6-11（b）所示。

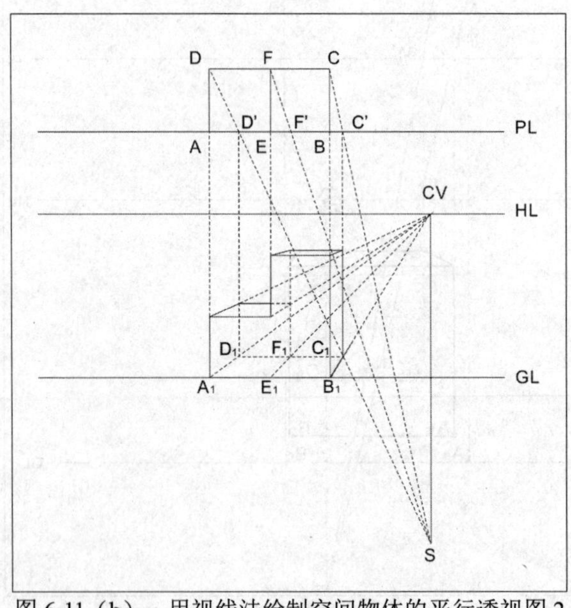

图 6-11（b） 用视线法绘制空间物体的平行透视图 2

【例题6-5】根据图6-12（a）所示的家具三视图，绘制家具的平行透视图。

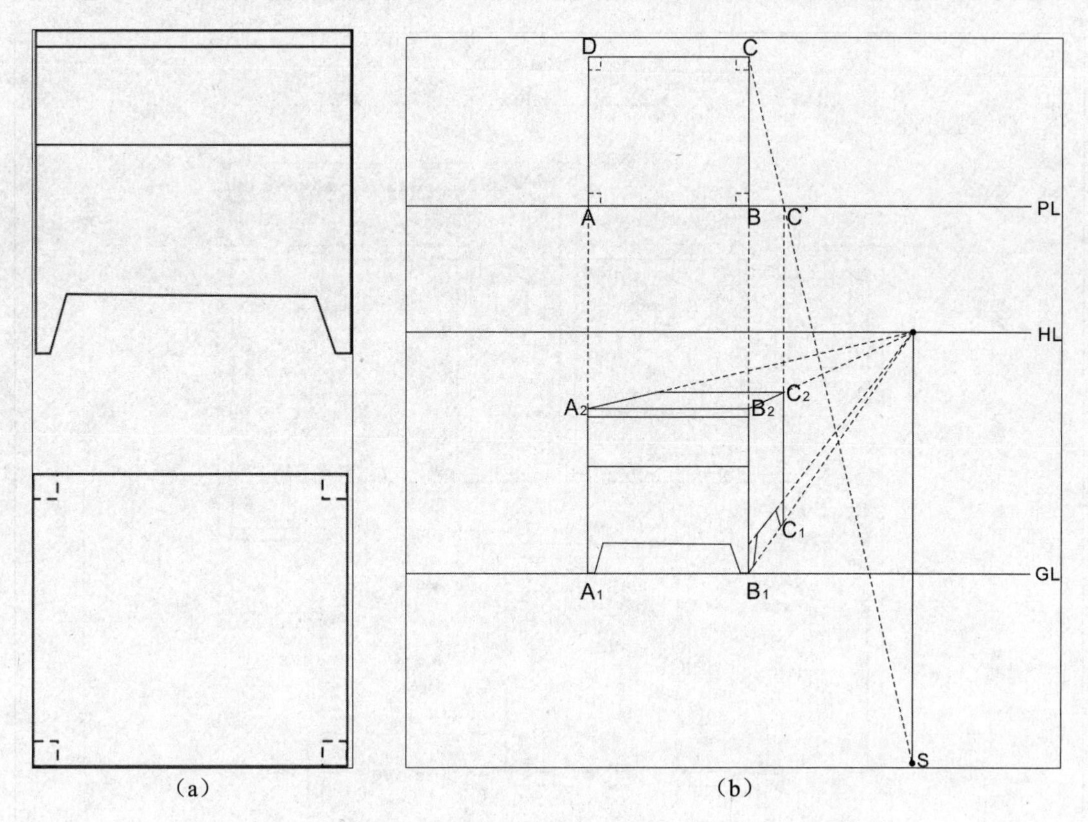

（a） （b）

图 6-12 用视线法绘制家具的平行透视图

（1）根据已知条件确定画面线、视平线、基线和视距、心点的位置；

（2）根据平面图和家具高度确定家具的轮廓形体的点A_1、B_1、C_1、A_2、B_2、C_2；

（3）通过视线法确定家具的四条腿透视位置；

（4）进一步确定床头柜的抽屉厚度、台面厚度，完成其平行透视图，如图6-12（b）所示。

【例题6-6】根据如图6-13（a）所示的室内空间平面图，绘制客厅室内空间的平行透视图。

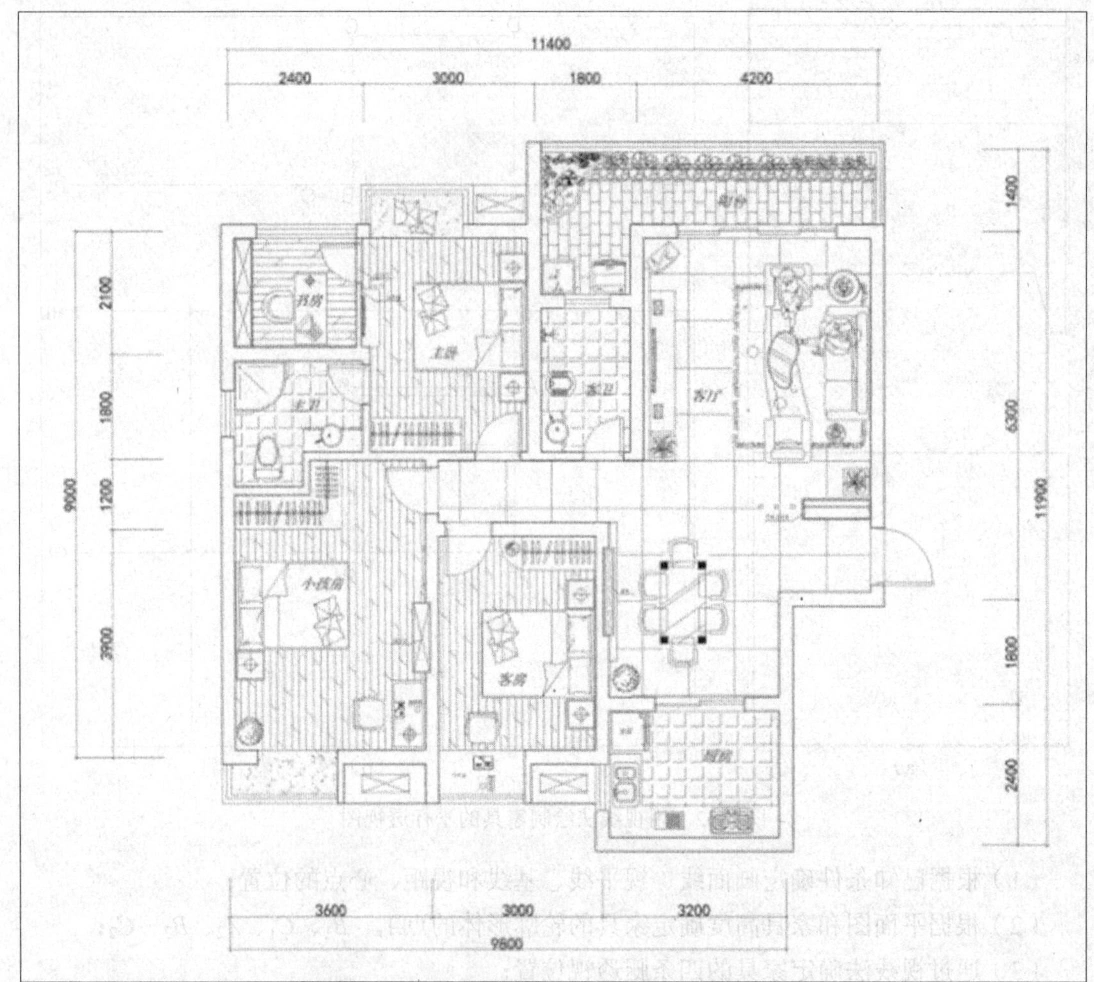

图 6-13（a） 用视线法绘制客厅的平行透视图 1

（1）根据室内空间大小确定画面线、基线、视平线、视距、心点的位置；

（2）根据平面图位置确定室内空间的开间、深度、高度，绘制卧室空间的基本形态；

（3）根据平面图家具位置依次绘制沙发、茶几等家具在地面的位置；

（4）依次找出沙发、茶几等家具的高度（此处需注意，家具的高度首先需要在真高线上确定，然后再与地面各个位置相交）；

（5）增加家具细节，加深可见轮廓线，透视图便完成了，如图6-13（b）所示。

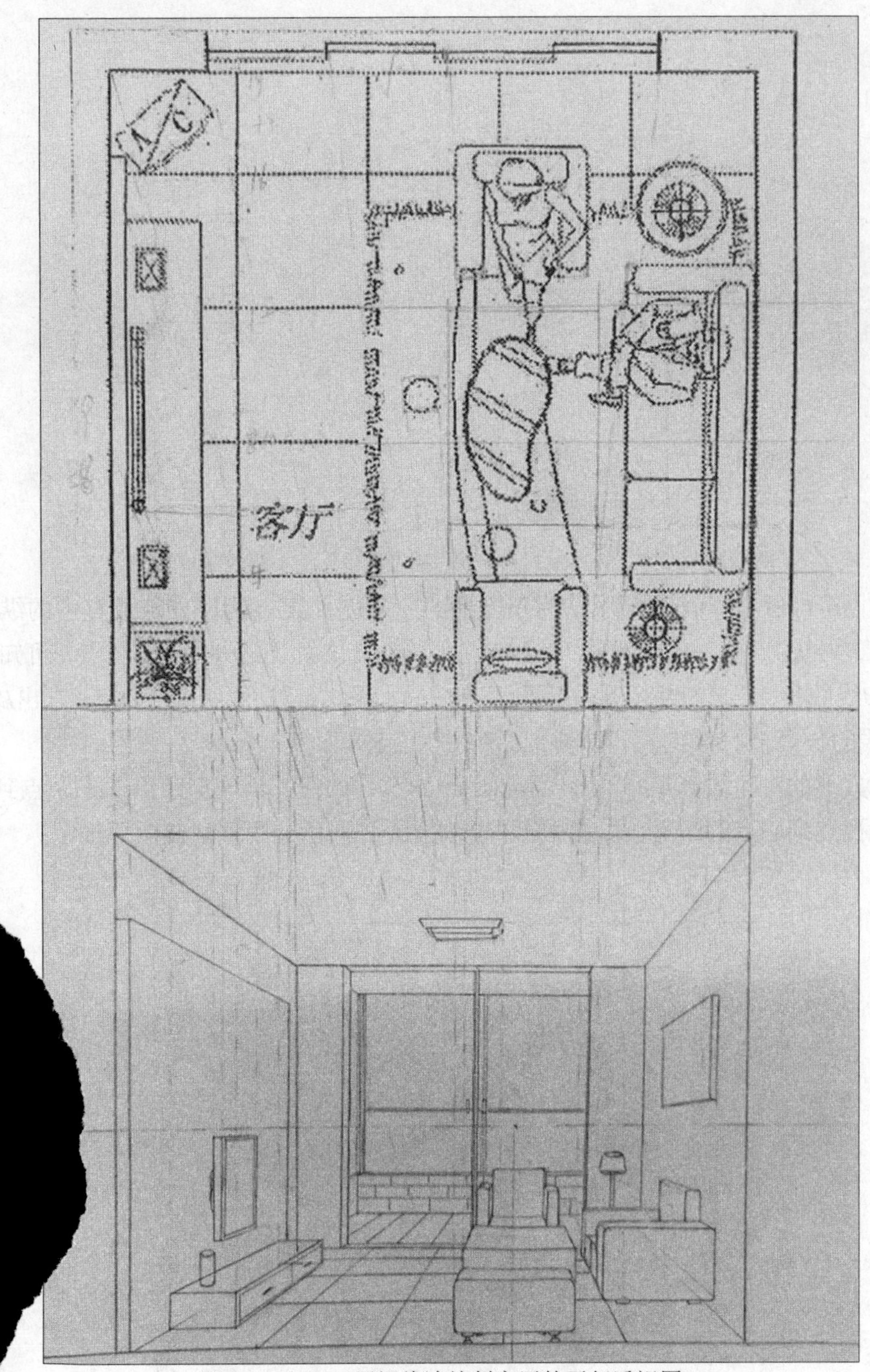

图 6-13（b）　用视线法绘制客厅的平行透视图 2

二、距点法绘制平行透视图

距点法作图所依据的透视规律是：当直线和画面成45°角时，该直线消失变化至距点 D_1，如图6-14所示。下面来看看如何应用这条透视规律制图。

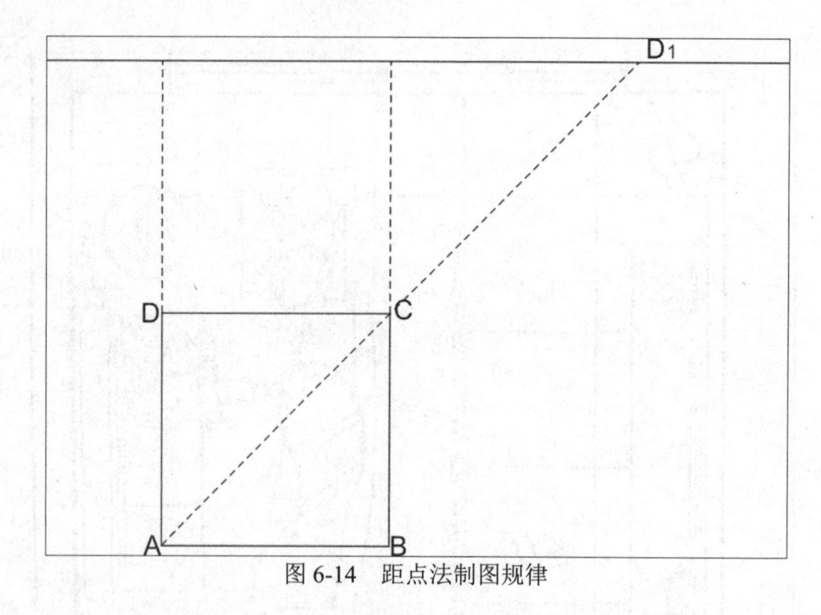

图 6-14　距点法制图规律

如图6-14所示，假设线段*AB*为正方形的一条边，从*B*点引与*B*点成直角的纵深*BC*到无穷远处，再从*A*点引一条和线段*AB*成45°角的斜线，该斜线与*BC*相交于*C*点，可知*BC*线的长等于*AB*线的长，再从*C*点起引一条平行于*AB*的水平线，与*A*线相交于*D*点，求出*DC*线的长，若*DC*线的长等于*AB*线的长，即得到面*ABCD*是正方形。

正方形的对角线都是45°角，而与画面成45°角的线都消失至距点D_1，距点到心点的距离也是视点到心点的距离。由此即可得到如图6-15所示的距点法制图原理图。

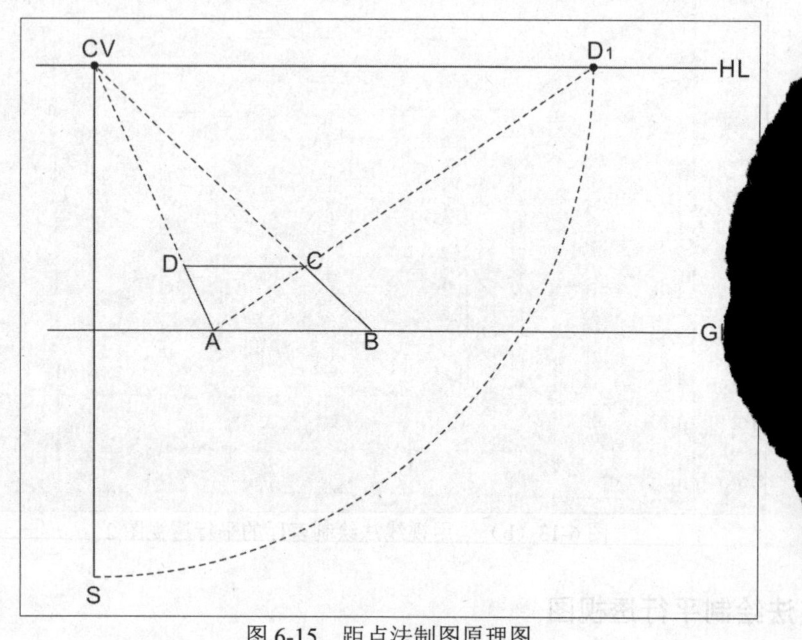

图 6-15　距点法制图原理图

根据已知条件确定基线、视平线、心点、视点的位置。在基线上确定正方形边长*AB*，根据透视原理将*A*点、*B*点分别与心点相连，确定正方形*AD*和*BC*两条边的透视方向，因为正方形的对角线成45°角，而与画面成45°角的线都消失至距点D_1，因此可将A点与距点D_1相连，在BCV的连线上有一个交点，这个交点就是C点，依据平行透视规律，过C点作直线线段AB的平行线，与ACV相交于D点，即得到正方形的平行透视图。

【例题6-7】已知长方体的长、宽、高分别为5cm、4cm、3cm，视高为4cm，视距为5cm，求长方体的透视图。

（1）根据已知条件确定基线、视平线、心点CV、距点D_2（距点到心点的距离等于视点S到画面的距离）；

（2）在基线上量出长方体边长AB，分别将A点、B点与心点CV相连，确定长方体深度的消失方向；

（3）根据作图比例在基线上以B点为起点，量出长方体深度，即长方体的宽BC'，用距点法将点C'与距点D_2连接交BCV于C点，C点就是长方体的透视深度（需要同学们注意的是：BC是透视深度，不能用尺子直接量出来）；

（4）过C点绘制水平线交ACV于D点，便得到长方体的平行透视图；

（5）对应各点找出长方体的高度，得到长方体的透视图，如图6-16所示。

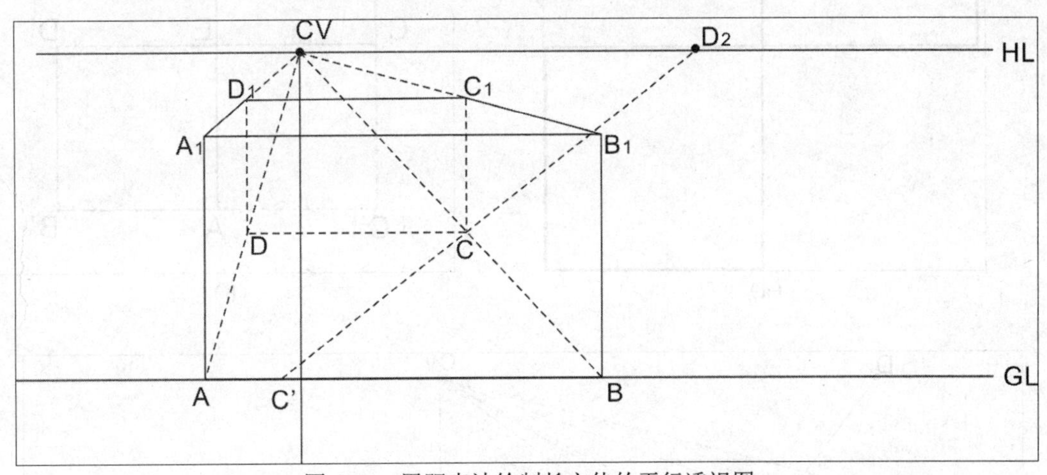

图 6-16　用距点法绘制长方体的平行透视图

【例题6-8】根据图6-17（a）所示的三视图，应用距点法绘制其平行透视图。

（1）根据已知条件确定基线、视平线、心点CV、距点D_2；

（2）分析立方体组合体平面图，过C'向下绘制垂线与$A'B'$延长线相交于点C''，根据正方形特征可知：$C''A'=C'E'=C''C'$，如图6-17（b）所示；

（3）在基线上量出点C_1、A、B，分别将A点、B点、C_1点与心点CV相连接，确定组合体深度的消失方向；

（4）根据作图比例在基线上以B点为起点，量出组合体深度。将B点与距点D_2连接交ACV于E点，交C_1CV于H点，过E点绘制水平线与BCV、C_1CV分别相交于D、C两个点。过H绘制水平线与ACV相交于F点，此时线段BD、线段EF分别为前后两个立方体的深度。

（5）对应各点找出组合体的高度，得到组合体的透视图，如图6-17（c）所示。

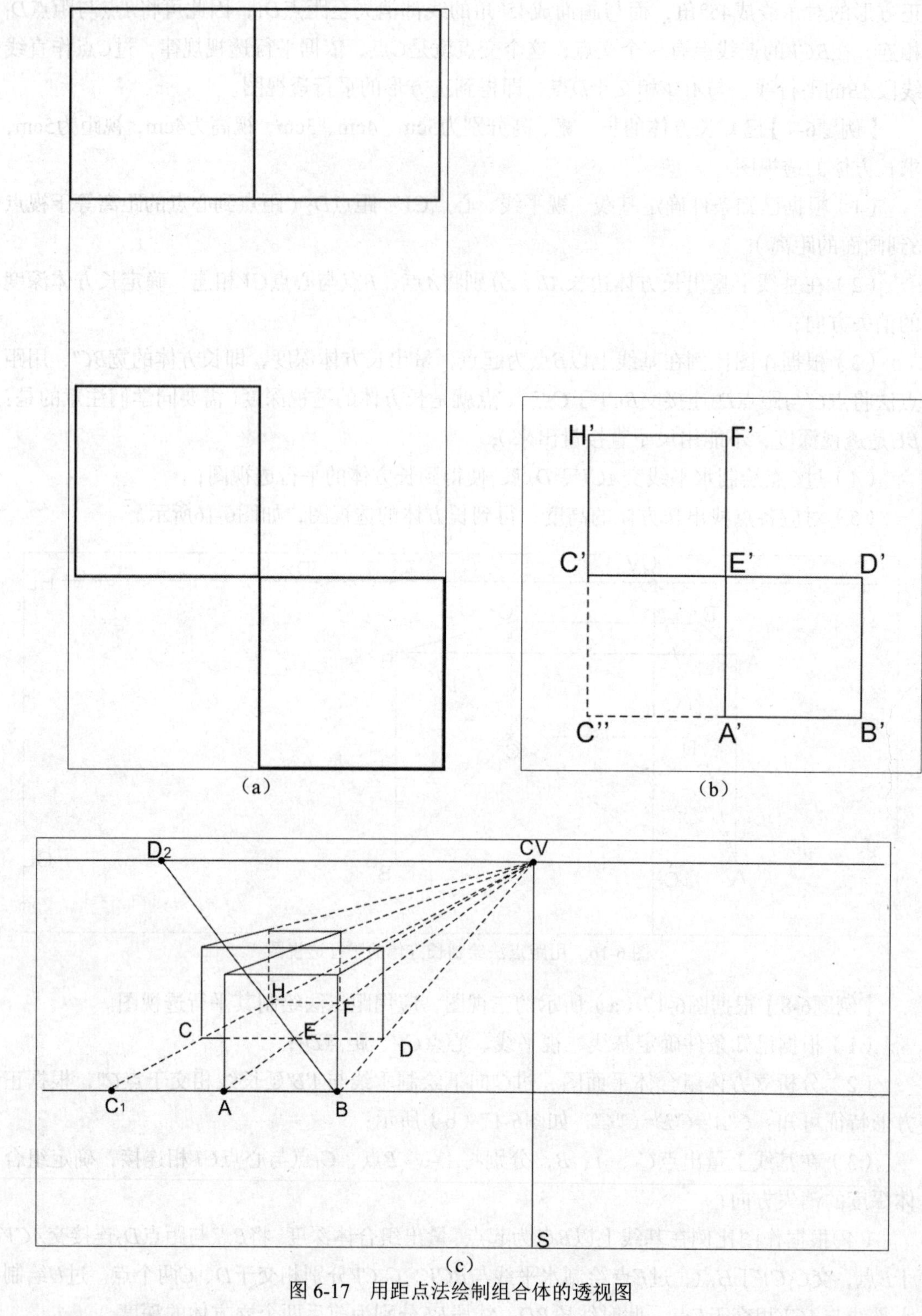

（a）　（b）　（c）

图 6-17　用距点法绘制组合体的透视图

【例题6-9】根据图6-18（a）所示的床的三视图，应用距点法绘制其平行透视图。

（1）根据已知条件确定基线、视平线、心点CV、距点D_1；

（2）在基线上量出床的长度AB，分别将A点、B点与心点CV相连接，确定床深度的消失方向；

（3）在基线上以B点为起点，量出床的宽度BC_1，将C_1点与距点D_1连接交BCV于C点，过C点绘制水平线与ACV相交于D点，即得到床的平面轮廓；

（4）对应各点找出床的高度，得到床的透视图；

（5）刻画床的细节，加深轮廓线，家具平行透视图完成，如图6-18（b）所示。

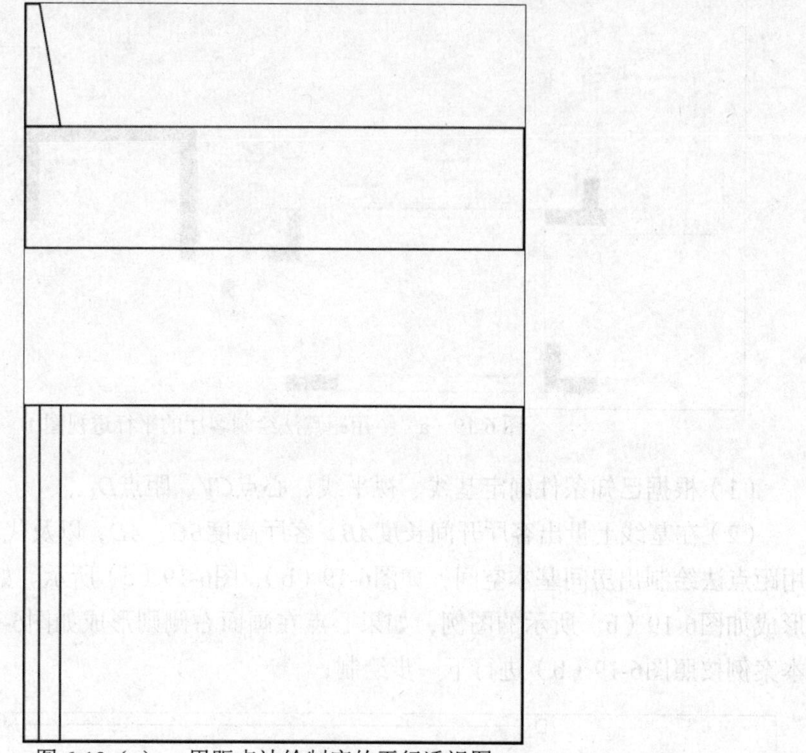

图 6-18（a） 用距点法绘制床的平行透视图 1

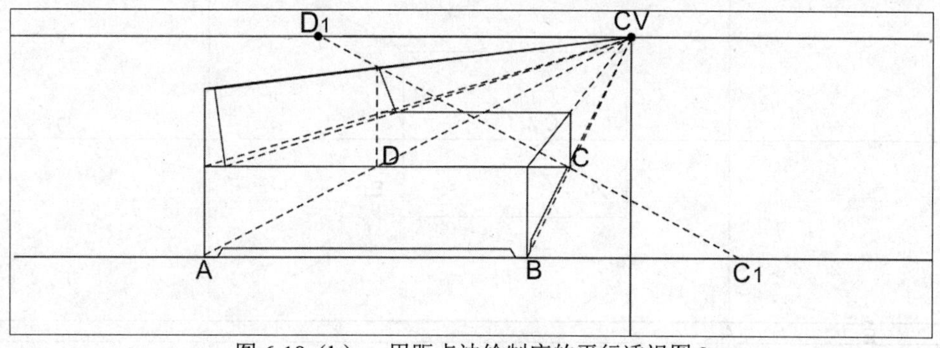

图 6-18（b） 用距点法绘制床的平行透视图 2

【例题6-10】根据图6-19（a）所示的室内空间平面图，应用距点法绘制客厅的平行透视图。

图 6-19（a）　用距点法绘制客厅的平行透视图 1

（1）根据已知条件确定基线、视平线、心点CV、距点D_1；

（2）在基线上量出客厅开间长度AB，客厅高度BC、AD，以及代表房间深度的E点。应用距点法绘制出房间基本空间，如图6-19（b）、图6-19（c）所示。如果心点在画面左侧则形成如图6-19（b）所示的图例，如果心点在画面右侧则形成如图6-19（c）所示的图例。本案例按照图6-19（b）进行下一步绘制；

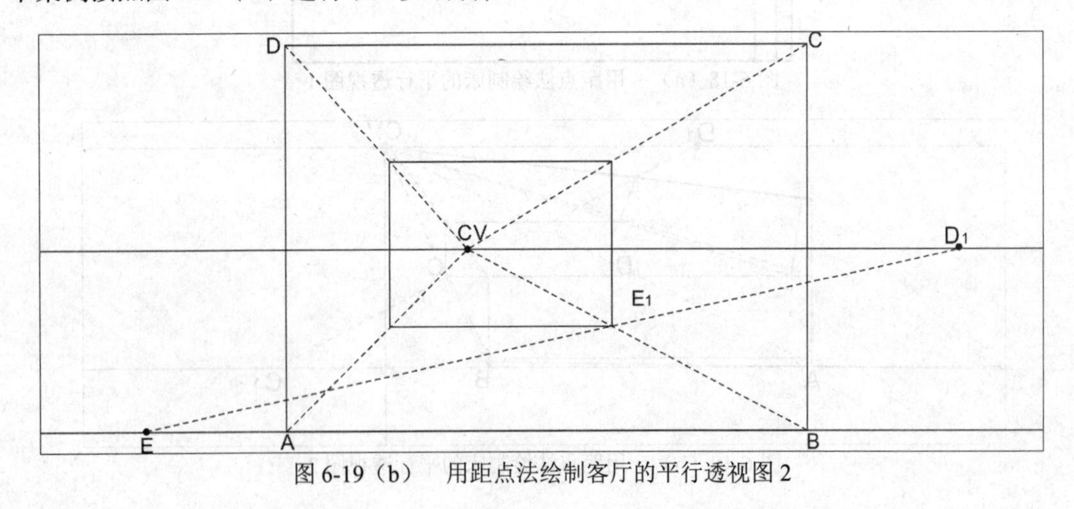

图 6-19（b）　用距点法绘制客厅的平行透视图 2

C、D四个点分别与心点CV相连；

（2）在视平线上的开间尺寸以外（左右两侧均可）确定距点D_1，从点F向距点D_1连线，与基线上各点的消失线相交，再过这些交点作出水平线；

（3）过ACV、DCV上各交点分别绘制垂直线、水平线，完成空间结构，如图6-20（b）所示。此时透视图中的每一格子皆表示1m×1m的透视尺度。

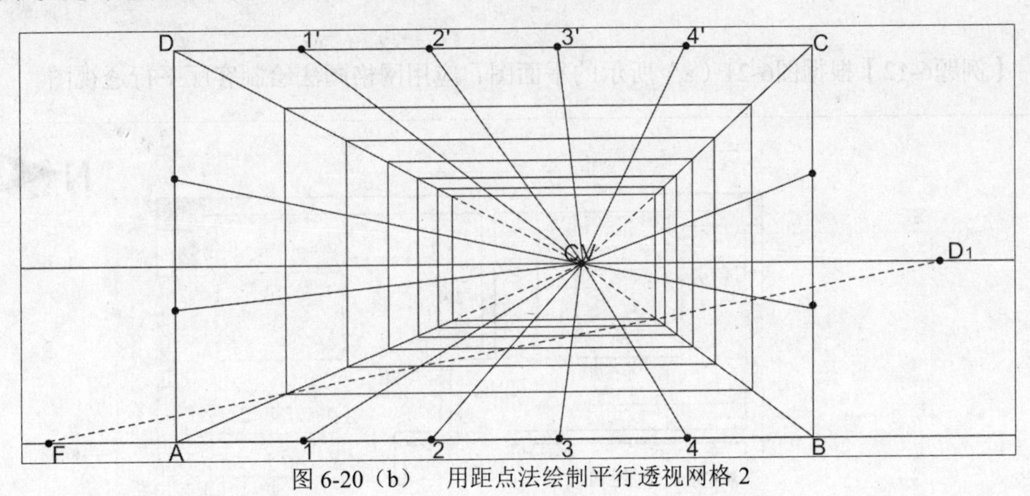

图 6-20（b） 用距点法绘制平行透视网格 2

上图的制作过程是从距离视点最近的画面开始绘制的，即由近及远的方法，还有一种方法可以从画面最远处开始绘制，即由远及近的画法，如图6-20（c）所示。

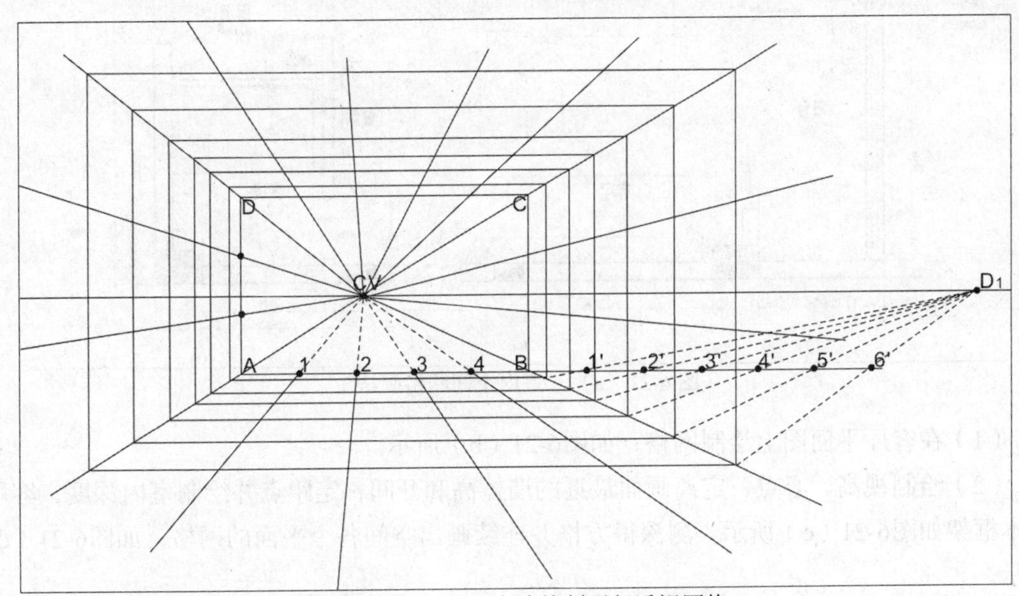

图 6-20（c） 用距点法绘制平行透视网格 3

（1）按长宽比例确定空间的内框点A、B、C、D并标记尺寸刻度，确定视平线及心点CV，绘制CVA、CVB、CVC、CVD的连线并延伸；

（2）过B点绘制水平线并标记刻度（刻度的多少即空间进深的尺度）。在视平线上定出距点D_1（最好位于深度最外侧点之后的位置）；

（3）分别过D_1绘制点1′、2′、3′、4′、5′、6′的连线并延长，与BCV的延长线相交形成6个交点，过这6个交点分别绘制垂直线与水平线。再与ACV、CCV的延长线相交，并过这些交点分别绘制垂直线或水平线；

（4）AB和DC上的刻度点分别与心点CV相连并延长，即完成距点法的平行透视网格制图。

【例题6-12】根据图6-21（a）所示的平面图，应用网格画法绘制客厅平行透视图。

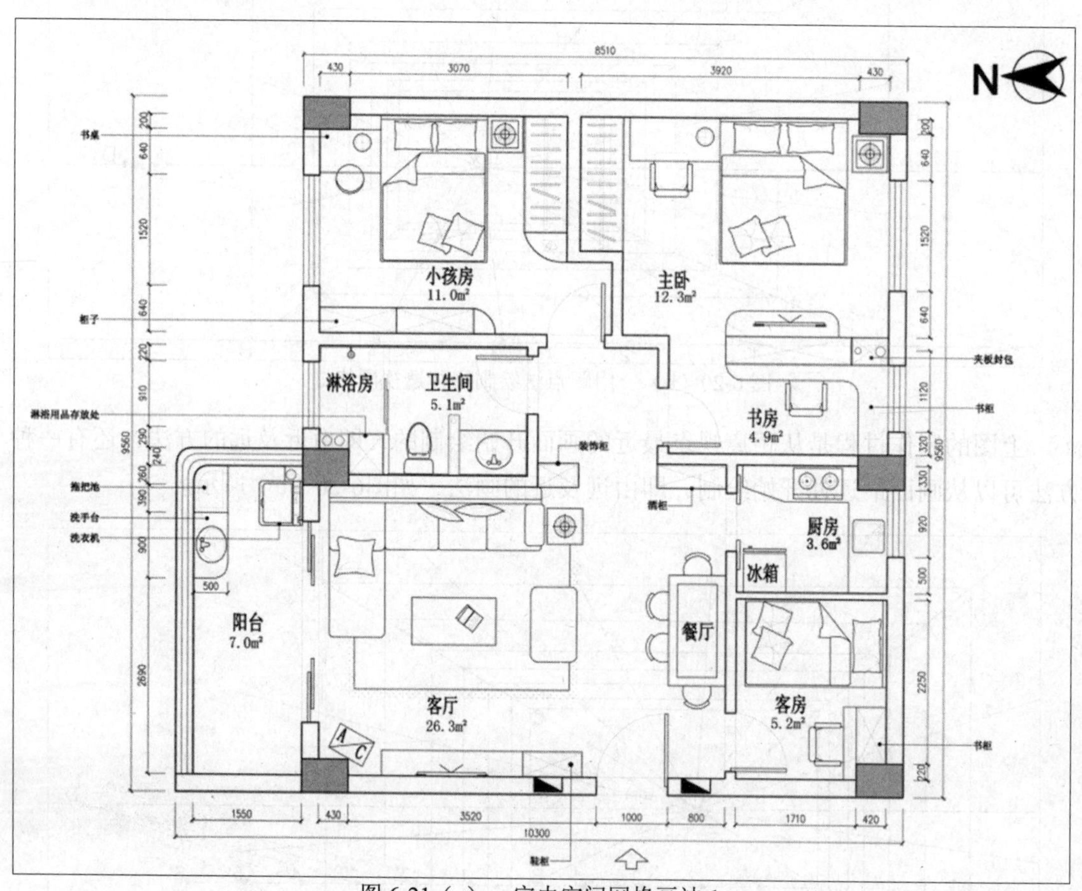

图6-21（a）　室内空间网格画法1

（1）在客厅平面图上绘制网格，如图6-21（b）所示。

（2）绘制视高、心点，定离画面最近的墙体高和开间，定距点并绘制室内深度，客厅基本框架如图6-21（c）所示，测深得方格并连续画出空间各个平面的网格，如图6-21（d）所示。

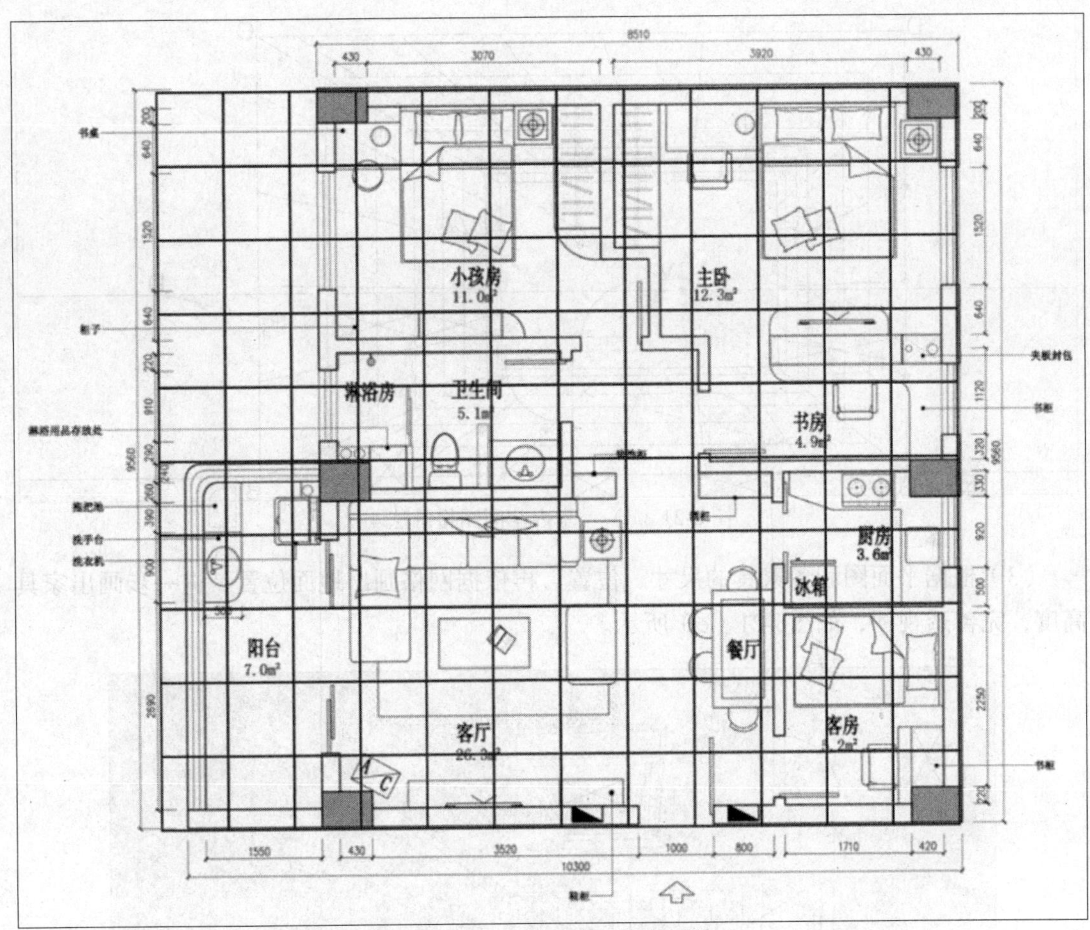

图 6-21（b）　室内空间网格画法 2

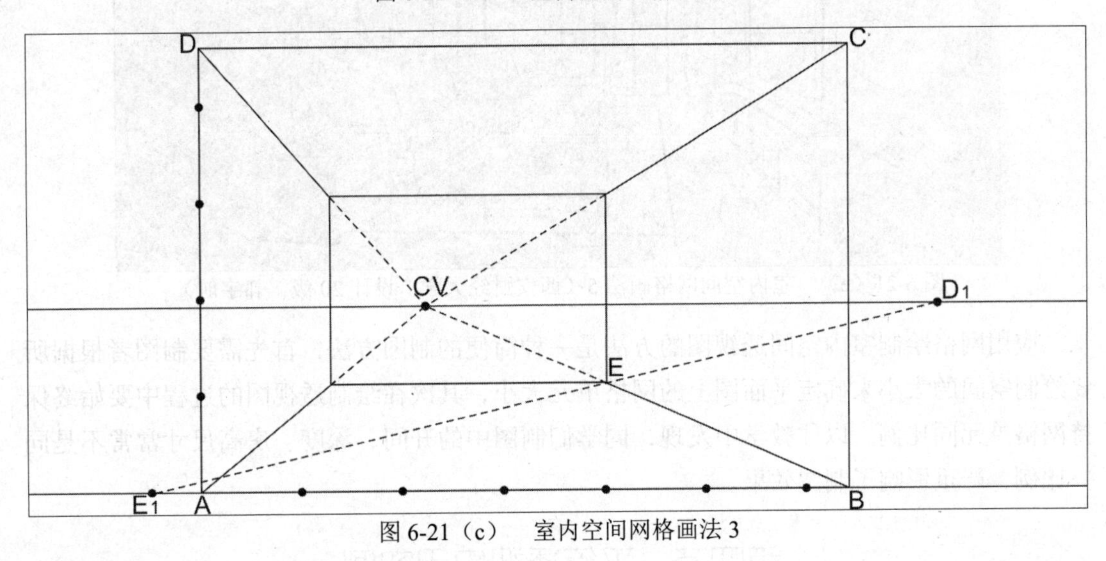

图 6-21（c）　室内空间网格画法 3

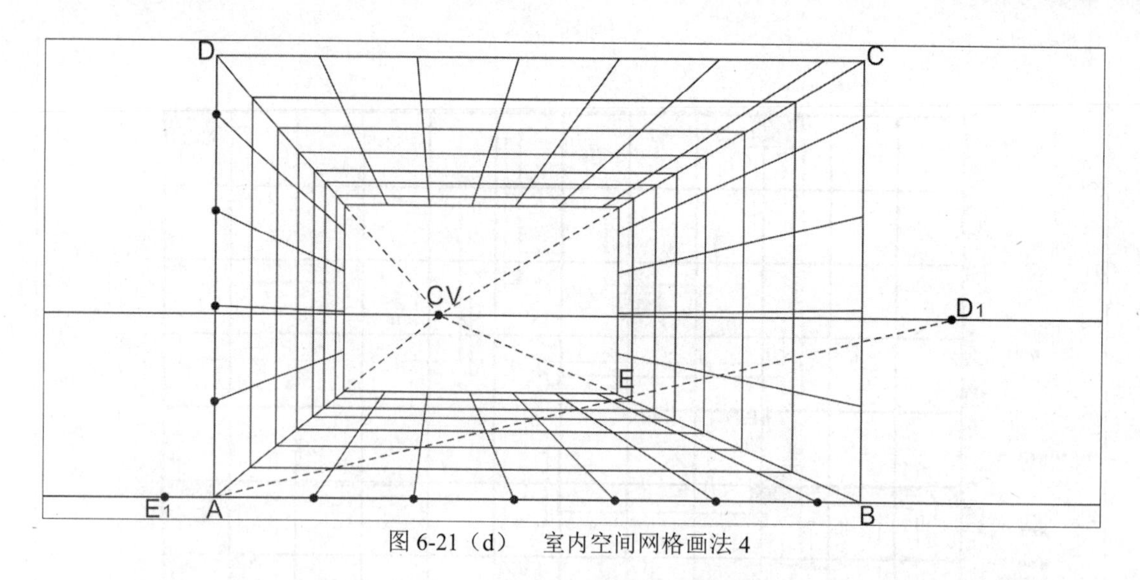

图 6-21（d） 室内空间网格画法 4

（3）根据平面图和各家具的尺寸、位置，再依据网格画出地面位置。进一步画出家具高度，完善透视图，如图6-21（e）所示。

图 6-21（e） 室内空间网格画法 5（西安财经大学 设计 20 级 郭宇航）

应用网格绘制室内空间透视图的方法是一种简便的制图方法，首先需要制图者根据所要绘制空间的大小来确定平面图上的网格单元大小，其次在绘制透视图的过程中要始终保持网格单元同比例。以往教学中发现，同学们制图中的开间、深度、房高尺寸常常不是同一比例，严重影响了制图效果。

第四节 平行透视应用实例

平行透视因为其具有易绘制、易理解的特点，在日常设计中应用广泛，无论是手绘草图还是表现图，甚至效果图，都广泛采用平行透视的视角以呈现基本设计概念。平行透视应用案例如图6-22至图6-35所示。

图 6-22　餐厅平行透视图（西安财经大学 2016 级　刘天琪）

图 6-23　公园景观平行透视图（西安财经大学 2016 级　商亮）

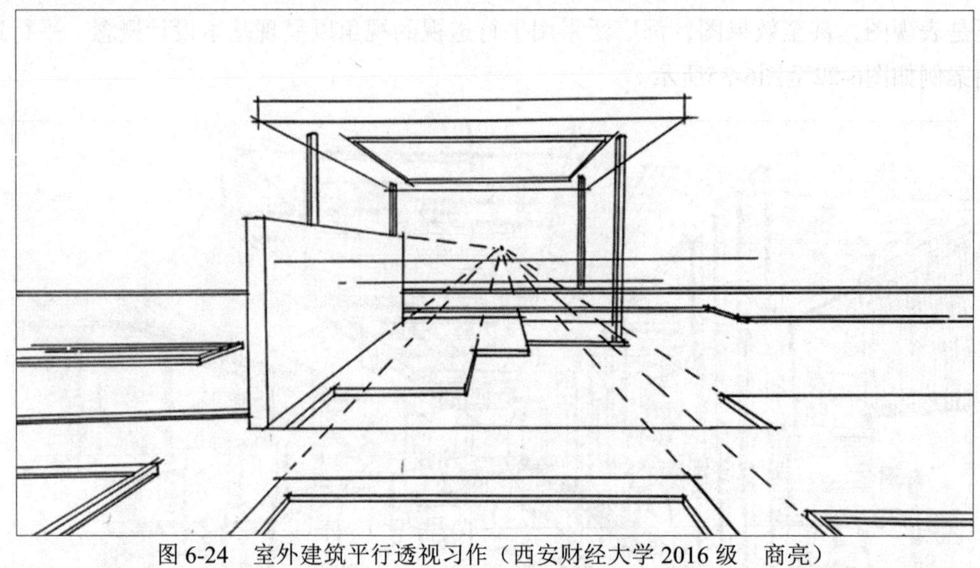

图 6-24　室外建筑平行透视习作（西安财经大学 2016 级　商亮）

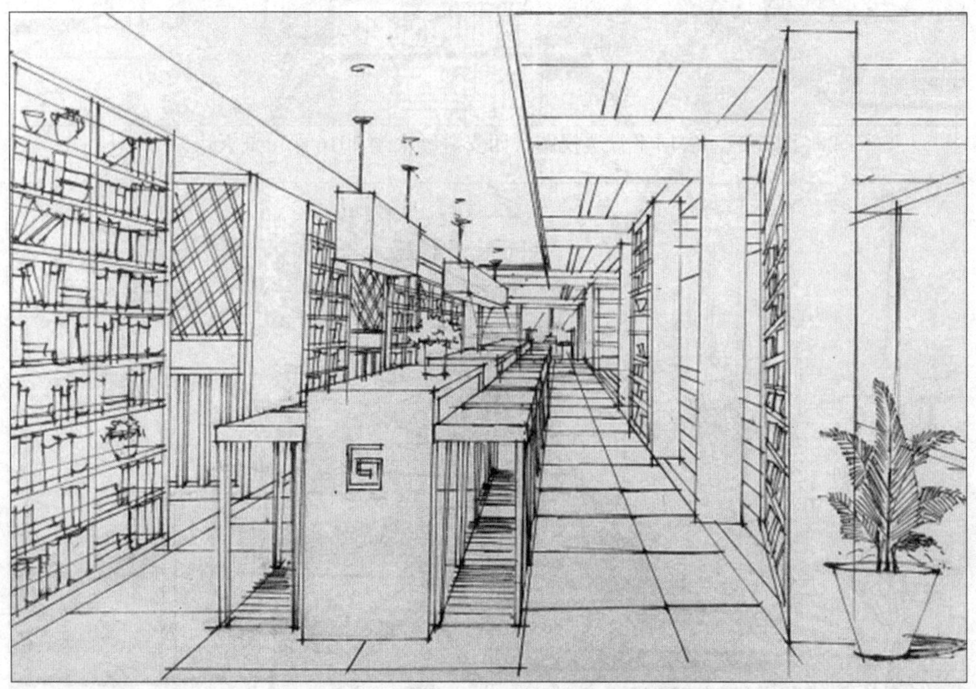

图 6-25　书吧平行透视图（西安财经大学 2016 级　刘天琪）

图 6-26　安徽屏山村写生（西安财经大学 2016 级　张丁文）

图 6-27　书吧平行透视图（西安财经大学 2016 级　刘天琪）

图 6-28　书吧平行透视图（西安财经大学 2016 级　学生）

图 6-29　客厅平行透视图（西安财经大学 2018 级　学生）

图 6-30　客厅平行透视图（西安财经大学 2018 级　肖康媛）

图 6-31　客厅平行透视图（西安财经大学 2018 级）

图 6-32　室内效果图（西安财经大学 2010 级）

图 6-33　客厅效果图（西安财经大学 2010 级）

图 6-34 客厅平行透视图（西安财经大学 2020 级 孔潇潇）

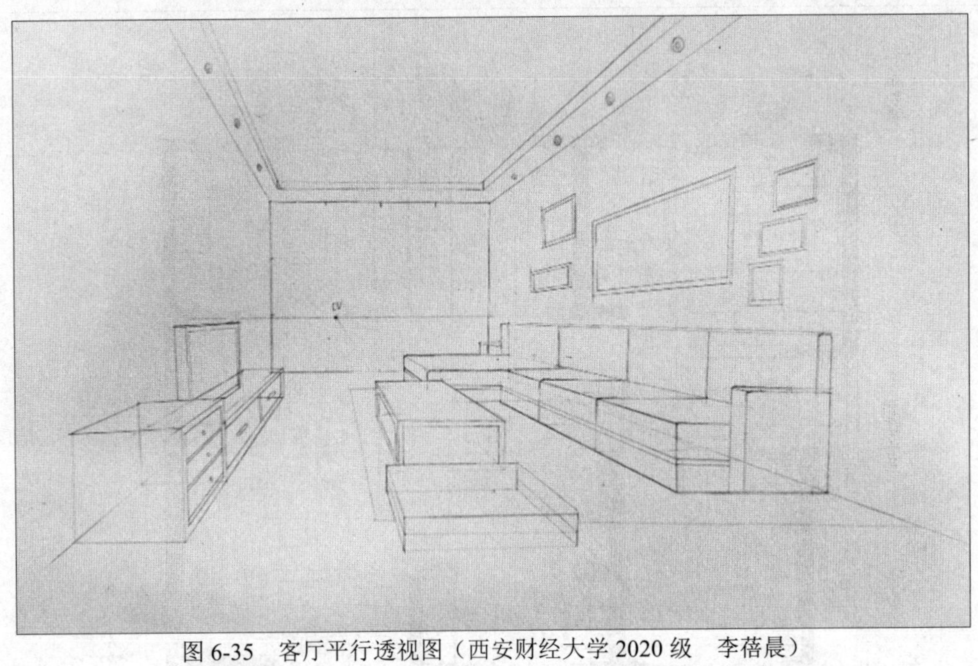

图 6-35 客厅平行透视图（西安财经大学 2020 级 李蓓晨）

本章练习题

1. 根据下图，绘制家具平行透视图。

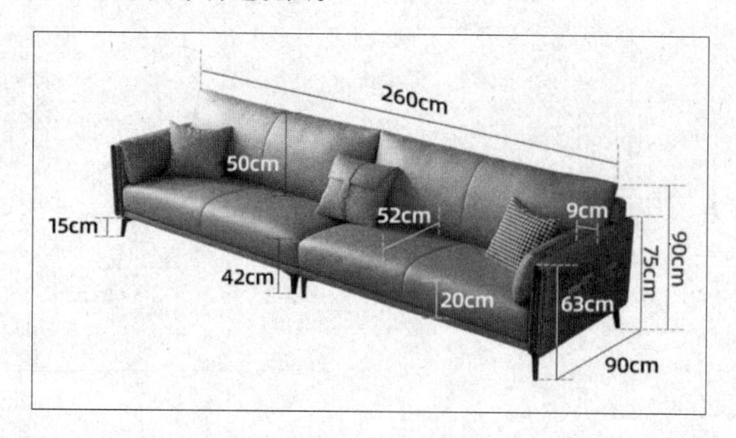

2. 根据下图的平面图，绘制室内空间平行透视图，可绘制客厅、卧室、书房、餐厅或厨房。

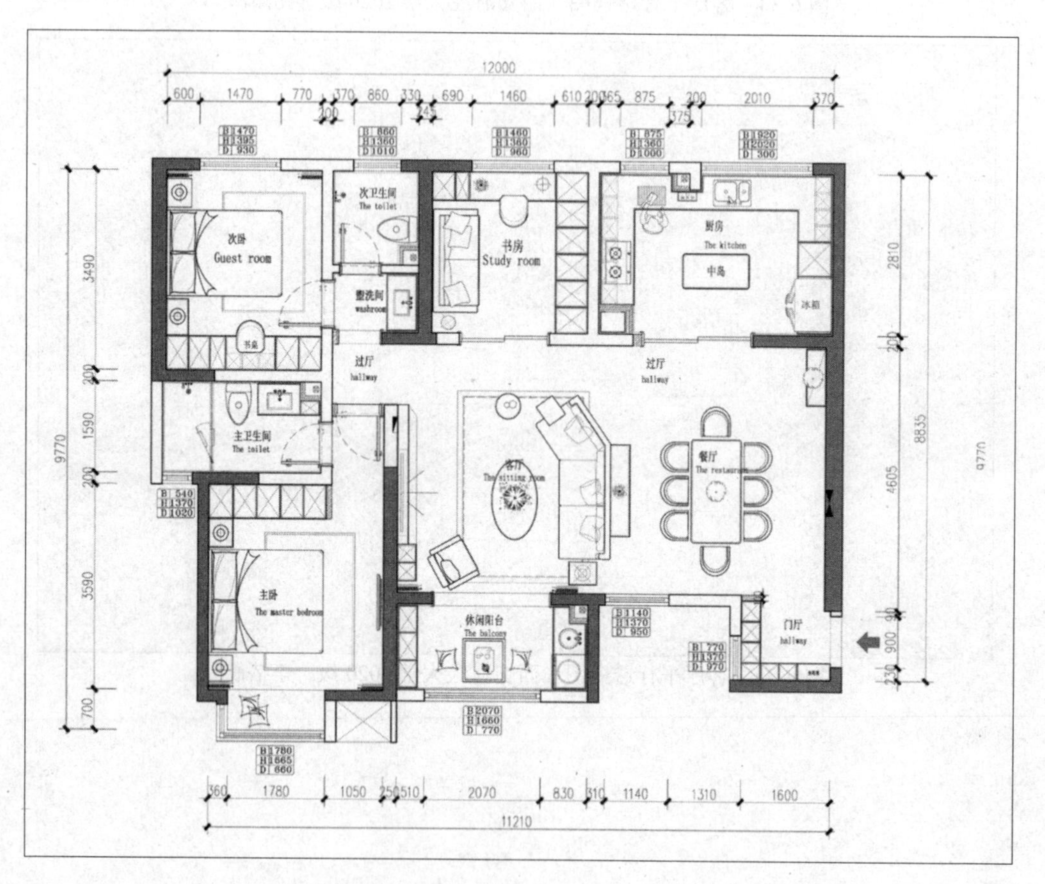

第七章　成角透视

◆ 内容概述

通过讲解、演示成角透视的放置状态，理解成角透视的形成过程。

介绍成角透视的画法，要求学生重点掌握成角透视量点法绘制透视图的方法。进一步理解透视的重点是研究透视消失变化的方向和透视长度的变化。

◆ 教学目标

通过学习本章，了解成角透视产生的条件和特征，可以使学生进一步认识成角透视的规律和画法。

◆ 本章重点

掌握成角透视绘制透视图的方法。

◆ 课前思考

请同学们对同一个空间站进行不同角度的观察，尝试绘制简单的透视图，分析透视上的特点，找出平行透视和非平行透视的区别。

第一节　成角透视的形成

一、成角透视的形成

以立方体为例，当立方体与画面成一定角度时，立方体的左右两组水平线与画面成90°角以外的角度、并向心点两侧延伸至两个点，如图7-1所示。此时立面图与画面所形成的透视关系为成角透视也可称之为两点透视，即在立方体的六面中，上下两个面与地面平行，没有一个面与画面平行，这样的透视关系就是成角透视。观察成角透视立方体，可知消失点主要是左立面消失至左消失点，右立面消失至右消失点，如图7-2所示。当站在立方体内部观察时，可知左立面消失至右消失点，右立面消失至左消失点，如图7-3所示。平视中的成角透视图构图变化较大，有利于场景和情节的刻画。在手绘表现中，常选择成角透视表现比较小的空间，如图7-4、图7-5所示。

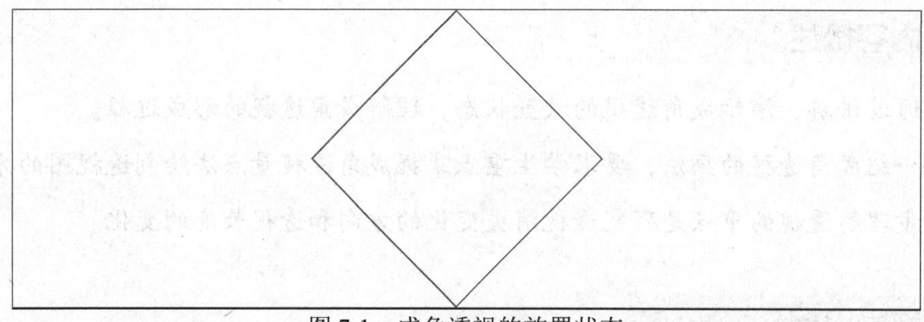

图 7-1　成角透视的放置状态

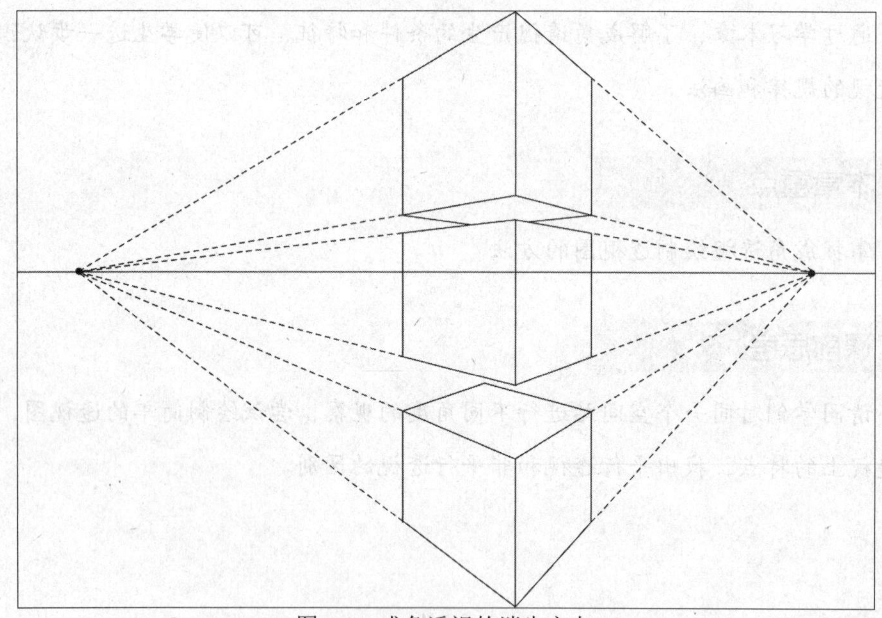

图 7-2　成角透视的消失方向

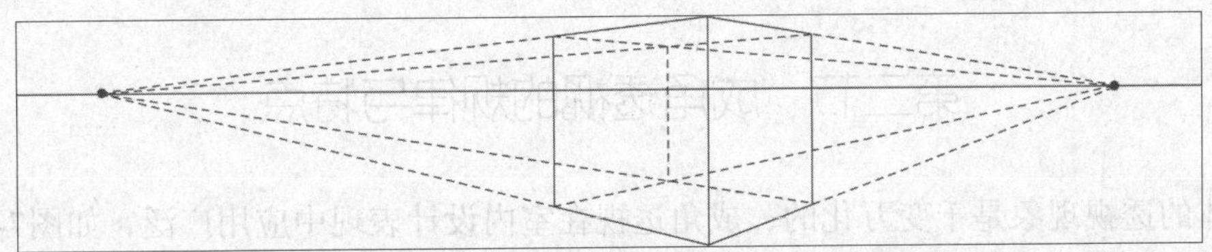

图 7-3　成角透视的消失规律

图 7-4　成角透视在效果图中的应用 1（陕西欢合颜装饰设计有限公司）

图 7-5　成角透视在效果图中的应用 2（陕西欢合颜装饰设计有限公司）

第二节　成角透视的规律与特点

物体的透视现象是千变万化的，成角透视在室内设计表现中应用广泛，如图7-6所示。成角透视与平行透视相比，因为物体与画面所形成的角度不同，变线消失的方向会发生变化，即使这样成角透视还是有很多规律的。成角透视的变化规律如图7-7所示，具体如下：

（1）视向是平视，有两个消失点，三组平行线，三个方向。

（2）当物体与画面成非90°角时，其两个消失点在心点左右两侧。

（3）当物体与画面成45°角时，其两个消失点为距点。

图 7-6　成角透视在室内设计表现中的应用（陕西欢合颜装饰设计有限公司）

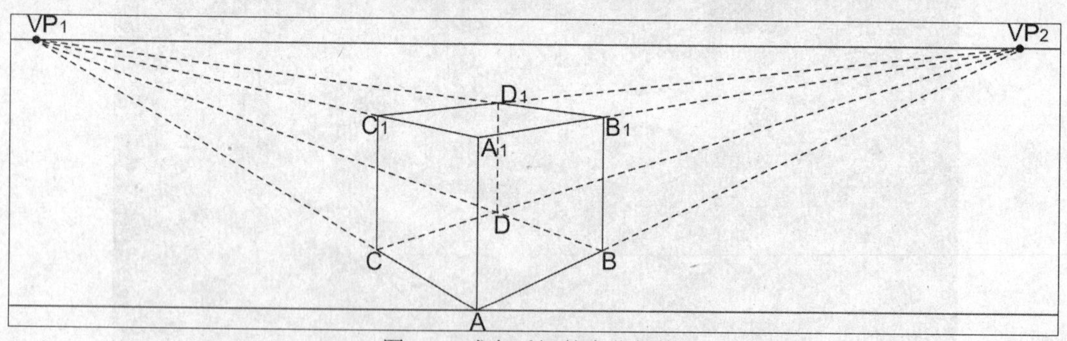

图 7-7　成角透视的变化规律

（4）直立的平行线是原线，仍然保持相互平行没有消失点，如CC_1，AA_1，BB_1，DD_1；

（5）向左面的平行线是变线，消失在左面的消失点上，如AC，A_1C_1，BD，B_1D_1；

（6）向右面的平行线是变线，消失在右面的消失点上，如AB，A_1B_1，CD，C_1D_1；

一、成角透视的状态与规律

以立方体旋转与画面所成角度的大小来认识立方体的透视变化特点，以及消失点沿着视平线变化的规律，如图7-8所示。

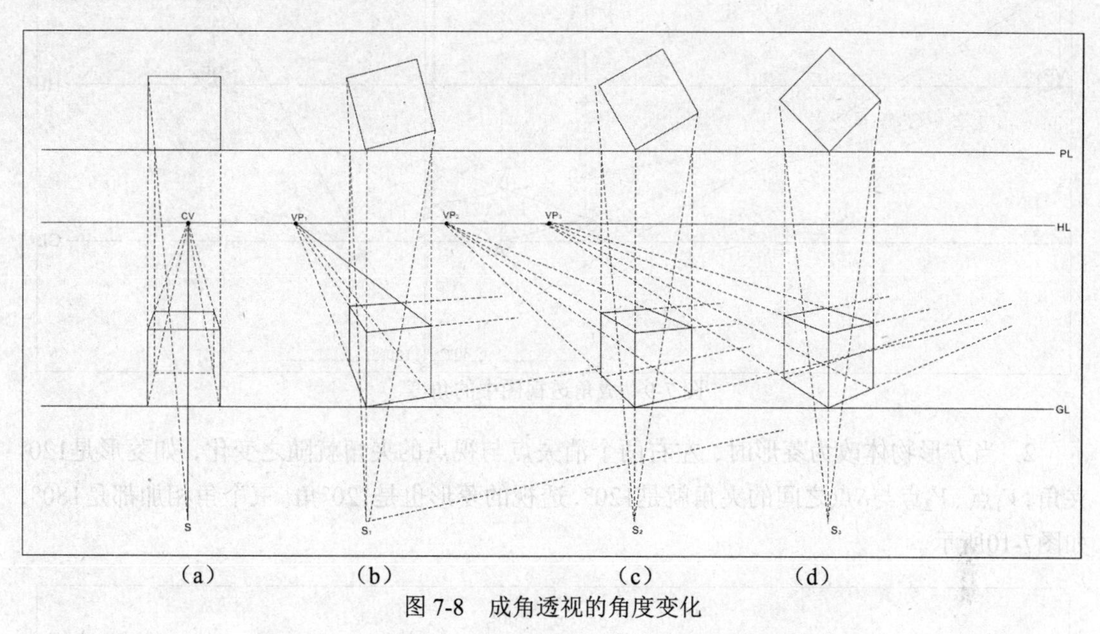

图 7-8　成角透视的角度变化

本节内容以平视时平行透视的立方体旋转来说明立方体的成角变化，立方体成角透视根据其与画面所成角度分为微动状态成角透视、一般状态成角透视、45°成角透视即对等状态成角透视。

图7-8（a）展示了平行透视时立方体的透视变化特点。

图7-8（b）展示了在微动状态下立方体的成角透视。立方体两侧立面旋转较小，左面侧立面的平行线消失在左消失点，离心点很近，右侧立面的平行线消失在右消失点，离心点很远，此角度被广泛运用于手绘表现图中。

图7-8（c）展示了一般状态下立方体的成角透视。立方体两侧立面旋转较大，左右两个消失点，分布在心点两侧，有一个消失点距离心点近，一个消失点距离心点远。

图7-8（d）展示了对等状态下立方体的成角透视。左右两个消失点距心点的距离相等。

二、成角透视的消失点夹角与方形物体消失关系

1. 当方形物体与画面成成角透视的关系时，就会有左右两个消失点在心点的左右，因为正方形夹角是90°，因此两个消失点与心点之间的夹角也是90°关系。当$\angle BAC$=90°时，$\angle V_1SV_2$=90°，平面图在画面上，$\angle V_1AC+\angle BAC+\angle V_2AB$=180°，基线上的三个角相加也是180°，视点水平线上的三个角相加也是180°，此角可根据已知条件用量角器在S点的水平线上量得，作出两个消失点的位置，可作为接下来作透视图的参考，如图7-9所示。

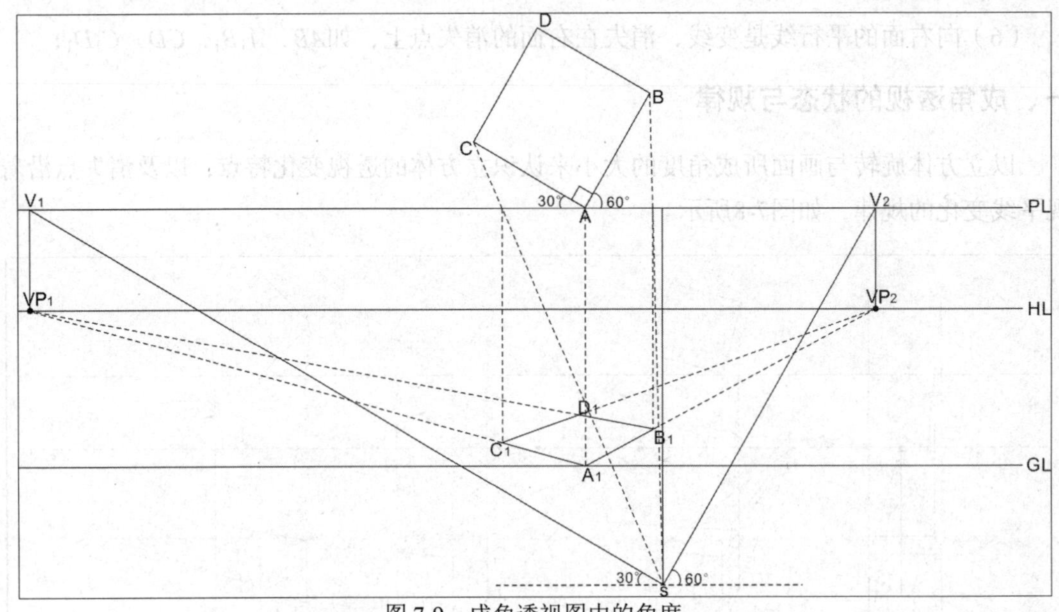

图 7-9　成角透视图中的角度

2. 当方形物体改为菱形时，左右两个消失点与视点的夹角就随之变化，如菱形是120°夹角，V_1点、V_2点与S点之间的夹角就是120°，透视的菱形也是120°角。三个角相加都是180°，如图7-10所示。

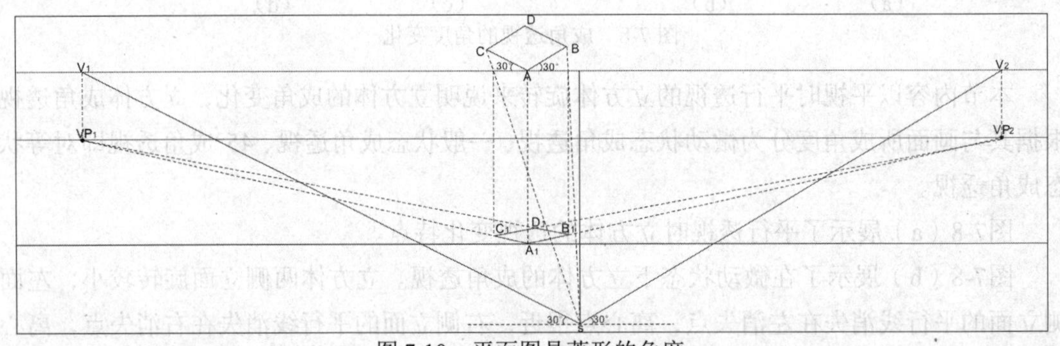

图 7-10　平面图是菱形的角度

第三节　成角透视图的画法

一、视线法

透视图的画法通常是从平面图开始，首先可将空间平面图的透视图画出来，得到透视平面图，其次将各个部分的透视高度建立起来，最后就可以完成空间或者物体的透视图。在透视画法中，利用迹点和灭点确定直线的透视，再借助水平投影求作直线线段的透视画法称作视线法。

【例题7-1】已知立方体边长为3cm，平面图与画面所成的角度为30°、60°，视高为5cm，视距为6cm，用视线法绘制平视立方体的成角透视图。

（1）根据已知条件确定画面线（*PL*）、视平线（*HL*）、基线（*GL*）、视距，如图7-11（a）所示；

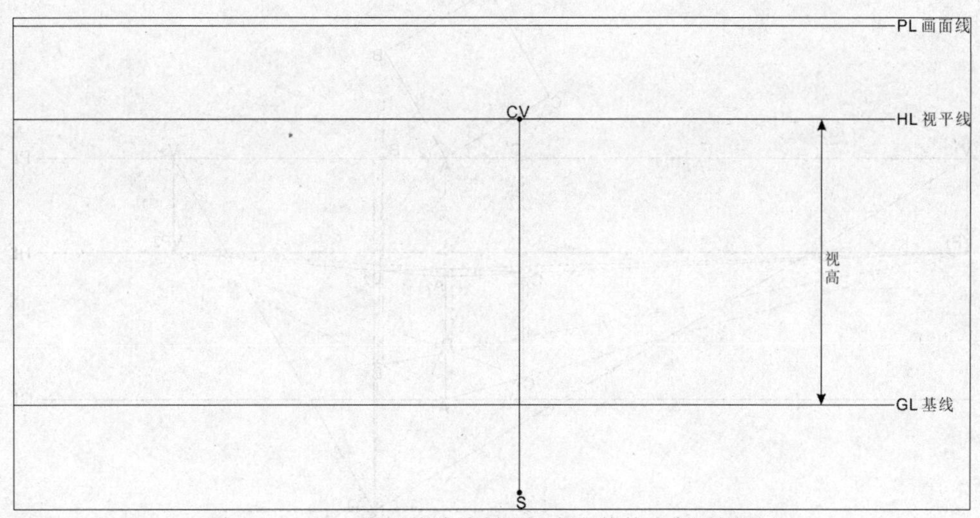

图 7-11（a） 用视线法绘制平视立方体的成角透视图 1

（2）根据物体与画面的构成角度先确定平面图与画面线的关系，即∠1=30°，∠2=60°。再确定消失点V_1、V_2，即∠3=30°，∠4=60°，过点V_1作视平线的垂线得到VP_1，同样方法求得VP_2，如图7-11（b）所示；

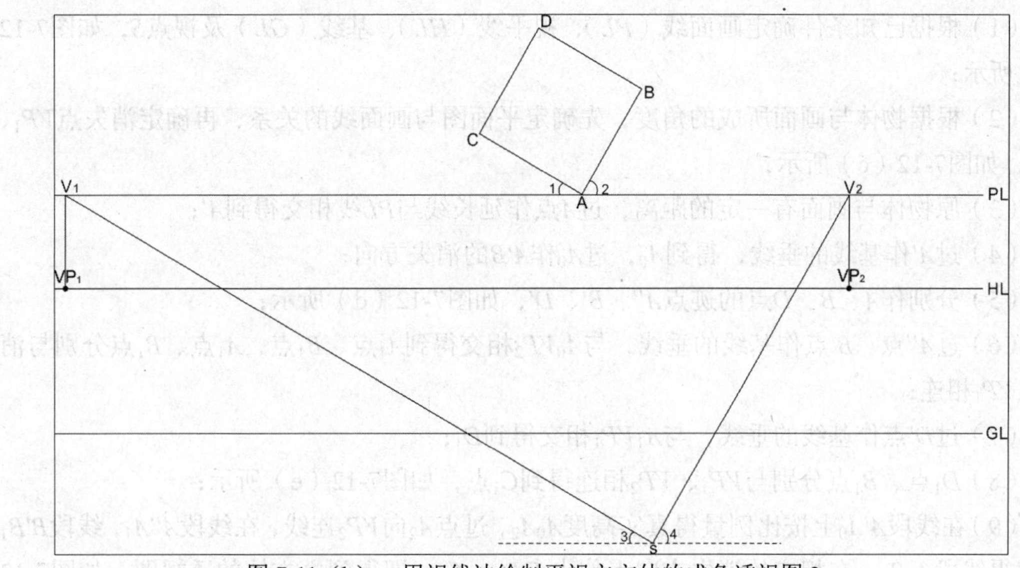

图 7-11（b） 用视线法绘制平视立方体的成角透视图 2

（3）过*A*点作基线的垂线，得到A_1，将A_1分别与VP_1、VP_2相连，求得*AB*、*AD*的消失方向；

（4）作*B*点、*C*点的迹点*B*′、*C*′，过*B*′点、*D*′点分别向下作垂线，与A_1VP_1、A_1VP_2分别相交于点B_1、C_1，C_1、B_1分别与VP_2、VP_1相连，交得点D_1；

（5）在AA_1上根据作图比例量出真实高度A_1A_2，A_2分别与VP_1、VP_2相交得到C_2点、B_2点，立方体即可绘制完成，如图7-11（c）所示。

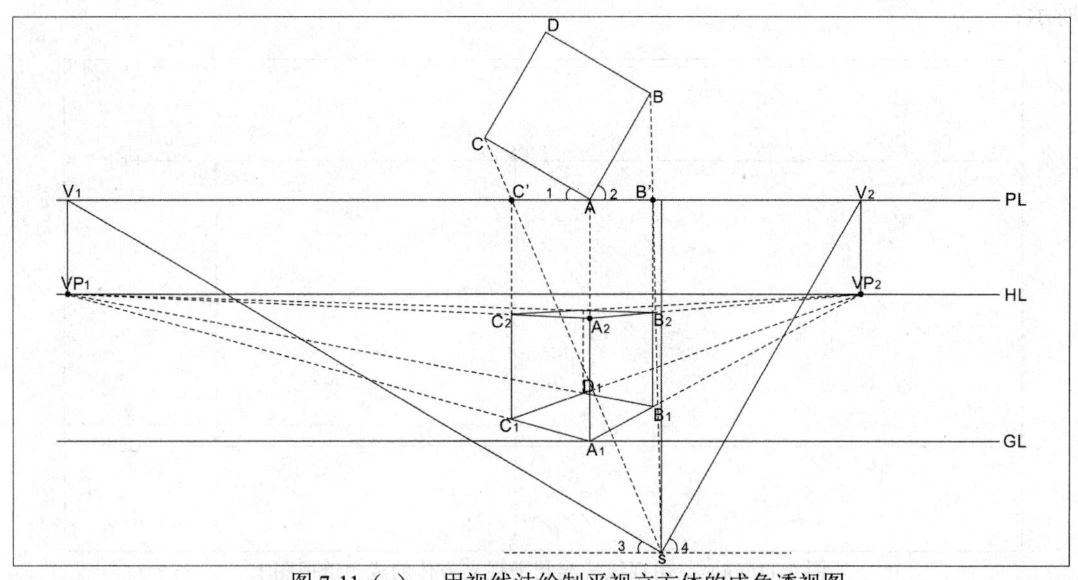

图 7-11（c） 用视线法绘制平视立方体的成角透视图

【例题7-2】已知立方体边长为3cm，平面图与画面所成的角度为40°、50°，立方体与画面相离，如图7-12（a）所示；视高为2cm，视距为4cm，用视线法求作平视立方体的成角透视图。

（1）根据已知条件确定画面线（PL）、视平线（HL）、基线（GL）及视点S，如图7-12（b）所示；

（2）根据物体与画面所成的角度，先确定平面图与画面线的关系，再确定消失点VP_1、VP_2，如图7-12（c）所示；

（3）原物体与画面有一定的距离，过A点作延长线与PL线相交得到A'；

（4）过A'作基线的垂线，得到A_0，过A_0作$A'B$的消失方向；

（5）分别作A、B、D点的迹点A''、B'、D'，如图7-12（d）所示；

（6）过A''点、B'点作基线的垂线，与A_0VP_2相交得到A_1点、B_1点，A_1点、B_1点分别与消失点VP_1相连；

（7）过D'点作基线的垂线，与A_1VP_1相交得到D_1；

（8）D_1点、B_1点分别与VP_1、VP_2相连得到C_1点，如图7-12（e）所示；

（9）在线段$A'A_0$上按比例量得真实高度A_0A_2，过点A_2向VP_2连线，在线段$A''A_1$，线段$B'B_1$上截得线段A_3B_2，在相应的消失方向上作出点D_2、C_2，即得到立方体的透视图，如图7-12（f）所示。

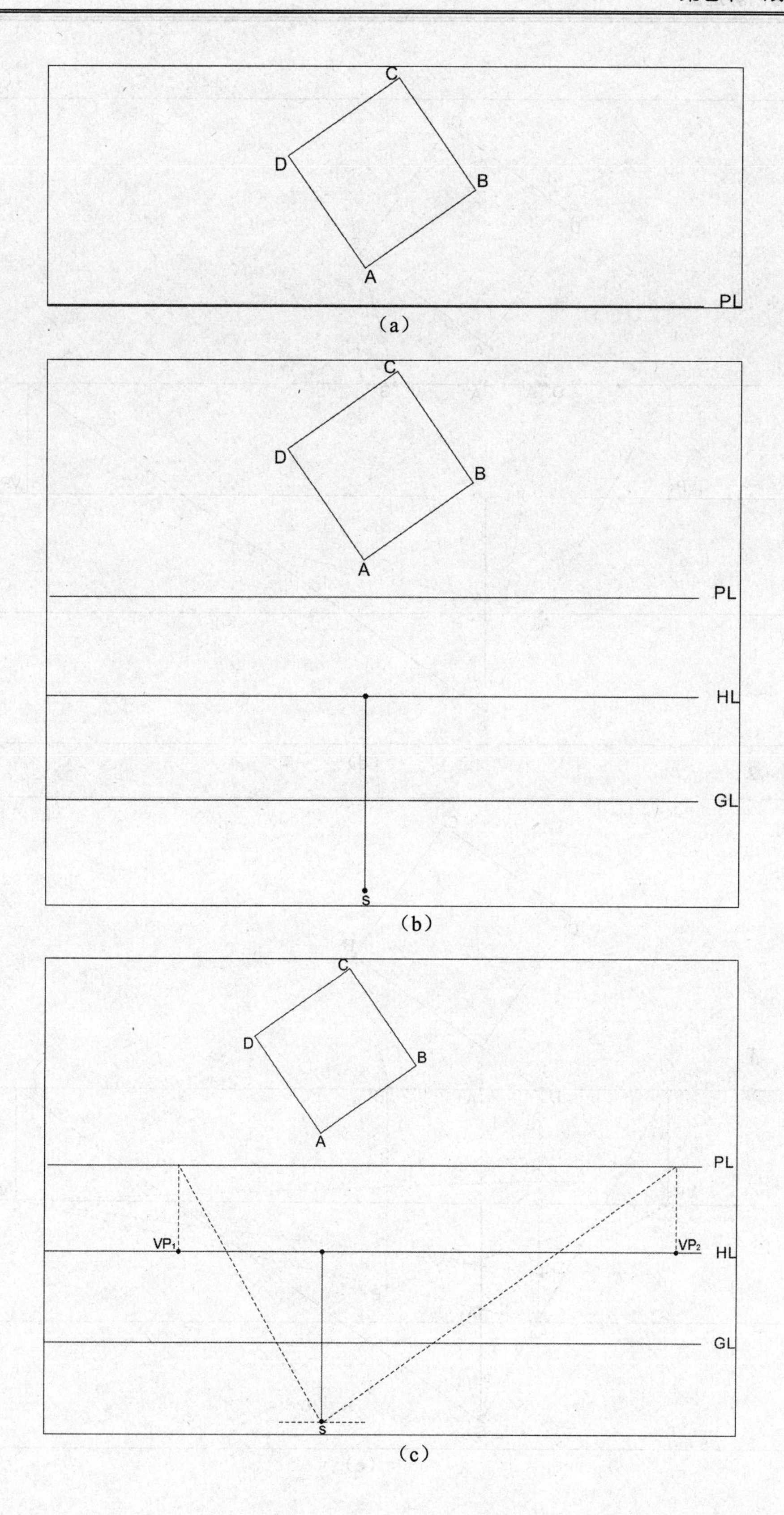
C
D
B
A
PL
（a）
C
D
B
A
PL
HL
GL
s
（b）
C
D
B
A
PL
VP₁
VP₂
HL
GL
s
（c）

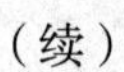
（续）

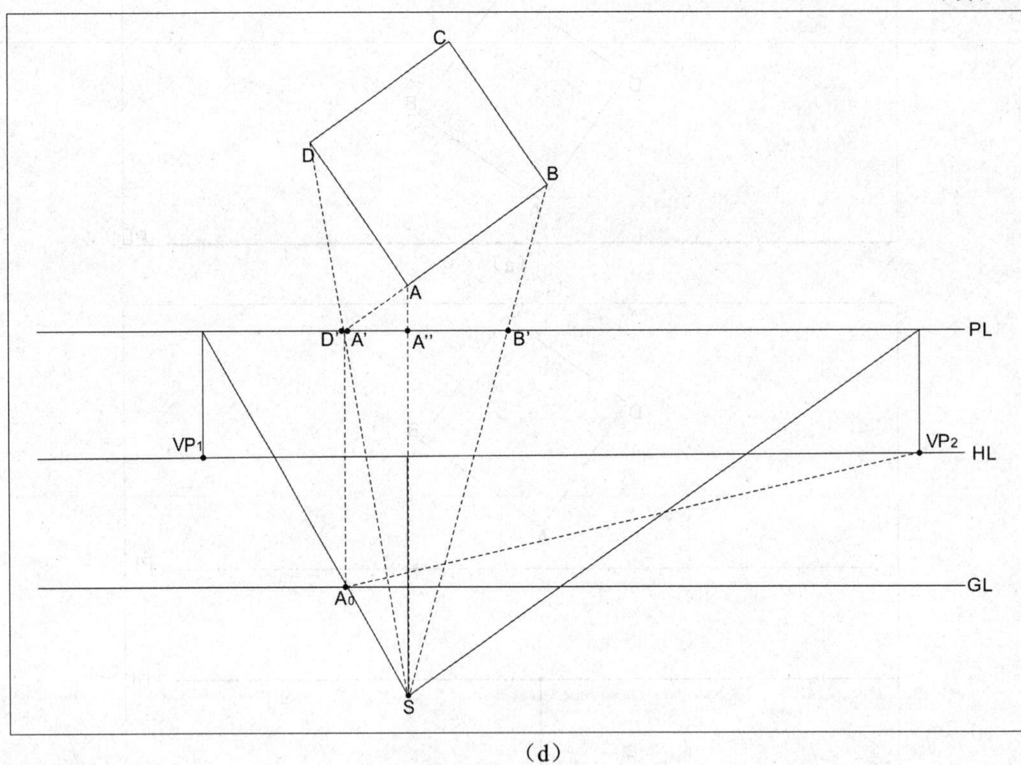
C
D
B
A
D'
A'
A''
B'
PL
VP1
VP2
HL
A0
GL
S

（d）

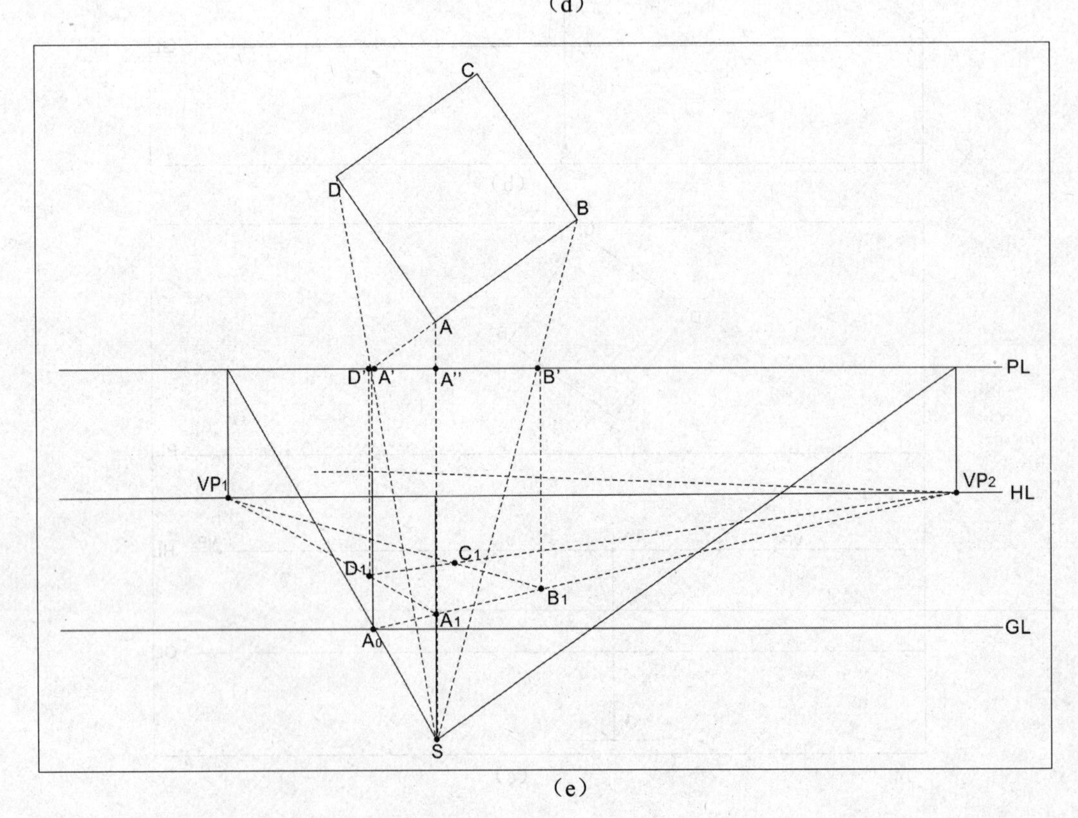
C
D
B
A
D'
A'
A''
B'
PL
VP1
VP2
HL
C1
D1
B1
A1
A0
GL
S

（e）

（续）

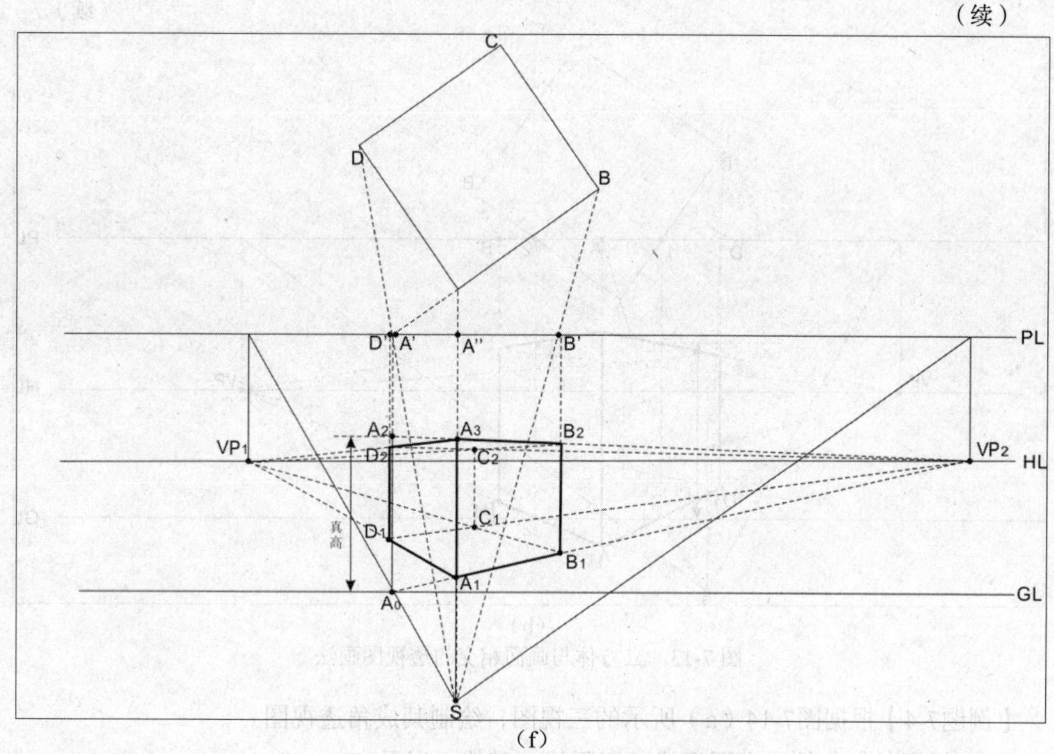

（f）

图 7-12　立方体与画面相离的透视图画法

【例题7-3】已知立方体边长为3cm，平面图与画面所成的角度为30°、60°，立方体与画面相交，如图7-13（a）所示；视高为4cm，视距为5cm，用视线法求作平视立方体的成角透视图。

（1）根据已知条件确定画面线、视平线、基线，以及VP_1、VP_2；

（2）立方体平面图与画面线相交，即可找到两个相交点1、2。分别过这两个点作基线的垂线得到1′点、2′点，并将其分别与消失点VP_1、VP_2相连，确定消失方向；

（3）分别作B点、D点的迹点B'、D'，在对应的消失方向上得到B_1、D_1，反向延长线段$D_1 1'$和线段$B_1 2'$交得点A_1；

（4）在线段11′上或线段22′上按照比例量得真实高度A_3，过A_3作出对应高度；

（5）按照对应的方向连接，得到立方体的成角透视图，如图7-13（b）所示。

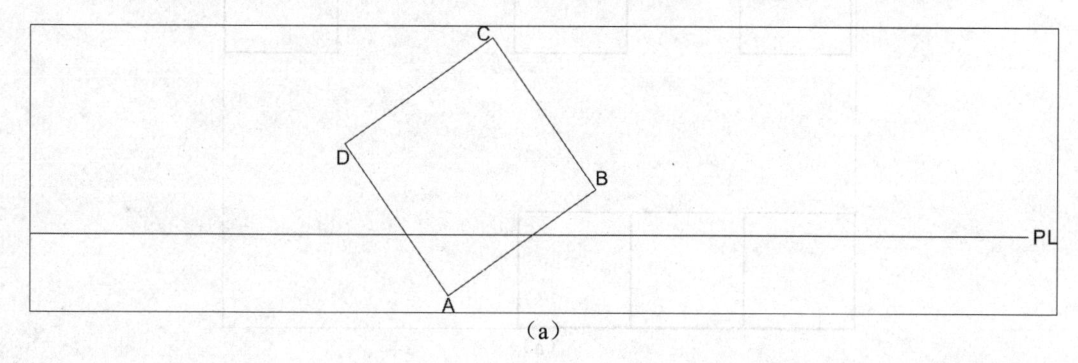

（a）

（续）

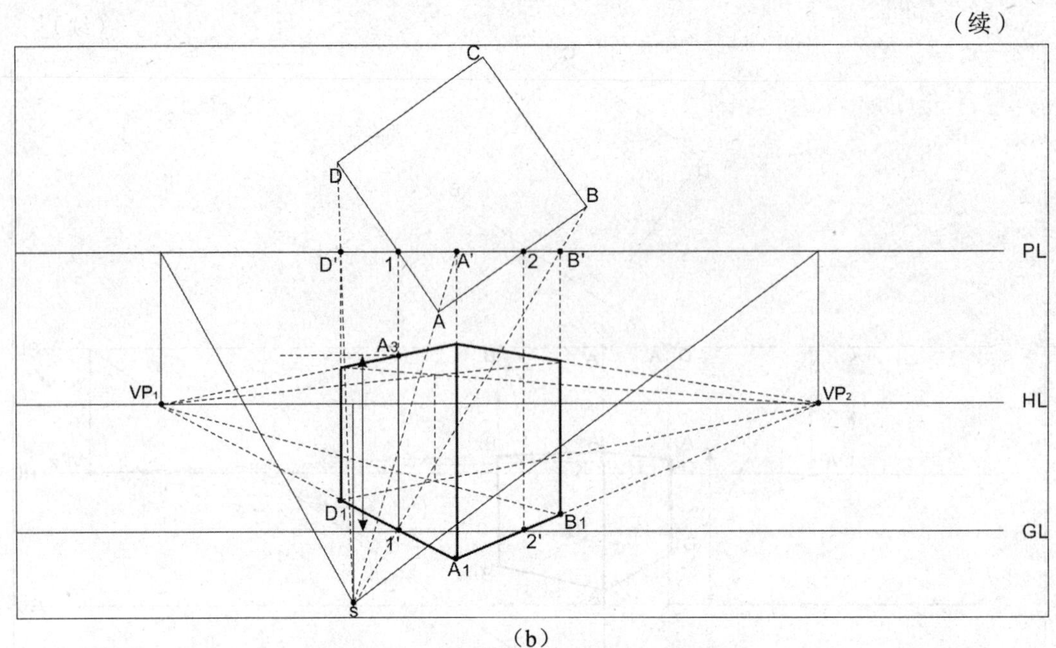

（b）

图 7-13　立方体与画面相交的透视图画法

【例题7-4】根据图7-14（a）所示的三视图，绘制其成角透视图。

（1）根据已知条件确定画面线、视平线、基线，以及VP_1、VP_2；

（2）过A点作基线的垂线，得到A_1，将其分别与消失点VP_1、VP_2相连，确定消失线方向；

（3）分别作点B、点D、点E、点F的迹点，在对应的消失方向上得到点B_1、点D_1、点E_1、点F_1；

（4）在AA_1上按照比例量得真实高度A_1A_2和A_2A_3，过点A_2、点A_3作出对应高度；

（5）按照对应的方向连接，得到立方体组合的成角透视图，如图7-14（b）所示。

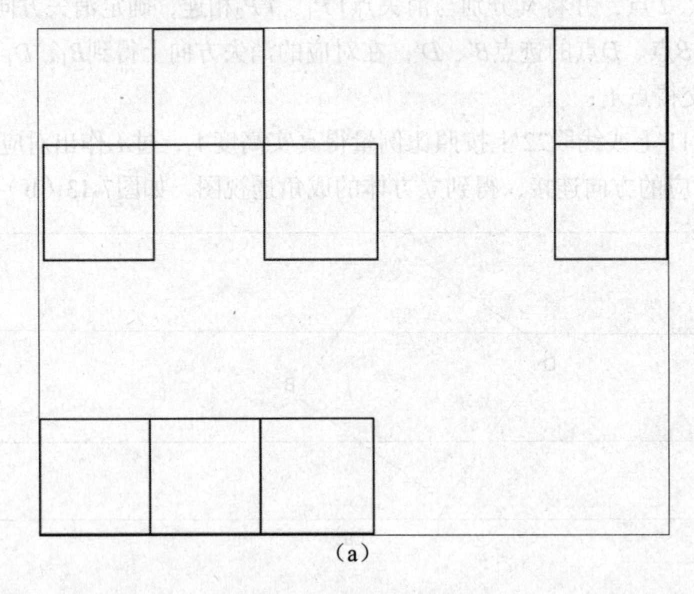

（a）

（续）

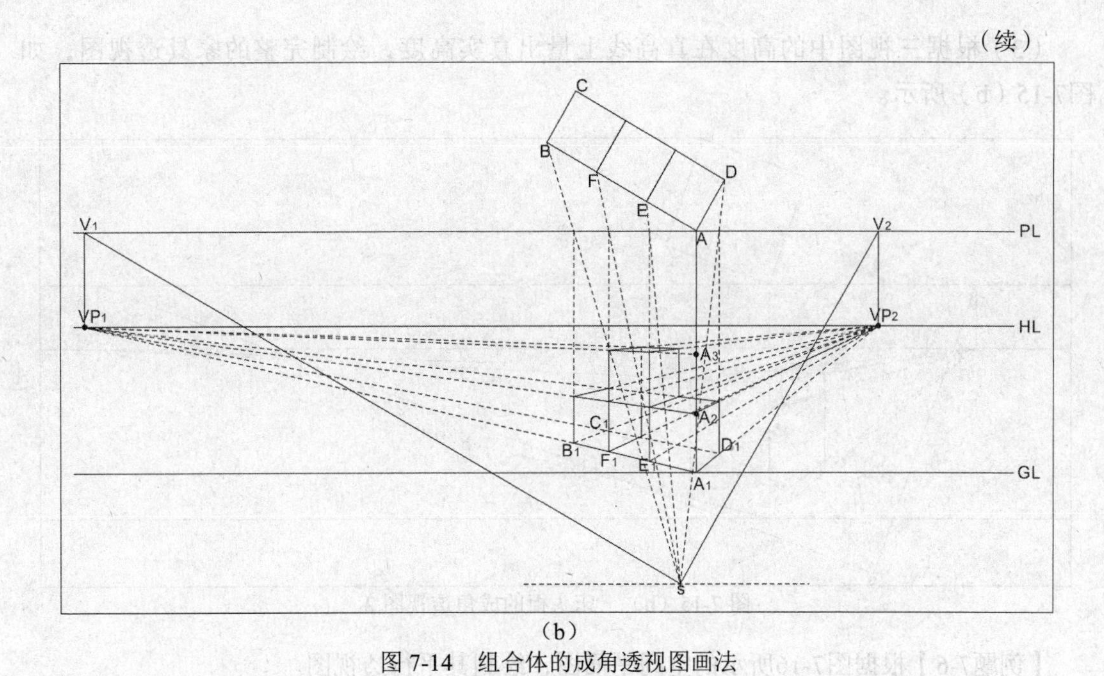

（b）

图 7-14 组合体的成角透视图画法

【例题7-5】根据图7-15（a）所示的家具三视图，绘制成角透视图。

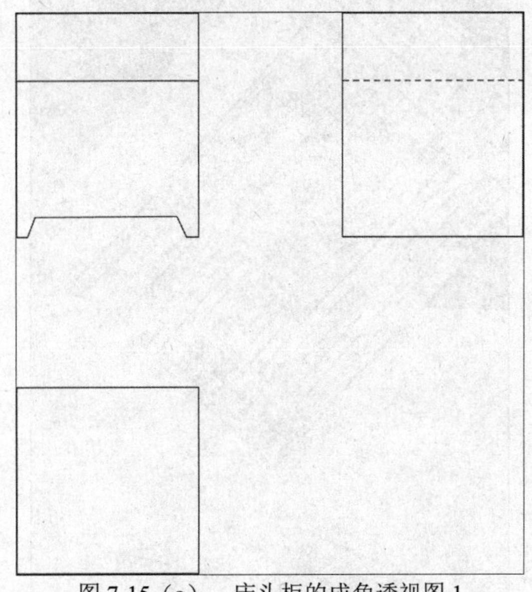

图 7-15（a） 床头柜的成角透视图 1

（1）根据已知条件确定画面线、视平线、基线和平面图的位置。（在绘制单体家具时需要注意：视高要略高于家具高度，此处所指的家具不包括衣柜、书架等实际高度高于一般人视平线高度的家具，比如沙发、床、床头柜、桌子等；视中线放置在物体中间偏左或者偏右的位置）

（2）根据平面图绘制床头柜基本形态；

（3）根据三视图中的高度在真高线上量出真实高度，绘制完整的家具透视图，如图7-15（b）所示。

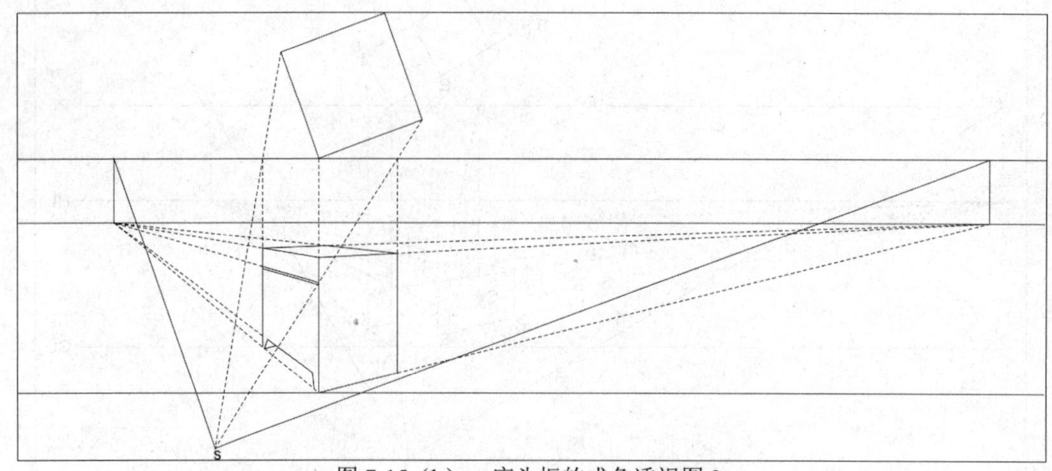

图 7-15（b） 床头柜的成角透视图 2

【例题7-6】根据图7-16所示的空间平面图，绘制其平行透视图。

图 7-16 室内空间的视线法作图

（1）根据画面线、视平线、基线，以及平面图的关系绘制室内透视图（需要注意：视高一般设定在120cm ~ 150cm之间，视中线在平面图宽度以内）。

（2）根据平面图确定地面物体的位置。

（3）根据房高确定空间高度。

（4）根据物体高度确定室内家具的高度。

（5）将空间和物体的可见轮廓加深，增加空间内的家具细节并完成透视图。

二、量点法

作透视图的关键是求作透视深度线的长短，平行透视用距点（D）来测透视深度，成角透视用量点（M）来测透视深度。分别以消失点VP_1、VP_2点为圆心，消失点VP_1、VP_2至视点之长为半径，在视平线上画弧，相交之点为量点（M）。左量点M_2测右面消失线的深度B'。右量点M_1测左面消失线的深度C'，如图7-17所示。

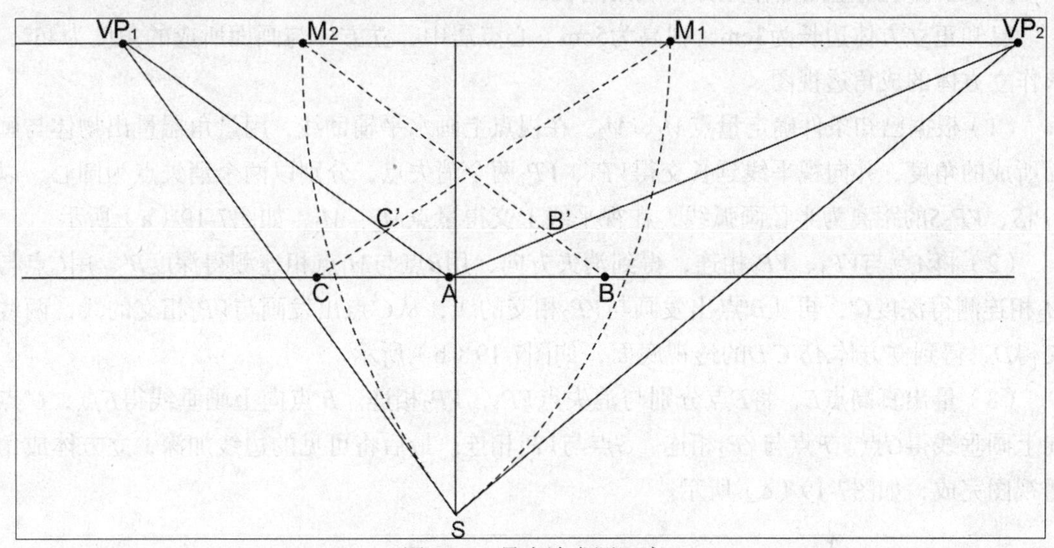

图 7-17　量点法求测深度

在量点法中，证明$\triangle A_0CC'$是等腰三角形，并与$\triangle VP_1M_1S$相似。如图7-18所示，透视$\triangle A_0CC'$的$\angle O$、$\angle A$、$\angle A'$的实际角度之和为180°，在左消失点VP_1、量点M_1和S构成的等腰三角形中，其三个角分别为$\angle A_4$、$\angle A_3$、$\angle O_2$且$\angle A_3$为共用。因此，$\triangle A_0CC'$的真实形状就是等腰三角形，与$\triangle VP_1M_1S$相似。所以A_0C与A_0C'的实际长度相等。

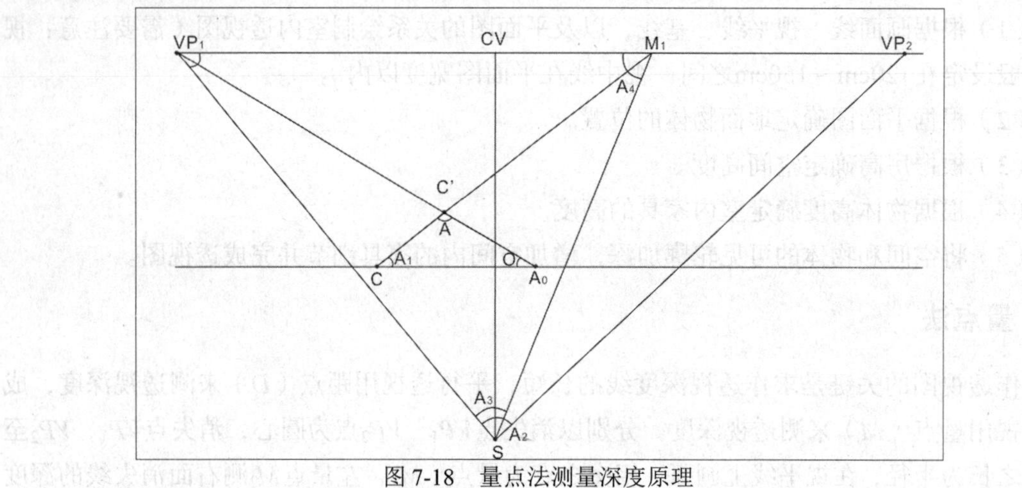

图 7-18　量点法测量深度原理

【例题7-7】用量点法作立方体成角透视图。

已知正立方体边长为3cm，视高为5cm，心点居中，立方体与画面所成的角度为45°，求作立方体的成角透视图。

（1）根据已知条件确定量点M_1、M_2。在视点上画水平辅助线，用量角器量出物体与画面所成的角度，并向视平线延长交得VP_1、VP_2两个消失点，分别以两个消失点为圆心，以VP_1S、VP_2S的距离为半径画弧线，在视平线上交得量点M_1、M_2，如图7-19（a）所示。

（2）将A点与VP_1、VP_2相连，得到消失方向，用B点与M_1点相连测得深度B'，用C点与M_2相连测得深度C'，再从B'点出发画与VP_2相交的线，从C'点出发画与VP_1相交的线，两线交得D，得到立方体$AB'C'D$的透视底面，如图7-19（b）所示。

（3）量出真高点E，将E点分别与消失点VP_1，VP_2相连。B'点向上画垂线得F点，C'点向上画垂线得G点。F点与VP_2相连，G点与VP_1相连。最后将可见的边线加深，立方体成角透视图完成，如图7-19（c）所示。

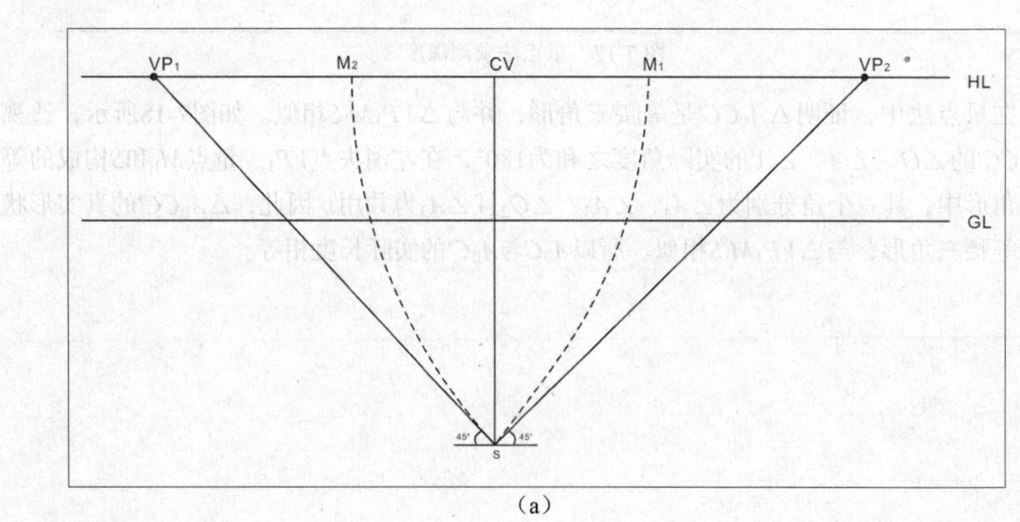

（a）

（续）

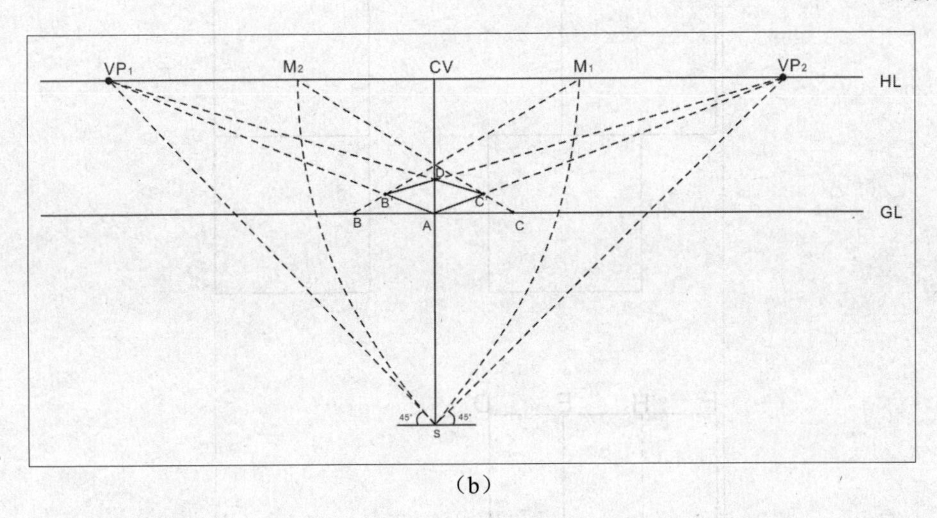

（b）

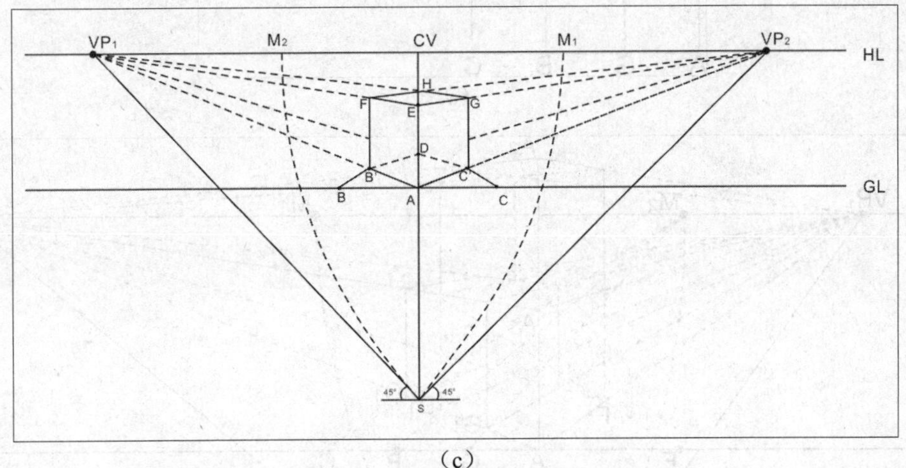

（c）

图 7-19 立方体的成角透视图画法

【例题7-8】根据图7-20（a）所示的立方体组合的三视图，用量点法作立方体组合的成角透视图。

（1）根据已知条件确定基线、视平线、消失点、量点；

（2）在基线上确定A点，将A点分别与VP_1、VP_2相连，确定AC、AF的消失方向。

（3）在A点左侧按比例量出AF的长度，同样在A点右侧按比例量出平面图上的G、B、C三个点。

（4）F点与M_1相连，G、B、C三个点分别与M_2相连，在AVP_1、AVP_2上分别得到F_1、G_1、B_1、C_1四个点。

（5）F_1点与VP_2相连，G_1、B_1、C_1三个点分别与VP_1相连。

（6）从A点向上量出立方体的两个高度点A_1、A_2，分别再与VP_1、VP_2相连，分别与C_1、G_1、F_1、B_1的上垂线相交，得到不同的高度。

（7）加深可见轮廓线，成角透视图绘制完成，如图7-20（b）所示。

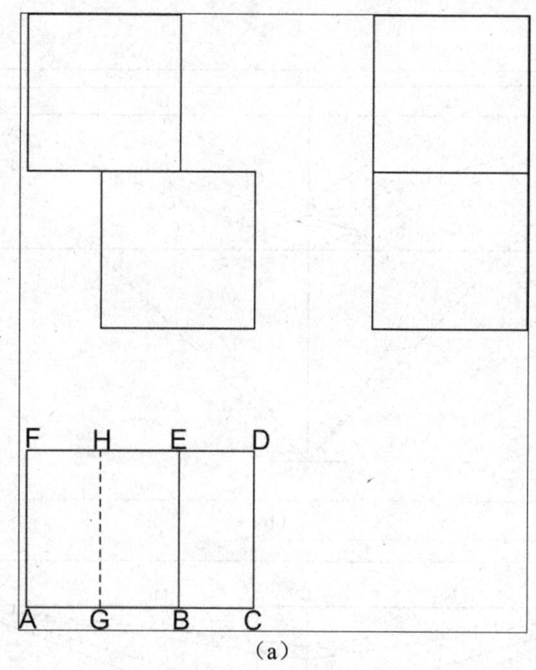

（a）

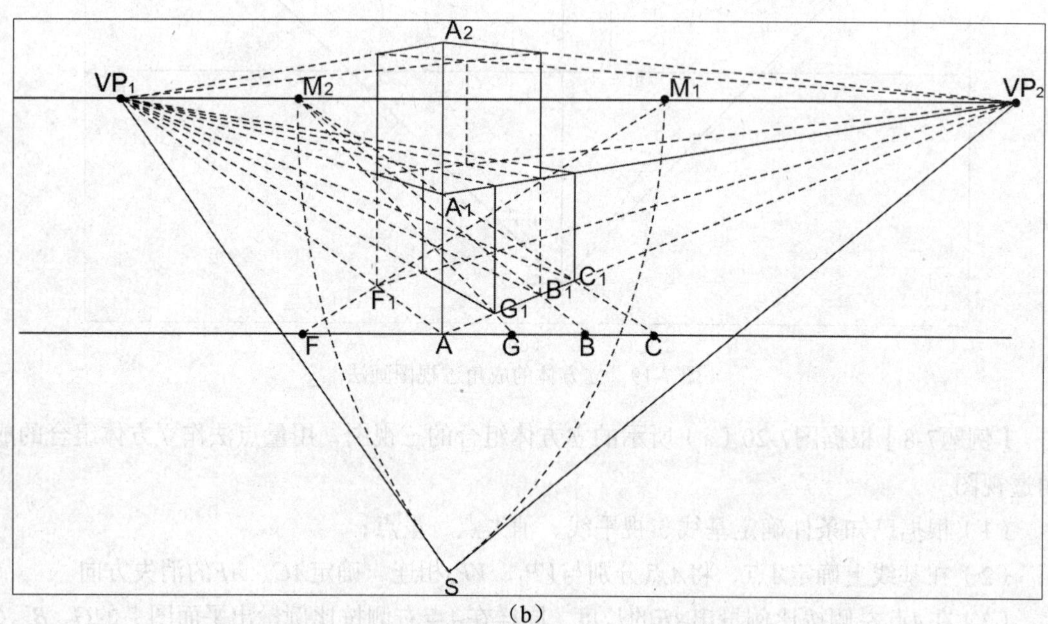

（b）

图 7-20　用量点法作立方体组合的成角透视图

【例题7-9】用量点法作办公桌的成角透视图。

已知办公桌与画面所成角度为60°、30°，办公桌长*AC*=6cm，宽*AB*=4cm，高*AD*=3cm，抽屉（桌脚）三等分，抽屉厚度*DE*=1cm，如图7-21（a）所示，求作办公桌的成角透视图。

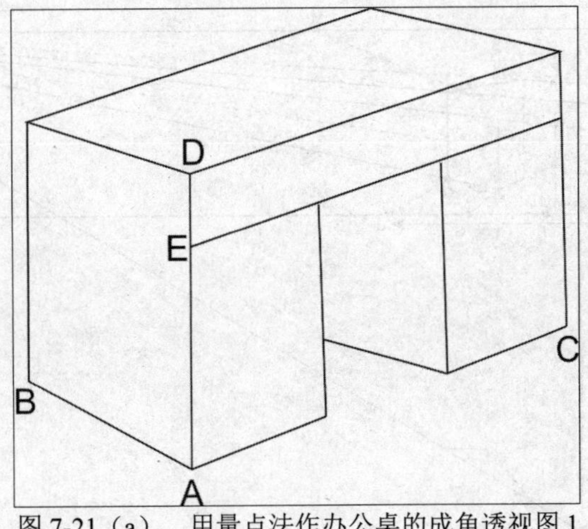

图 7-21（a） 用量点法作办公桌的成角透视图 1

（1）根据已知条件，确定视线中基线、消失点、量点，从S点的水平线上量得左右成角角度，求出VP_1、VP_2两个消失点，画出量点M_1、M_2。按照作图比例在基线上量办公桌长、宽、高的尺寸。

（2）从A点出发画消失线，用M_1、M_2测AB、AC的透视深度，得AB'、AC'，先画出办公桌底面的长方形，然后画出长方体的透视，如图7-21（b）所示。

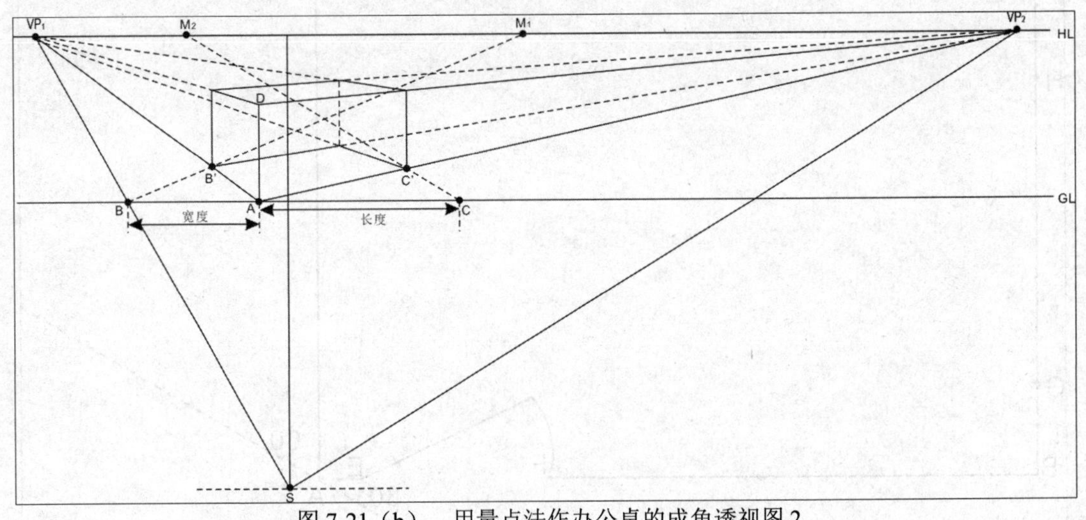

图 7-21（b） 用量点法作办公桌的成角透视图 2

（3）在AC线段用分割法作出抽屉三等分得到点F、G，分别再与M_2相连，与线段AC'相交于F'、G'，再由这两个点向上画垂线。在AD线上定桌面厚度DE=1cm，E点分别与两个消失点VP_1、VP_2相连，从G'点出发画与VP_1相连的直线，得到办公桌的中间的空档。

（4）最后检查是否所有变线都消失两个消失点，可见结构线加深，完成办公桌的成角透视图，如图7-21（c）所示。

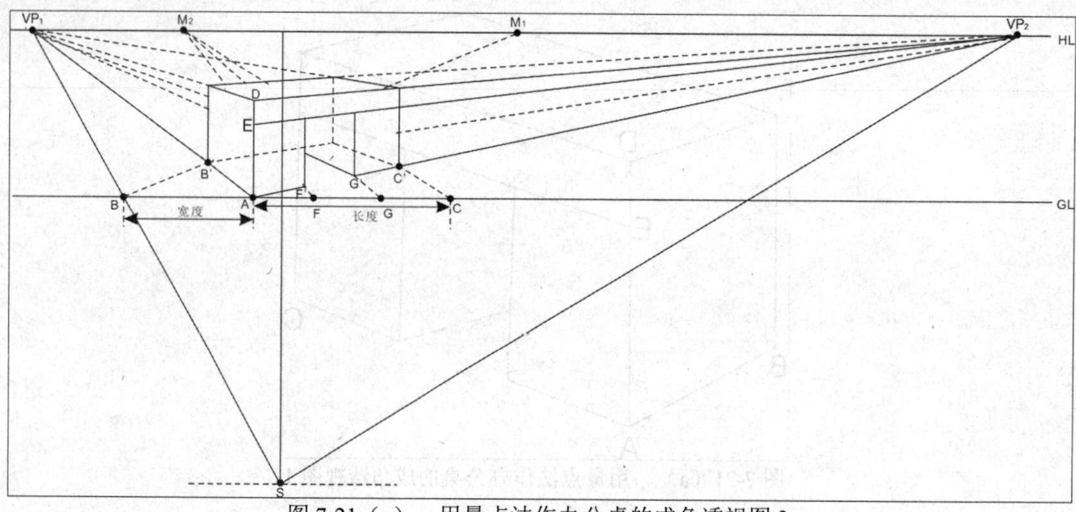

图 7-21（c） 用量点法作办公桌的成角透视图 3

【例题7-10】如图7-22（a）所示，室内空间与画面成30°、60°，AB=7.5cm，BC=5cm，AE=0.5cm，EF=2cm，BG=HD=1cm，房高4cm，门高3cm，窗高2.5cm，窗离地1cm，应用量点法作室内成角透视图。

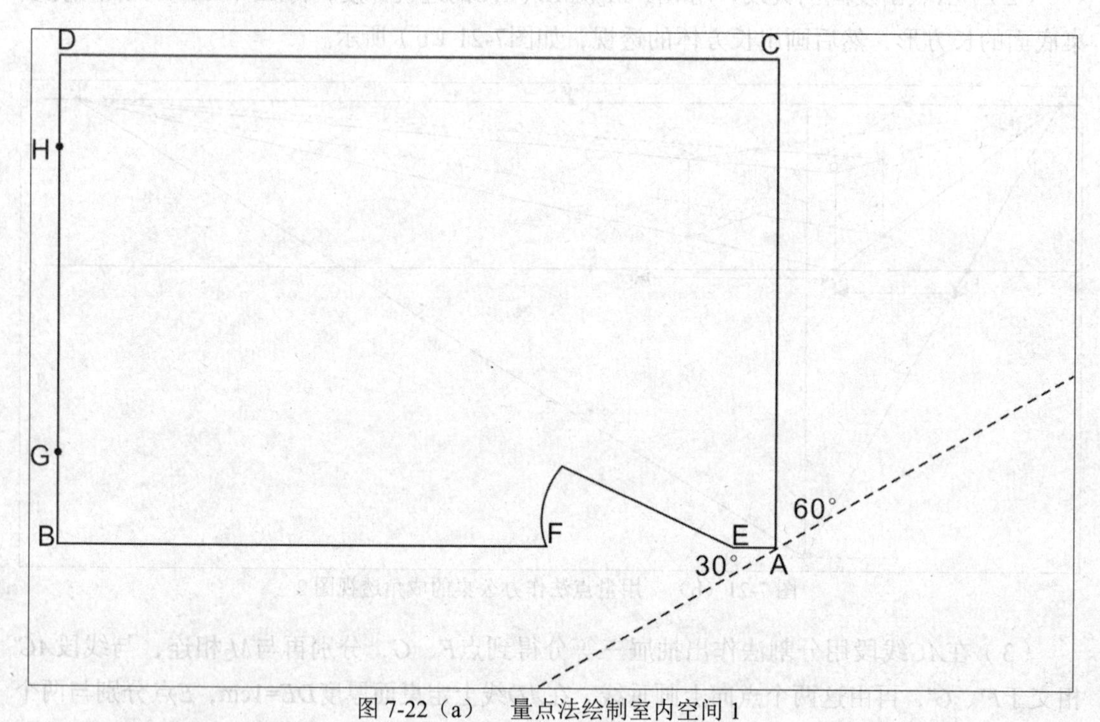

图 7-22（a） 量点法绘制室内空间 1

（1）定出视高、视距、量点M_1、量点M_2、消失点VP_1、消失点VP_2；

（2）在基线上定A点，与VP_1、VP_2点分别连接，确定左右两条消失方向。在A点的左右两侧分别量出B点、C点，将B点与M_1相连，其连线与A点到消失点VP_1的连线相交于一点B'，B'点即为B点经过透视变化后的点，同样的方法得到C'点，将B'、C'分别消失至对应的消失点，即可得到该空间的平面透视图$AB'DC'$；

（3）画出空间的高度。在A点上垂线上量出I点，表示房间高度，并进一步作出空间的基本框架；

（4）门的画法。在基线上，量出E、F点代表门的宽度，分别与M_1相连，在AB'上得到$E'F'$即为门的宽度。在AI上量出门的高度，并进一步作出消失线与E'点的上垂线和F'点的上垂线相交，得到门的透视；

（5）窗户的画法。因为窗户在线段BD所在的方向，为了作图方便，可将窗户的宽度，先表现在AC上，即G_1与H_1之间的距离代表窗户的宽度，再经过透视原理在$B'D$上截出来。在基线上，以A为起点向右量出点G_1、点H_1，再将其与M_2相连，在AC'上得到点G_2、点H_2，将其与VP_2相连，在线段$B'D$上得到线段$G'H'$，这样就找到了窗户的宽度。在AI上找到窗户的高，并向对应的消失方向消失，即可得到窗户的透视；

（6）最后将画好的线加深，室内成角透视图就完成了，如图7-22（b）所示。

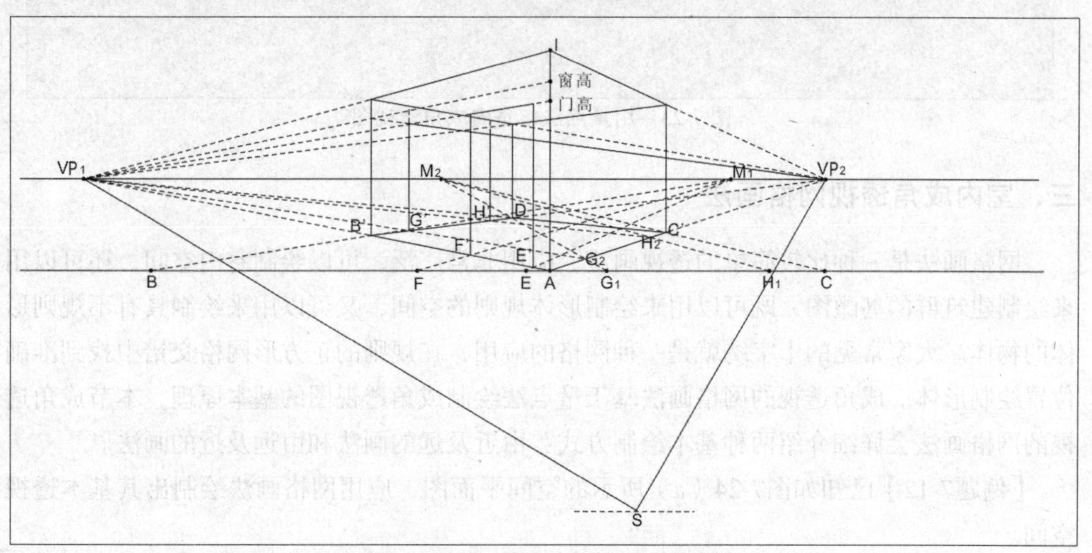

图 7-22（b） 量点法绘制室内空间 2

【例题7-11】应用量点法绘制其空间透视图，如图7-23所示。

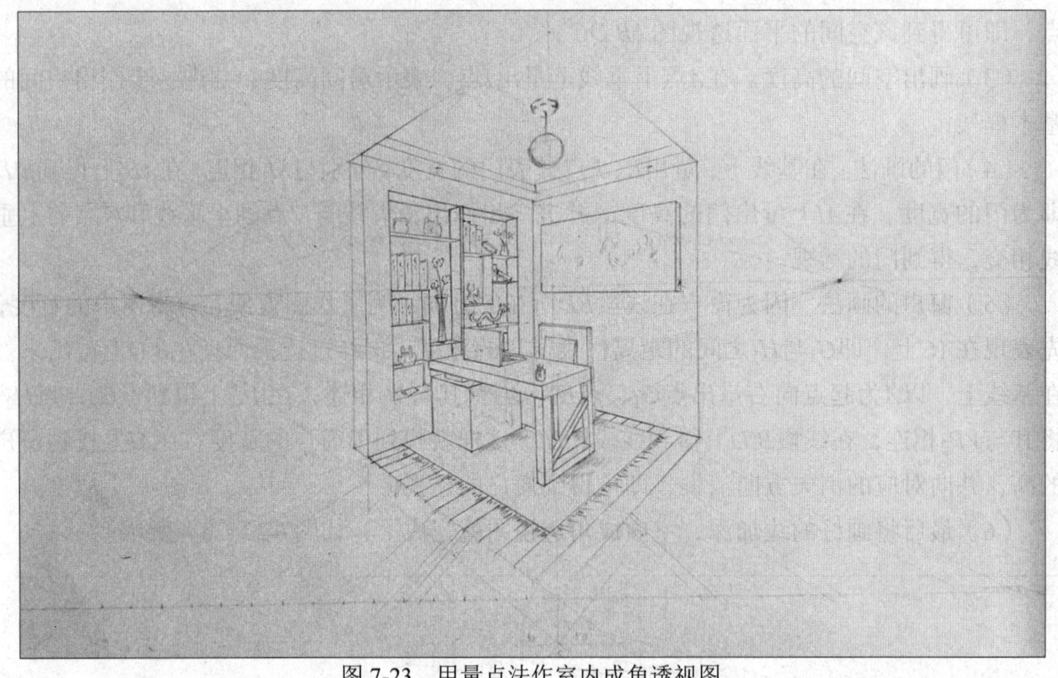

图 7-23　用量点法作室内成角透视图

三、室内成角透视网格画法

网格画法是一种比较简单的透视画法，应用非常广泛，可以绘制室内空间，还可以用来绘制建筑群的鸟瞰图，既可以用来绘制形体规则的空间，又可以用来绘制具有不规则形体的物体。大家常见的十字绣就是一种网格的应用，在规则的正方形网格交错中找到准确位置绘制形体。成角透视的网格画法基于量点法绘制成角透视图的基本原理，本节成角透视的网格画法会详细介绍两种基本绘制方式：由近及远的画法和由远及近的画法。

【例题7-12】已知如图7-24（a）所示的空间平面图，应用网格画法绘制出其基本透视空间。

由近及远的方式绘制室内空间：

（1）在原始平面图上选择合适的尺寸绘制网格，如图7-24（a）所示；

（2）在纸面合适的位置绘制水平线即视平线HL；

（3）在视平线上确定消失点VP_1、VP_2（可利用直角三角板得到这两个点），确保VP_1S与VP_2S的夹角为90°；

（4）分别以消失点VP_1、VP_2为圆心，以消失点到视点的距离为半径画弧，在视平线上交得两个点M_1、M_2；

（5）由视平线向下量出视高，并作出水平线即基线。在基线上任意一点定出A点，A点分别与VP_1、VP_2相连，确定消失方向。在基线上A点左右两侧量出网格尺寸各点：D_1、1_1、2_1、3_1、4_1，1_2、2_2、3_2、4_2、5_2、6_2、7_2、B_1。

（6）将网格尺寸各点分别与量点M_1、M_2相连，在对应的消失方向上交得点D、1、2、

3、4、B、1′、2′、3′、4′、5′、6′、7′，这样空间长和宽上的网格点已经找到；

（7）分别将点B、1′、2′、3′、4′、5′、6′、7′与VP_1相连，点D、1、2、3、4与VP_2相连，得到地面网格。

（8）A点向上量出空间高度AF，根据同比例绘制高度得到立面墙体网格、顶面网格，这样室内空间的透视网格就绘制完成了，如图7-24（b）所示。

由远及近的方式绘制室内空间：

（1）已知平面图及网格，如图7-24（a）所示，按照制图比例绘制空间高度尺寸：线段CF；

（2）在线段CF的下三分之一处绘制水平线作为视平线HL，在视平线左右末端确定消失点VP_1、VP_2；

（3）以点VP_1至点VP_2之间距离为直径，中点为圆心画弧，与线段FC的反向延长线相交于E_0。分别以点VP_1、点VP_2为圆心，点VP_1、点VP_2到E_0的距离为半径画弧，在视平线上交得量点M_1、M_2。

（4）过C点作一条水平线，在其左右两侧分别量出点D_1、点B_1及其相应的网格尺寸。C、F两点分别与消失点VP_1、VP_2相连得到消失方向；

（5）将按比例量出的网格尺寸各点分别与量点M_1、M_2相连，在对应的消失方向上交得点D、1′、2′、3′、4′、5′、6′、7′、B、1"、2"、3"、4"，这样空间长和宽上的网格点已经找到；

（6）分别将点D_1、1′、2′、3′、4′、5′、6′、7′与点VP_1相连，点B_1、1"、2"、3"、4"与点VP_2相连，得到地面网格；

（7）在线段CF上根据同比例绘制高度得到立面墙体网格、顶面网格，这样室内空间的透视网格就绘制完成了，如图7-24（c）所示。

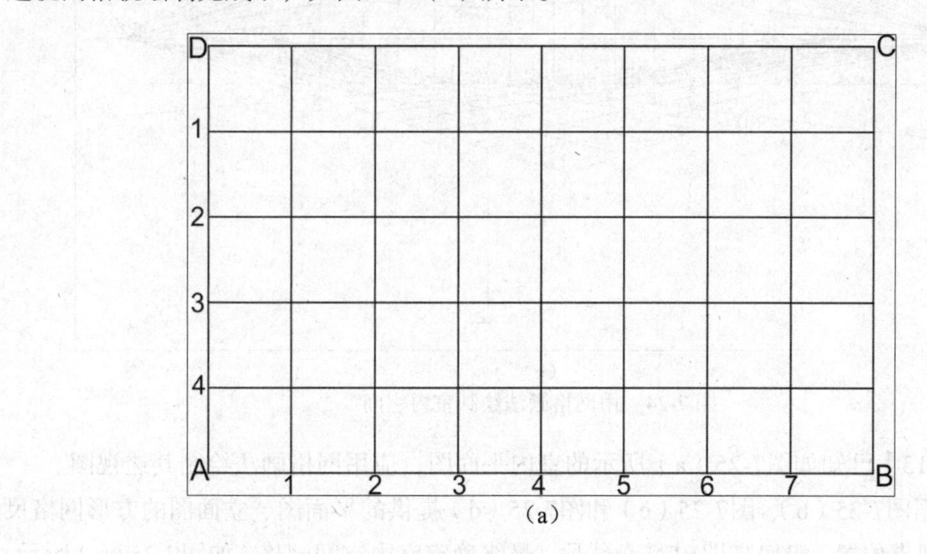

（a）

（续）

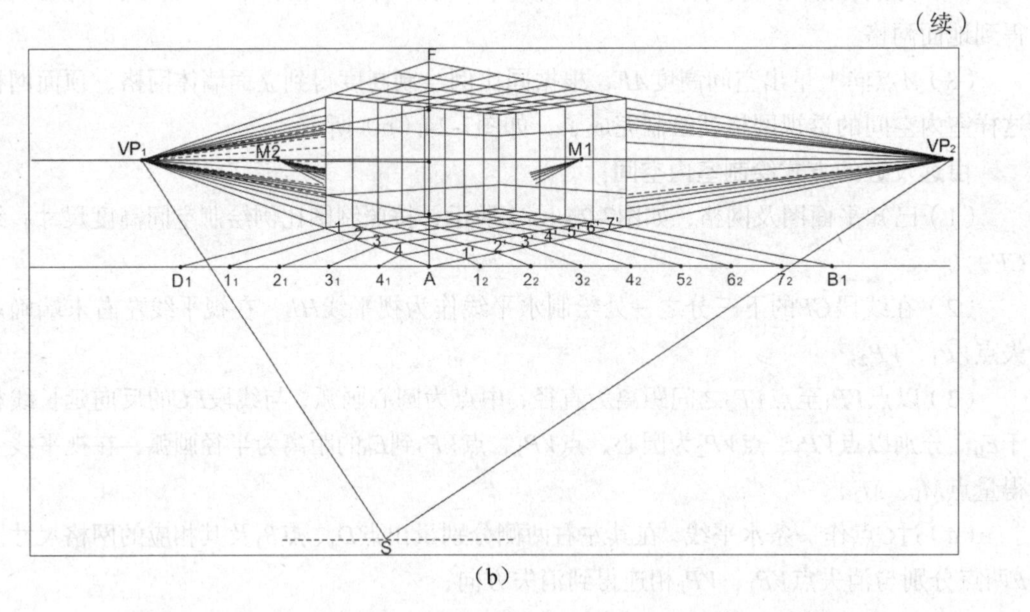

（b）

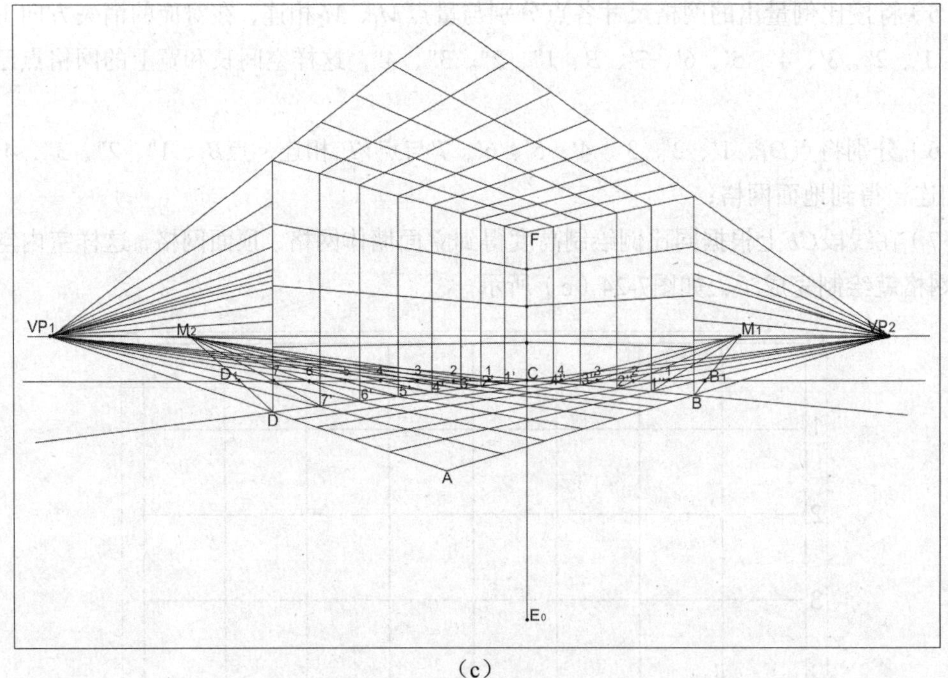

（c）

图 7-24　用网格画法绘制室内空间

【例题7-13】已知如图7-25（a）所示的室内平面图，应用网格画法绘制其透视图。

（1）根据图7-25（b）、图7-25（c）和图7-25（d）提供的平面图、立面图的方形网格尺寸、比例和视点位置，定房高即*BF*墙角线段，最终确定室内空间网格，如图7-25（e）所示。

（2）根据平面图、立面图的提供的室内家具尺寸和位置，在网格内找到家具的位置和尺寸，依据透视规律逐步作出室内家具的成角透视。

（3）绘制家具细节，擦掉辅助线，透视图完成，如图7-25（f）所示。

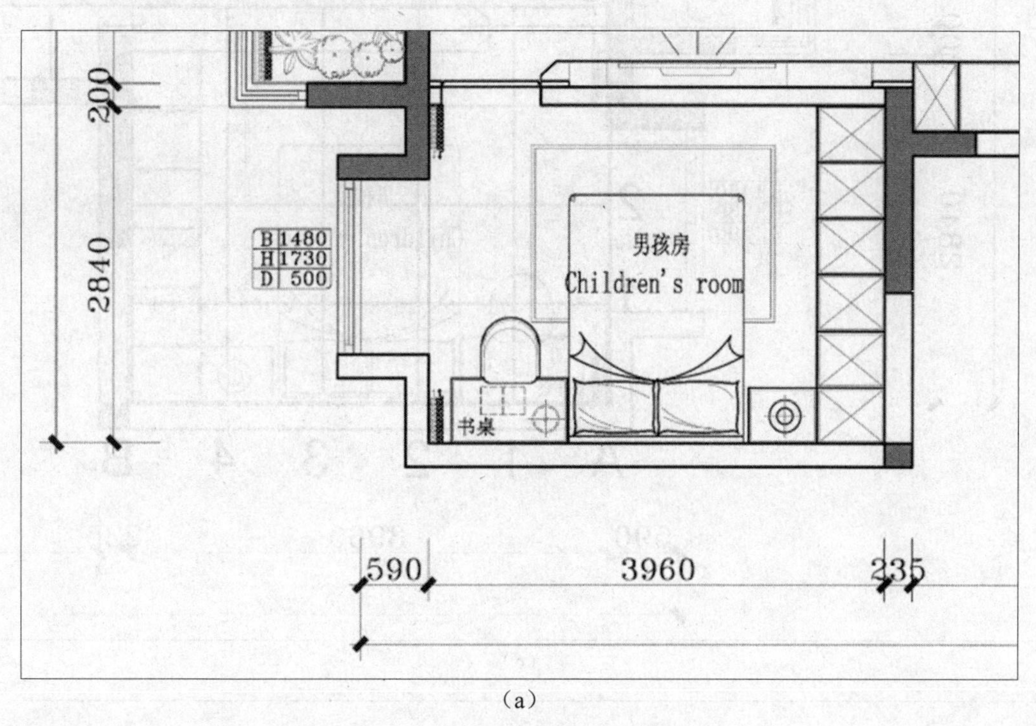

（a）

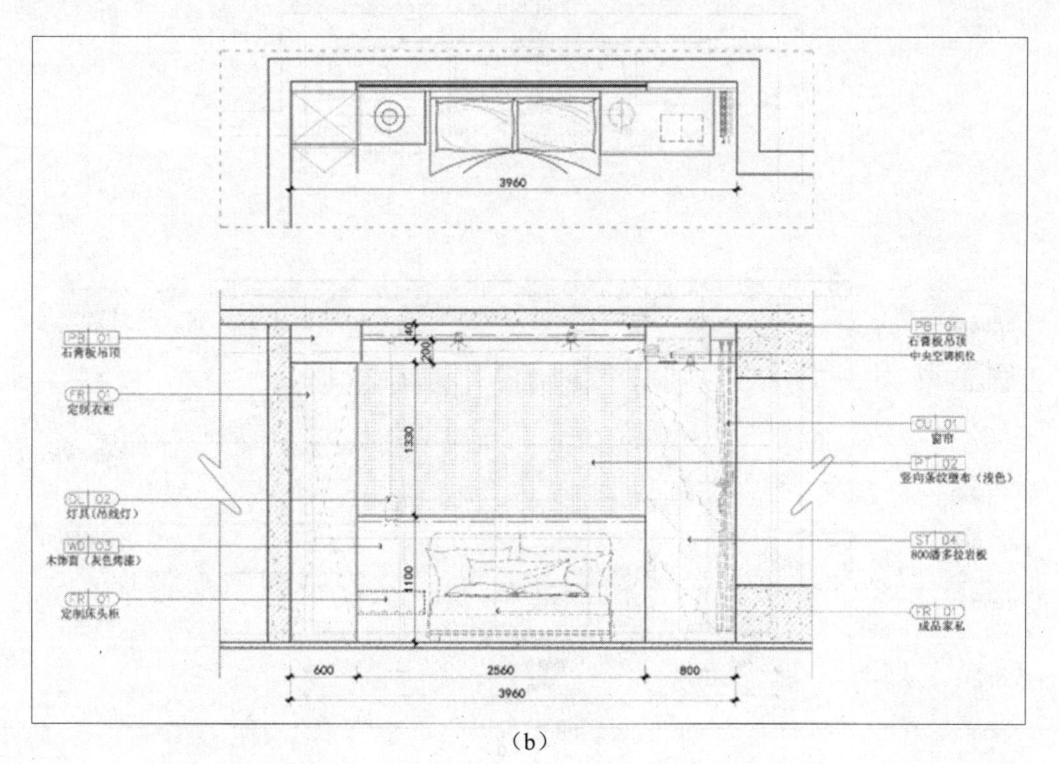

（b）

（续）

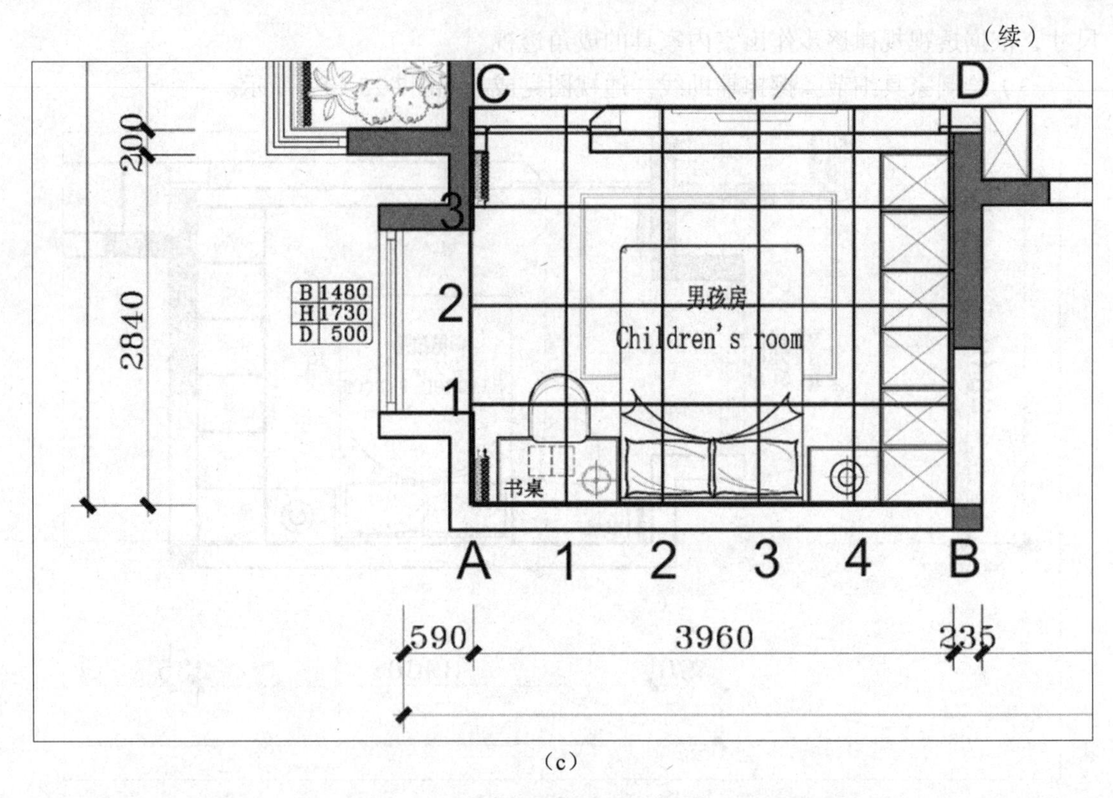
C
D
200
3
2840
B 1480
H 1730
D 500
2
男孩房
Children's room
1
书桌
A
1
2
3
4
B
590
3960
235

（c）

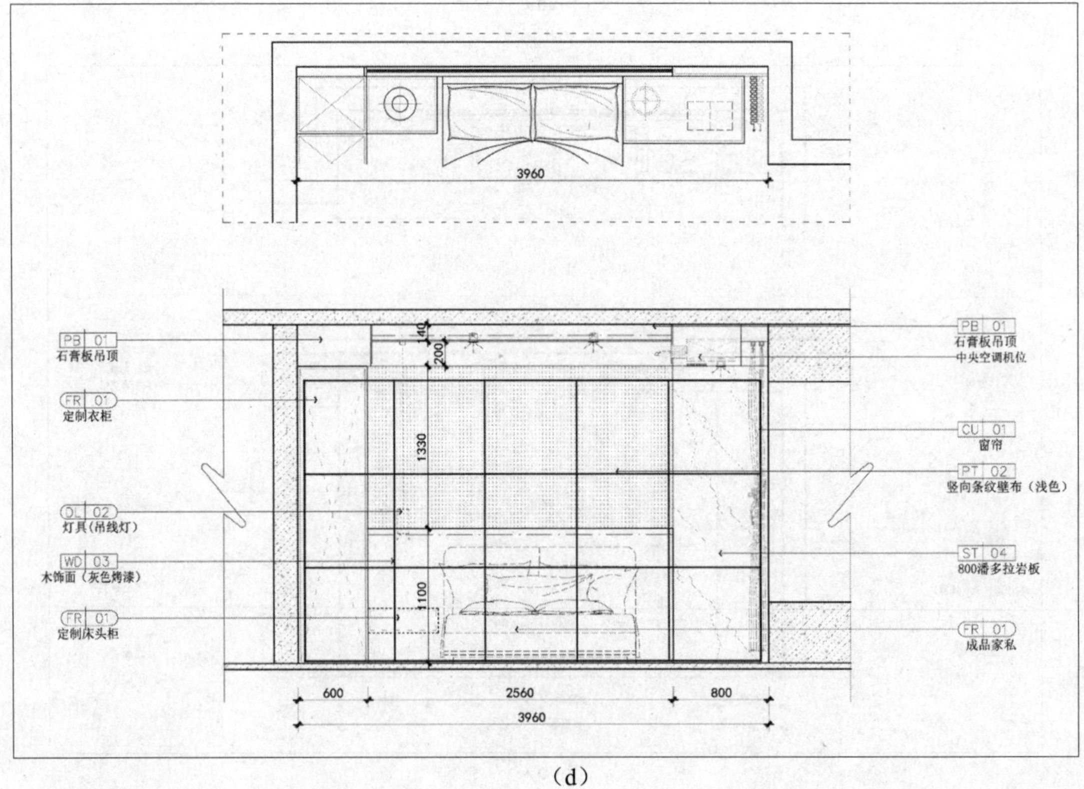
3960
PB 01
石膏板吊顶
FR 01
定制衣柜
DL 02
灯具（吊线灯）
WD 03
木饰面（灰色烤漆）
FR 01
定制床头柜
40
200
1330
1100
PB 01
石膏板吊顶
中央空调机位
CU 01
窗帘
PT 02
竖向条纹壁布（浅色）
ST 04
800潘多拉岩板
FR 01
成品家私
600
2560
800
3960

（d）

（续）

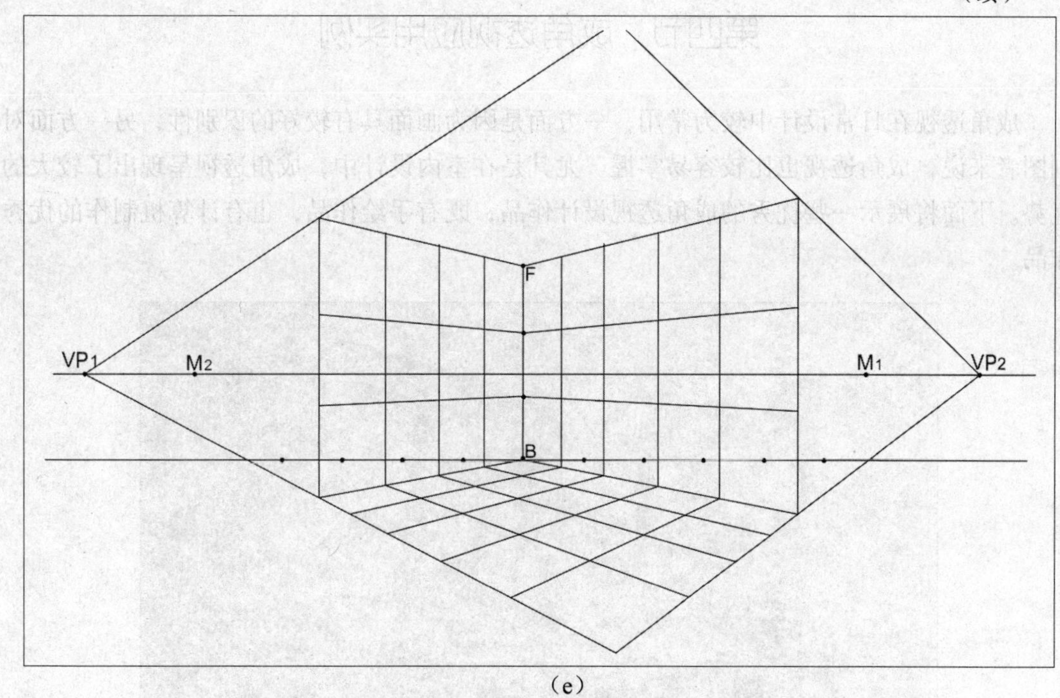

（e）

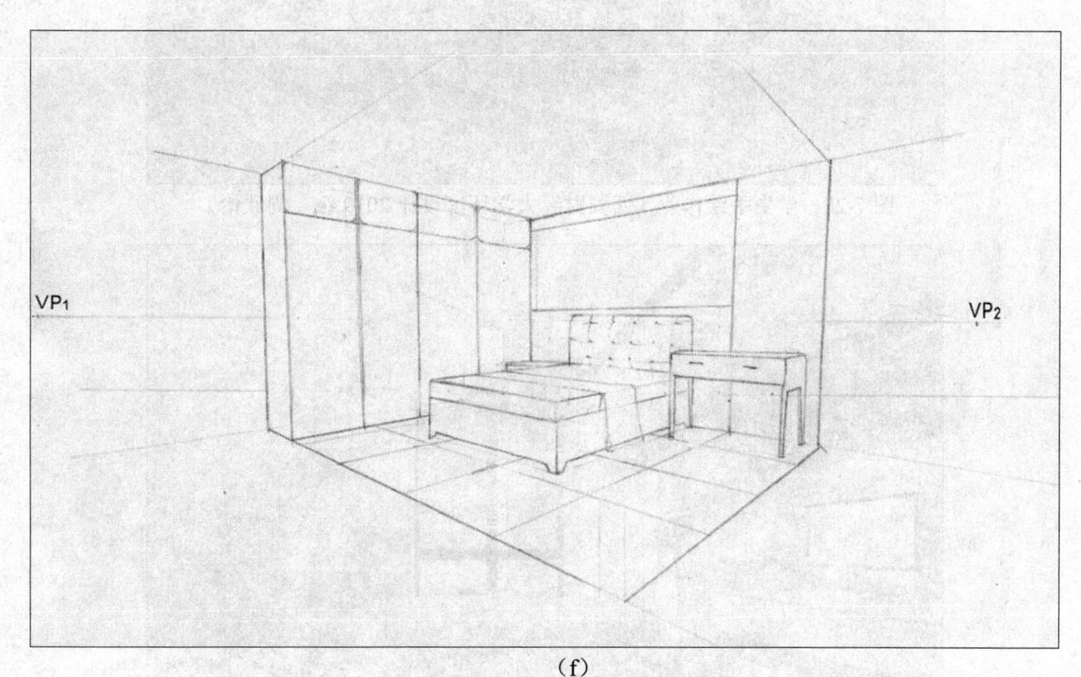

（f）

图 7-25 用网格画法绘制室内空间的透视图

第四节　成角透视应用实例

成角透视在日常设计中较为常用，一方面是因为画面具有较好的识别性，另一方面对制图者来说，成角透视也比较容易掌握。尤其是在室内设计中，成角透视呈现出了较大的优势。下面将展示一些优秀的成角透视设计作品，既有手绘作品，也有计算机制作的优秀作品。

图 7-26　学生手绘作业（西安财经大学环境设计 2019 级　周欣怡）

图 7-27　成角透视的效果图 1

图 7-28　成角透视的效果图 2

图 7-29　成角透视的效果图 3

图 7-30　成角透视的透视图（西安财经大学 2018 级　肖康媛）

图 7-31　成角透视的透视图 1（西安财经大学 学生作业）

图 7-32　成角透视的透视图 2（西安财经大学 学生作业）

图 7-33　成角透视的透视图（西安财经大学 2020 级　孔潇潇）

本章练习题

1. 根据物体的三视图绘制其成角透视图。

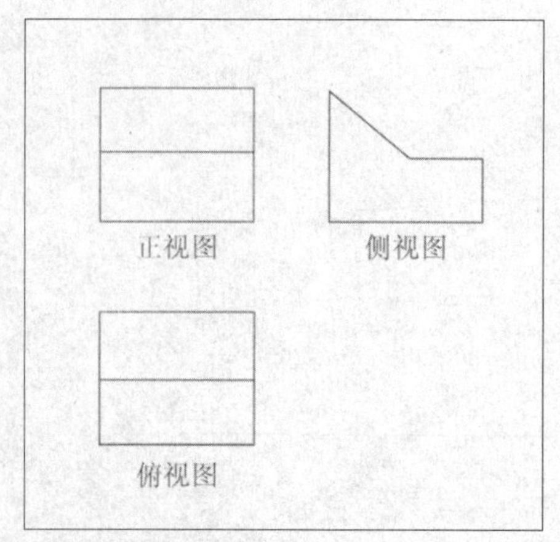

2. 根据家具图纸绘制成角透视图。

（1）床。

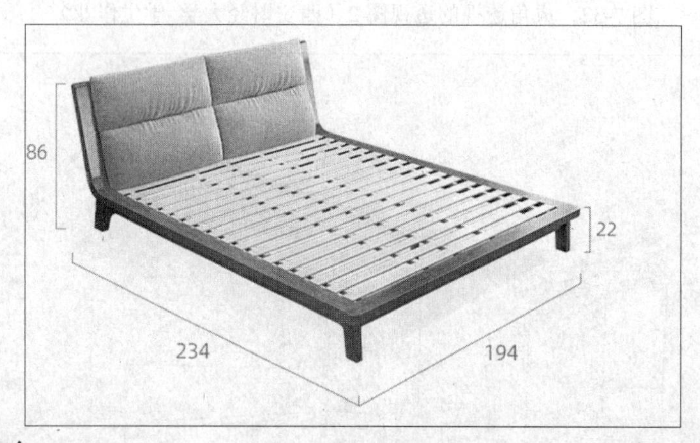

（2）沙发组合。

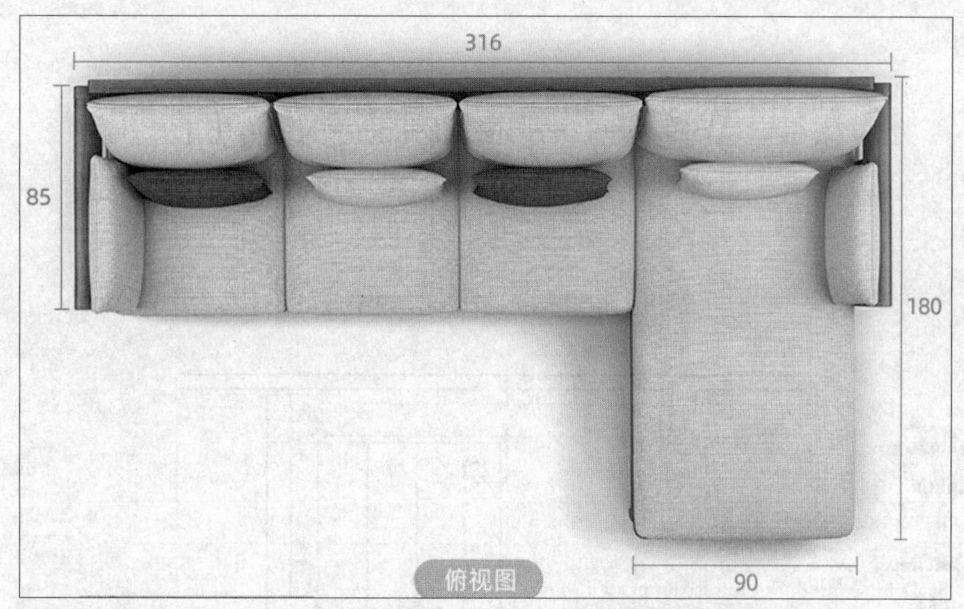

俯视图

3. 根据室内空间的平面图及立面图绘制三个不同空间的成角透视图。

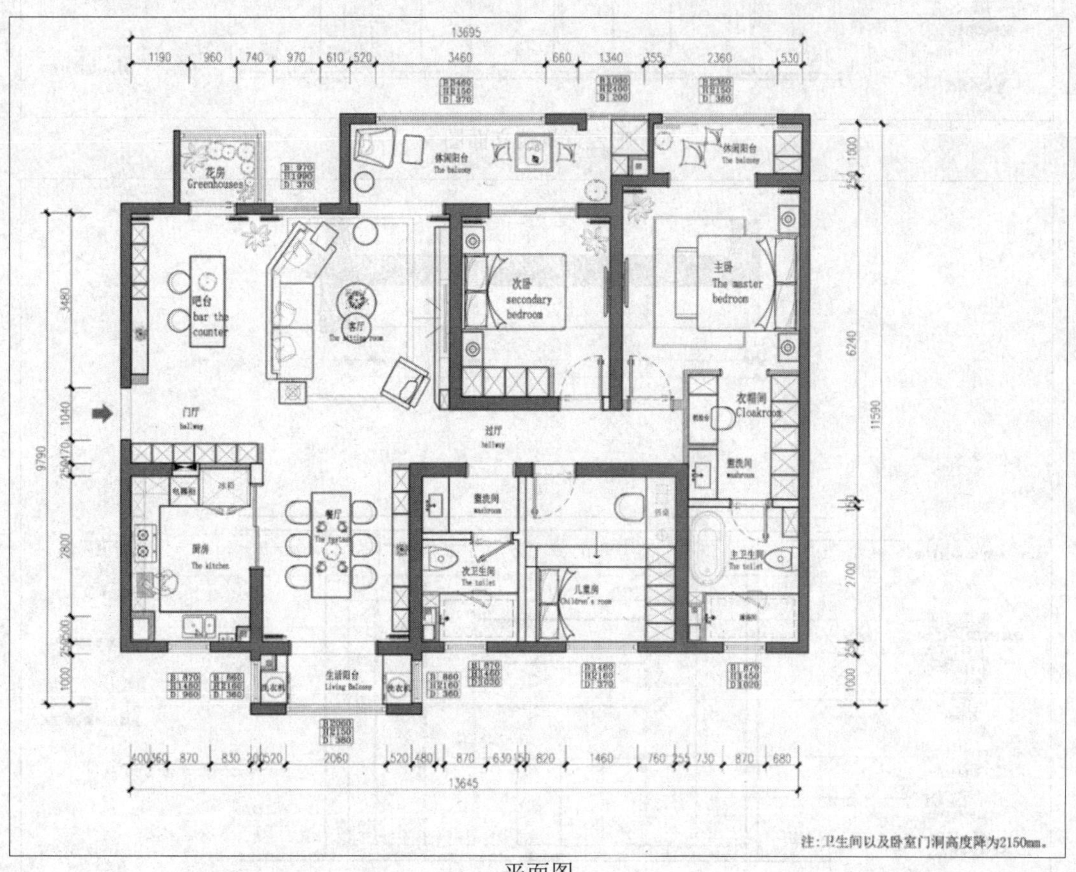

平面图

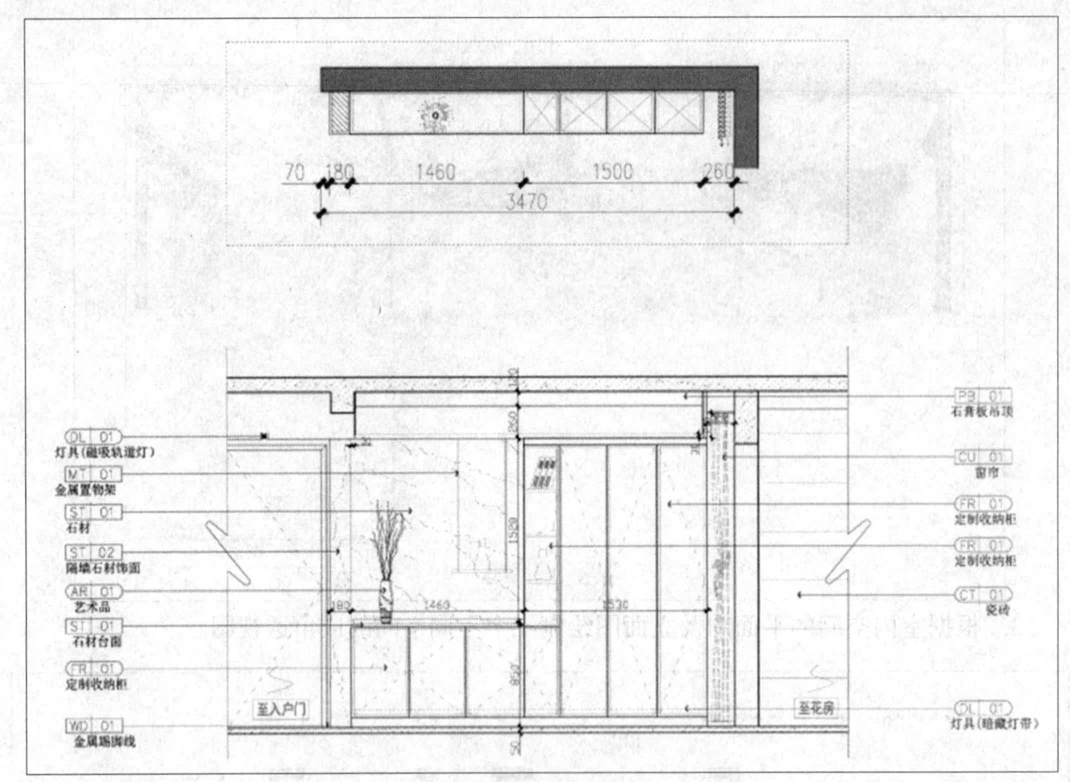

吧台背景墙立面图

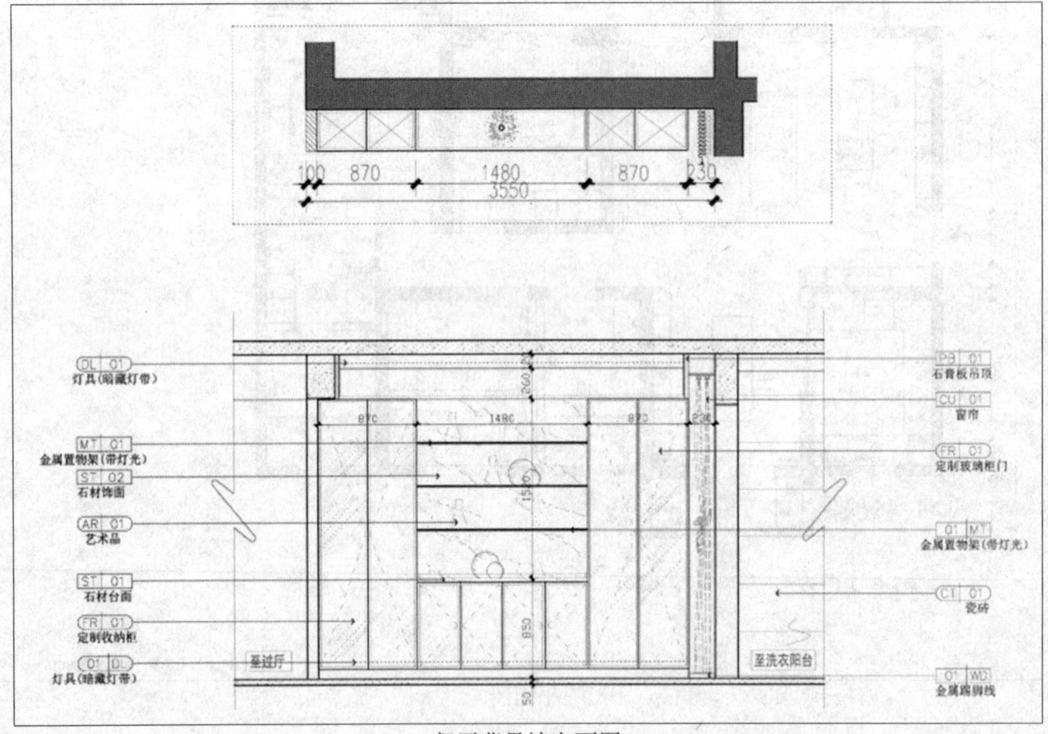

餐厅背景墙立面图

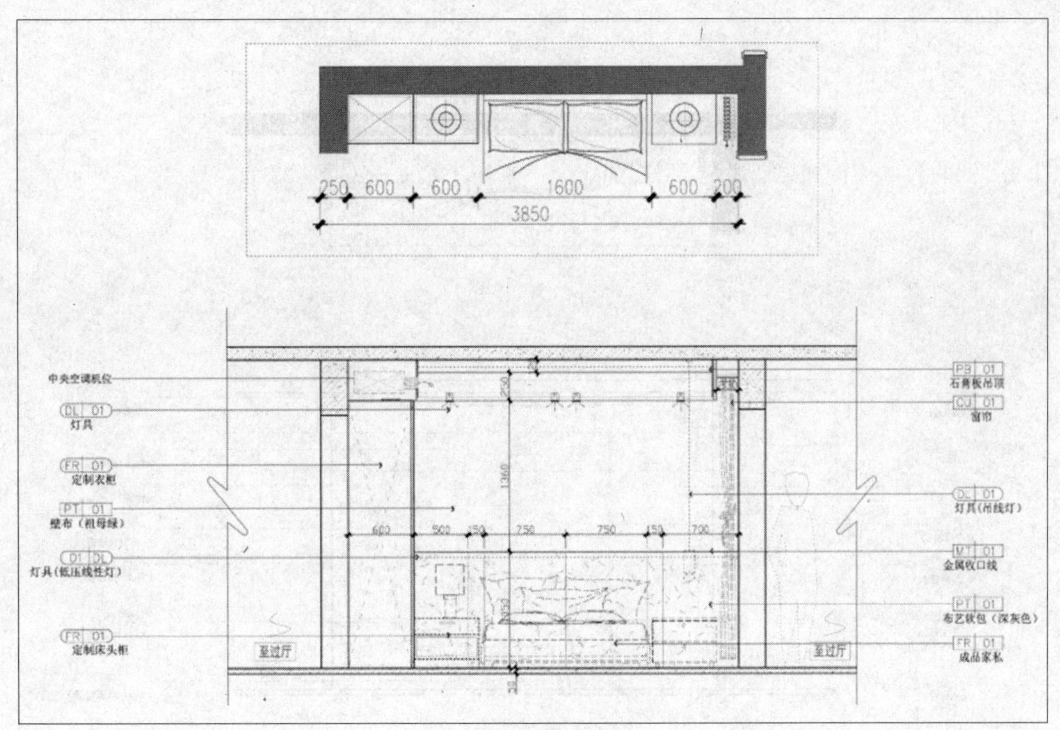

次卧背景墙立面图

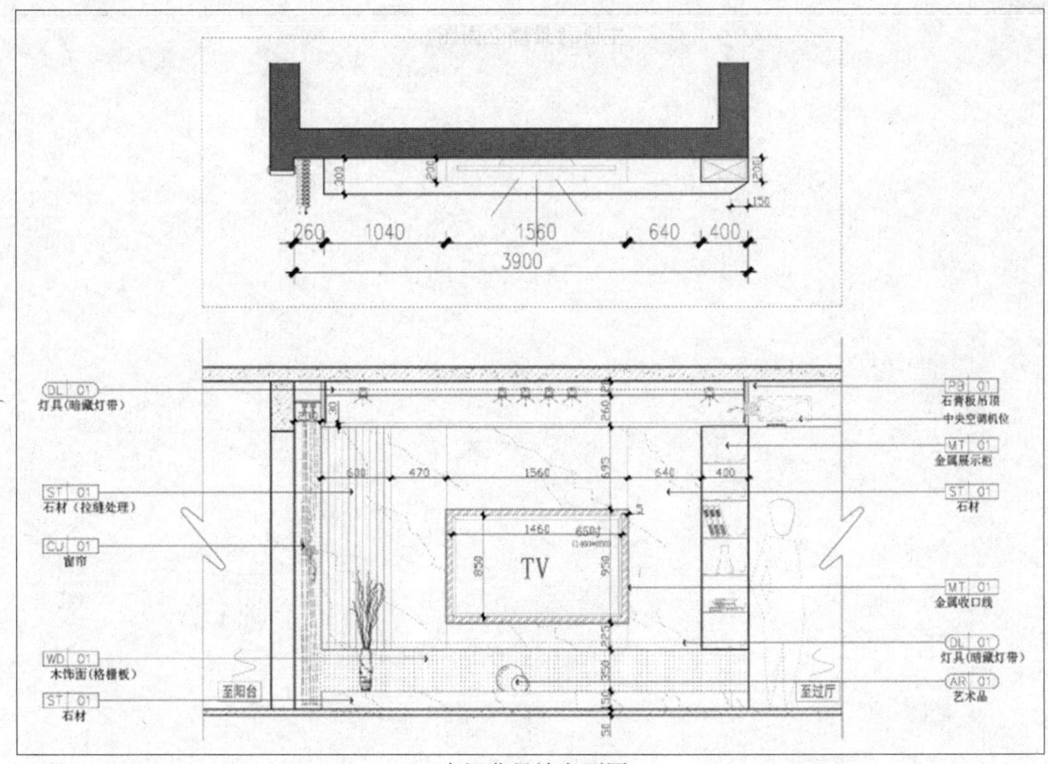

电视背景墙立面图

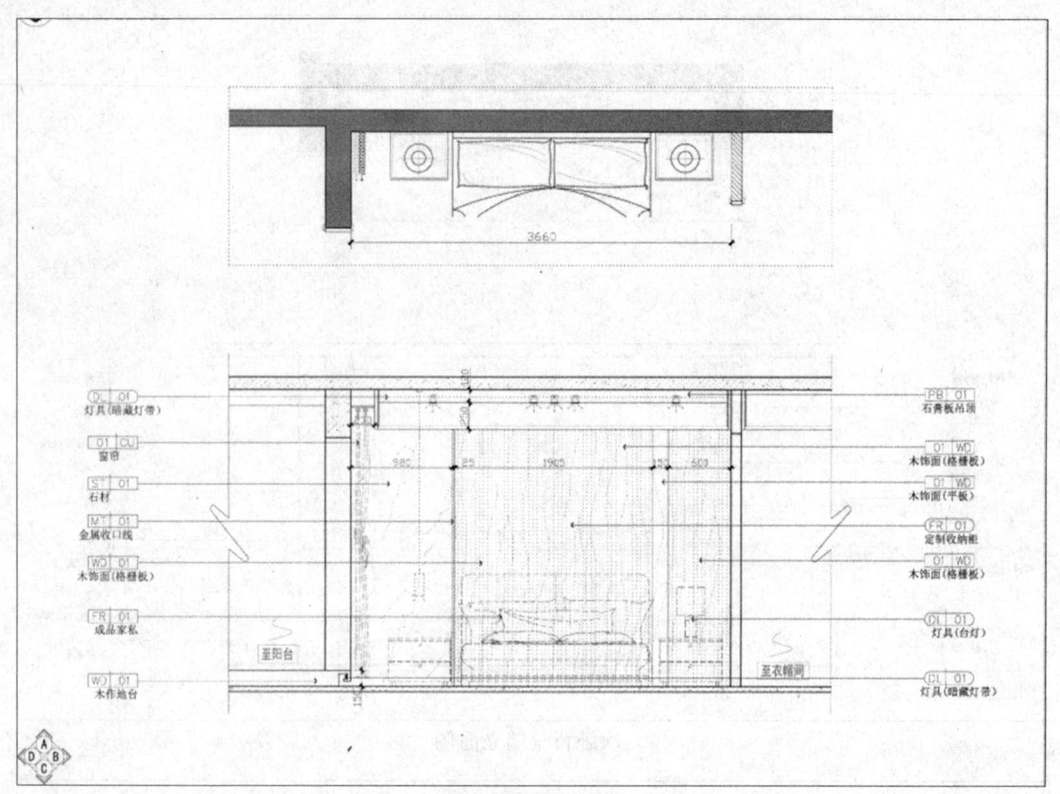
3660
DL 01
灯具(暗藏灯带)
01 CU
窗帘
ST 01
石材
MT 01
金属收口线
WD 01
木饰面(格栅板)
FR 01
成品家私
WD 01
木作地台
至阳台
PB 01
石膏板吊顶
01 WD
木饰面(格栅板)
01 WD
木饰面(平板)
FR 01
定制收纳柜
01 WD
木饰面(格栅板)
DL 01
灯具(台灯)
DL 01
灯具(暗藏灯带)
至衣帽间
980
25
1905
150
503

主卧背景墙立面图

第八章　倾斜透视

◆ 内容概述

通过讲解、演示倾斜透视的形成及规律，理解倾斜透视的原理。

介绍倾斜透视的画法，其中要求学生掌握倾斜透视的制图方法，进一步理解透视的重点是研究透视消失变化的方向和透视长度的变化。

◆ 教学目标

通过学习本章，了解倾斜透视产生的条件和特征，可以使学生进一步认识倾斜透视的规律和画法。

◆ 本章重点

理解倾斜透视的规律，掌握倾斜透视绘制透视图的方法。

◆ 课前思考

请同学们观察并找出既不是成角透视又不是平行透视的物体或者场景，尝试绘制简单的透视图，分析透视上的特点或者画图过程中存在的问题。

第一节 倾斜透视的形成

倾斜透视的形成

倾斜透视的形成有物体或者空间本身的斜面造成的倾斜，也有由于视向造成的倾斜。如图8-1所示，教堂建筑自身有斜面屋顶，同时拍摄者与建筑高度间的位置也形成了倾斜透视。本章内容主要讲解在平视状态下，由于物体本身的斜面而形成的倾斜透视。

在透视投影中，凡是直线（平面）与基面和画面都倾斜时形成的透视，称为倾斜透视，如图8-2所示。

由面或物体倾斜而形成的透视，也称斜面透视，包括向上倾斜和向下倾斜，如图8-3所示。在视平线以下存在一个消失点，形成俯瞰透视。在视平线以上存在一个消失点，形成仰望透视。

倾斜面也存在各种形状组合，如方形斜面、三角形斜面、菱形斜面、圆形斜面和弧形斜面等。组合斜面主要应用于比较复杂的物体，如各种造型的屋顶：四斜面一尖顶、两斜面两尖顶、多斜面多尖顶、塔楼或教堂的各种斜面组合等。

图 8-1 教堂外观

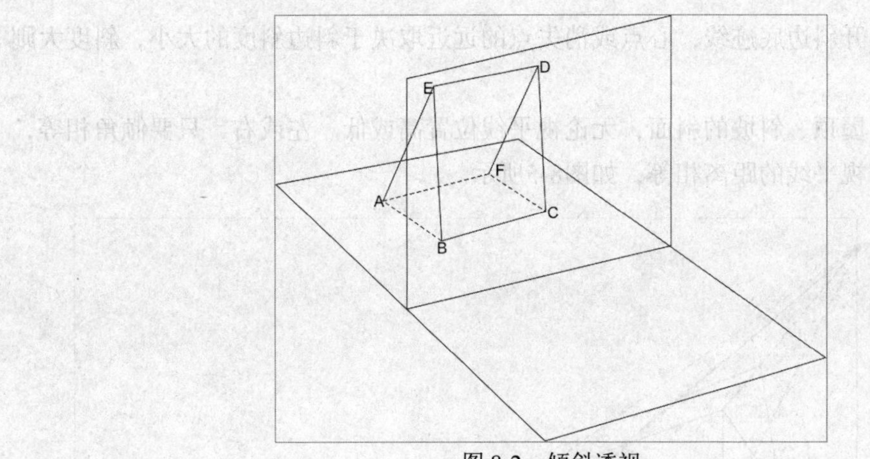

图 8-2 倾斜透视

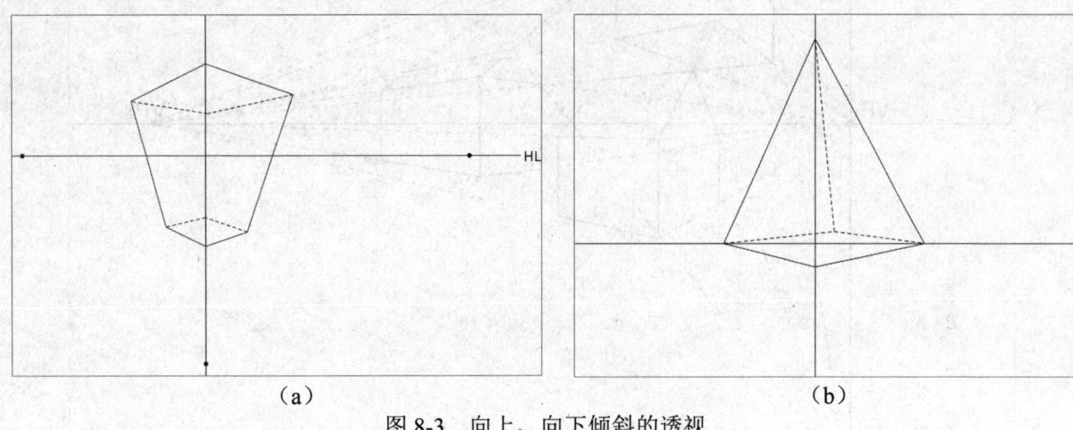

（a） （b）

图 8-3 向上、向下倾斜的透视

第二节 倾斜透视的规律与特点

视向是平视，方形物体的透视斜面，上斜其消失点是天点，下斜其消失点是地点，如图8-4所示。

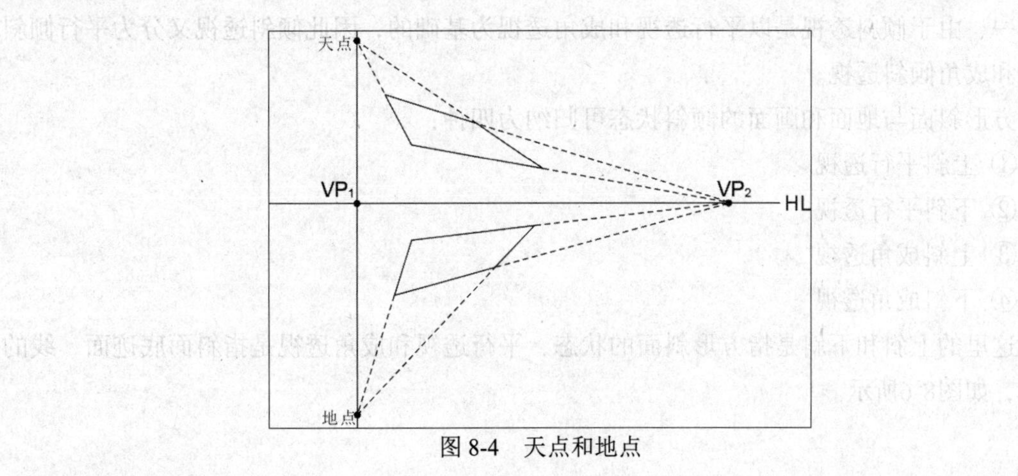

图 8-4 天点和地点

天点和地点离开斜边底迹线，心点或消失点的远近取决于斜边斜度的大小，斜度大则远，斜度小则近。

对称的桥梁、屋顶、斜坡的斜面，无论视平线位置高或低、左或右，只要倾角相等，它的天点和地点离视平线的距离相等，如图8-5所示。

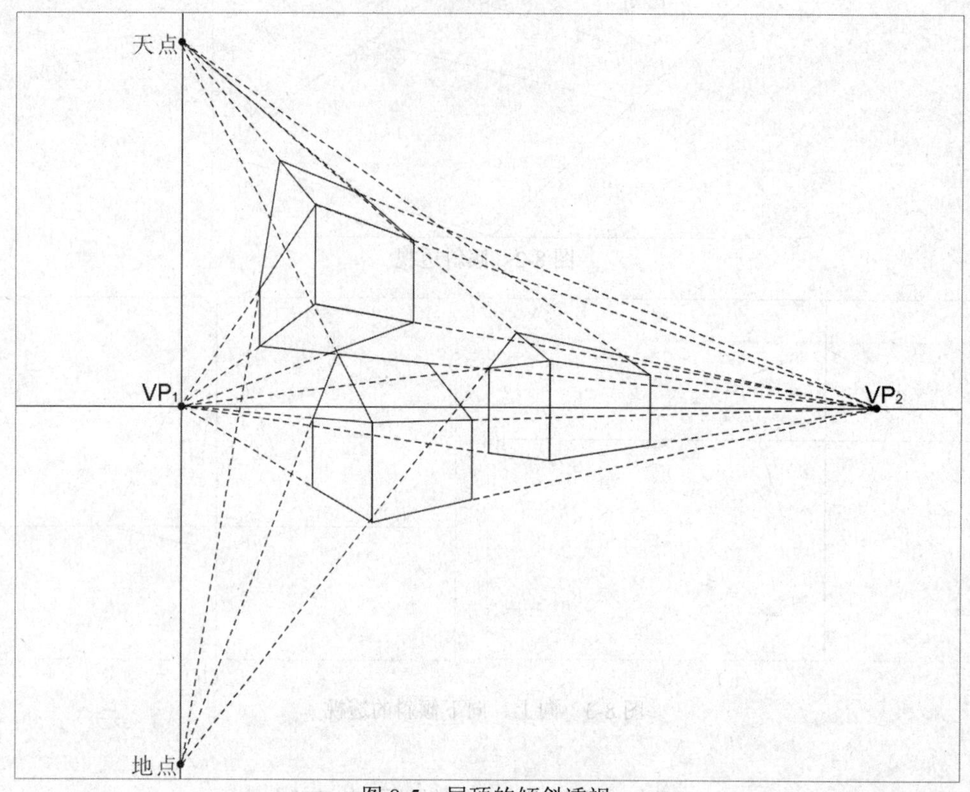

图 8-5　屋顶的倾斜透视

第三节　倾斜透视的分类

一、由于倾斜透视是以平行透视和成角透视为基础的，因此倾斜透视又分为平行倾斜透视和成角倾斜透视。

方形斜面与地面和画面的倾斜状态可归纳为四种：

① 上斜平行透视

② 下斜平行透视

③ 上斜成角透视

④ 下斜成角透视

这里的上斜和下斜是指方形斜面的状态，平行透视和成角透视是指斜面底迹面、线的状态，如图8-6所示。

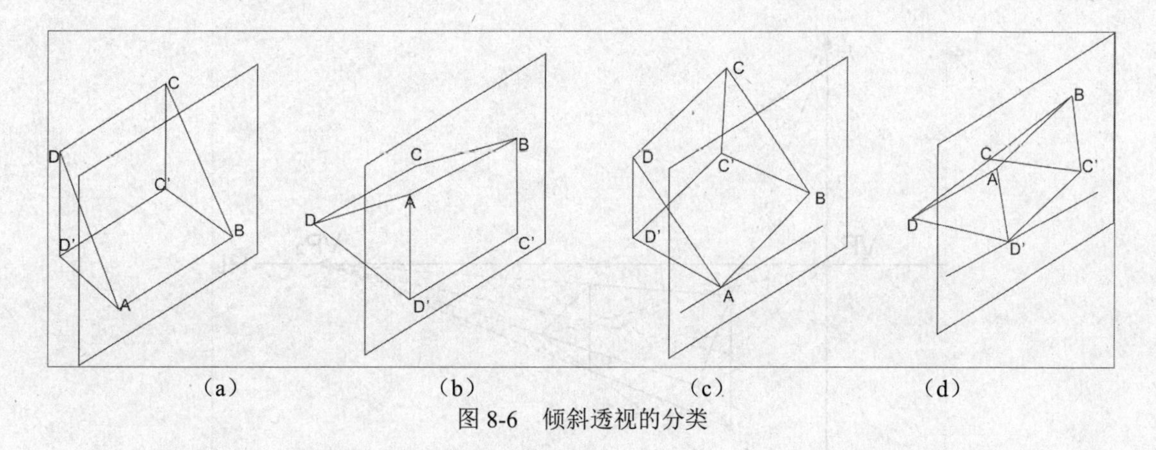

（a）　　（b）　　（c）　　（d）

图 8-6　倾斜透视的分类

在图8-6（a）所示的倾斜透视中，面ABCD是上斜面，线段AC、线段BD是近低、远高、上斜，ABC′D′底迹面，底迹面是斜面垂直投影面，底迹面比斜面小，AC′、BD′底迹线短于斜线AC、斜线BD，AC′是AC的底迹线，BD′是BD的底迹线，它们都与画面垂直，线段AB、线段CD、线段C′D′线都与画面平行。如果是下斜平行透视，如图8-6（b）所示，ABCD是下斜面，线段AC、线段BD是近高、远低、下斜，CC′DD′与画面垂直，线段AB、线段CD、线段C′D′与画面平行。

在图8-6（c）所示的成角倾斜透视中，ABCD是上斜面，线段AC、线段BD是近低、远高、上斜，ABC′D′底迹面与画面成一定的角度。如果是下斜平行透视，如图8-6（d）所示，ABCD是下斜面，线段AC、线段BD是近高远低下斜，CC′DD′与画面成一定的角度。

二、天点、地点与心点、距点、消失点的关系。

天点和地点的位置变化始终与底迹面的主点、距点、消失点相关。当上斜平行透视时，天点、地点在心点的垂线上，当斜面向左上斜或下斜时，天点和地点消失在视垂线左面距点、消失点的垂线上；当斜面向右上斜或下斜时，天点和地点消失在视垂线右面距点、消失点垂线上。因它们是垂直投影关系，不能主观另取偏离主点、距点、消失点垂线位置的天点和地点，如图8-7所示。

在图8-7（a）中，物体的天点、地点位于距点（等角透视原理）的垂直上、下方，由其所引变线的底迹线、面与画面成45°角的关系。

在图8-7（b）中，物体的天点、地点位于心点的垂直上、下方，由其所引变线的底迹线与画面成90°角的垂直关系。

在图8-7（c）中，物体的天点、地点位于消失点VP_2的垂直上、下方，由其所引垂线的底迹线、面与画面成除45°、90°角以外的余角透视关系。

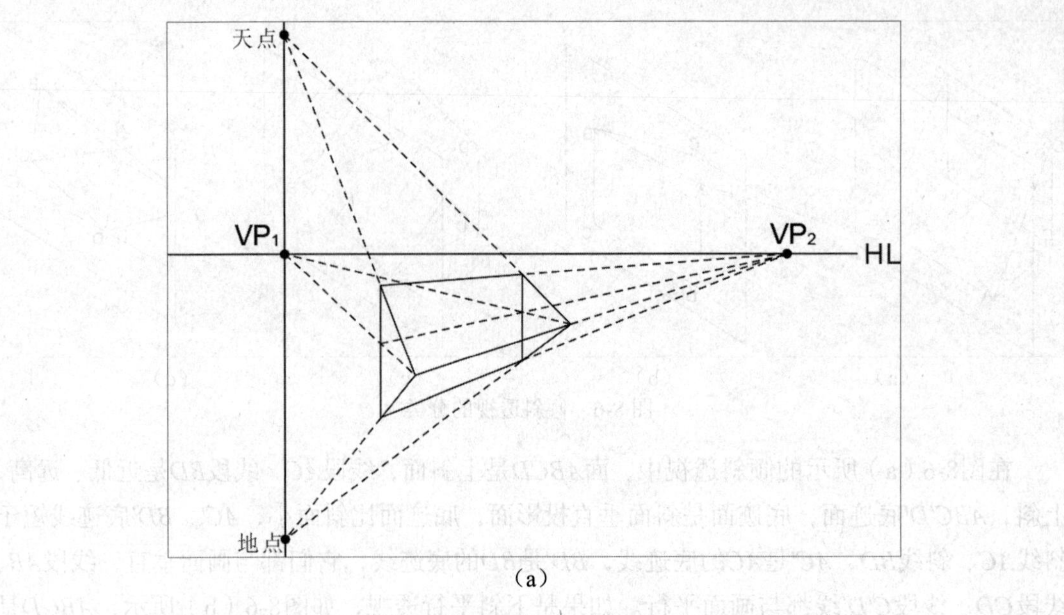

（a）

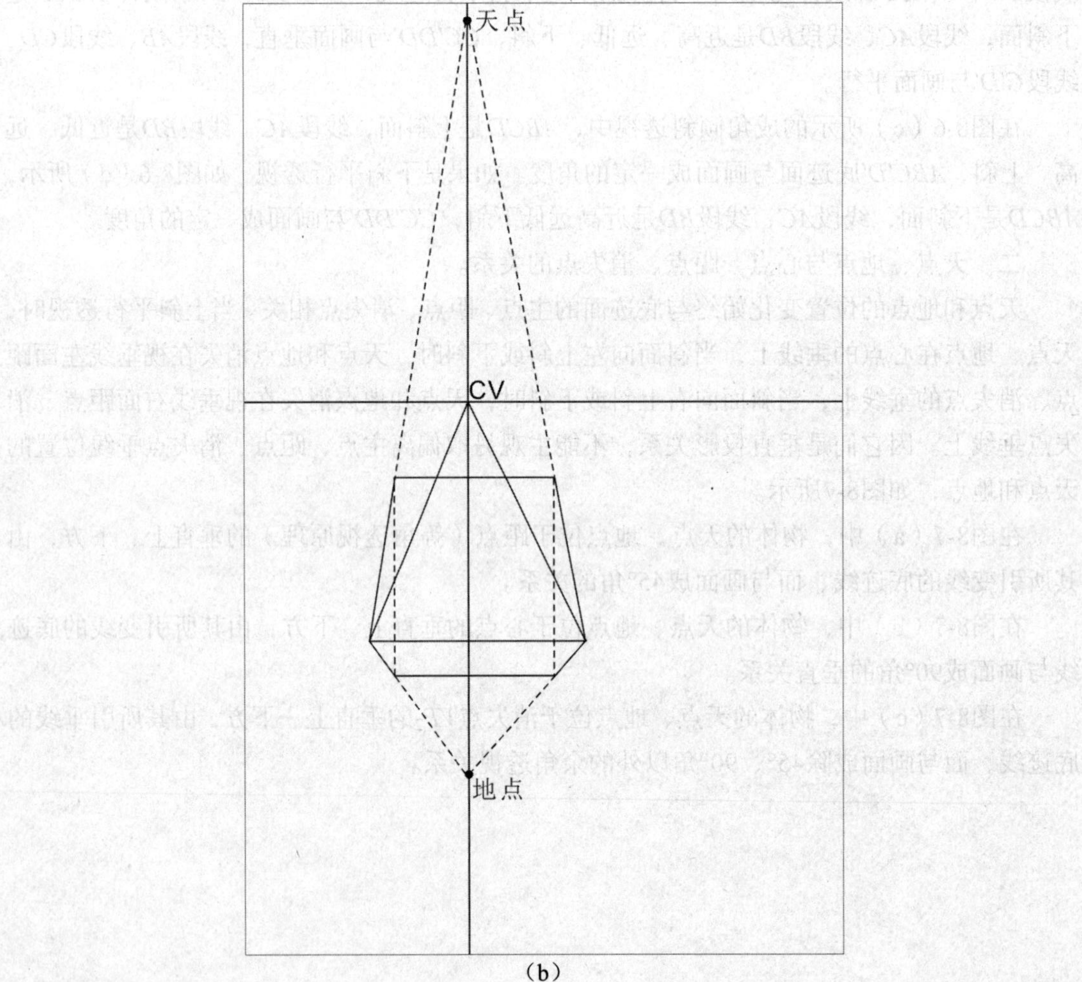

（b）

（续）

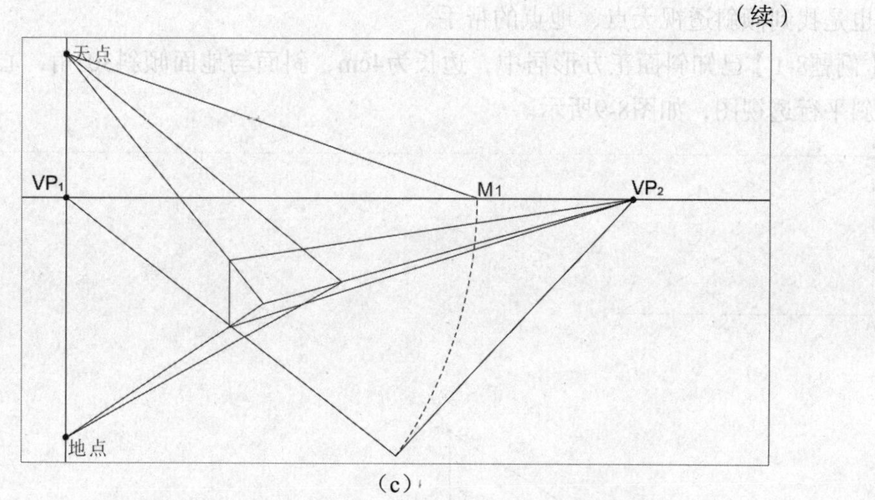

（c）

图 8-7 天点、地点与主点、距点、余点的关系

第四节 倾斜透视图的画法

倾斜透视的画法是在平行透视、成角透视画法的基础上，在研究解决消失方向和消失变化线的基本内容上，增加了一组或几组消失点的研究，即倾斜方向线的方向变化和长度变化。在平行透视中用距点来测量深度，在成角透视中用量点测量深度，在倾斜透视中距点和量点分别具备两种功能，一种是测透视深度，另一种是测天点和地点的透视高度，如图8-8所示。

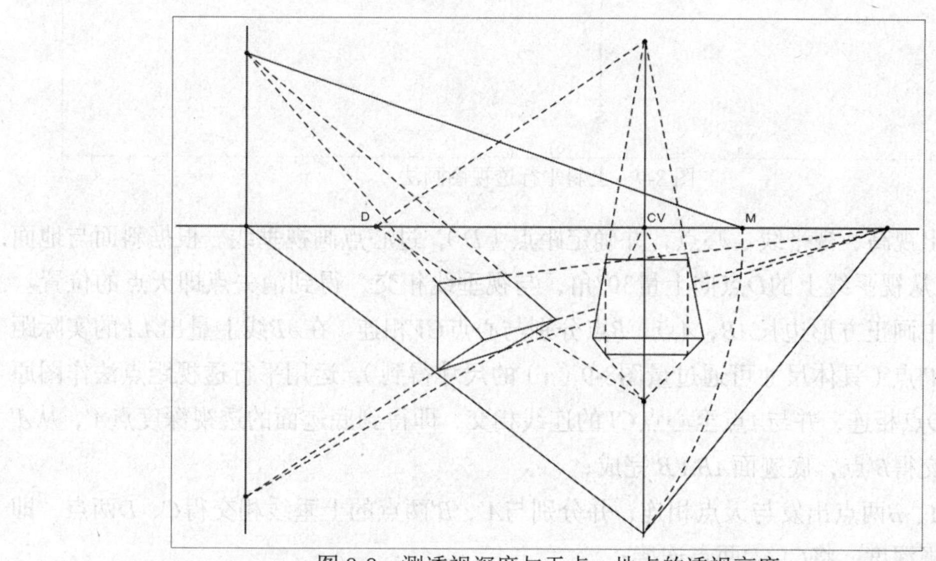

图 8-8 测透视深度与天点、地点的透视高度

在图8-8中，左侧第一个物体属于上斜成角透视，量点M不仅是测量透视变化的点，还是找到天点、地点的重要助手。右侧物体属于上斜平行透视，距点D既是测量深度变化的

点，也是找到倾斜透视天点、地点的帮手。

【例题8-1】已知斜面正方形居中，边长为4cm，斜面与地面倾斜30°角，心点居中，求作上斜平行透视图，如图8-9所示。

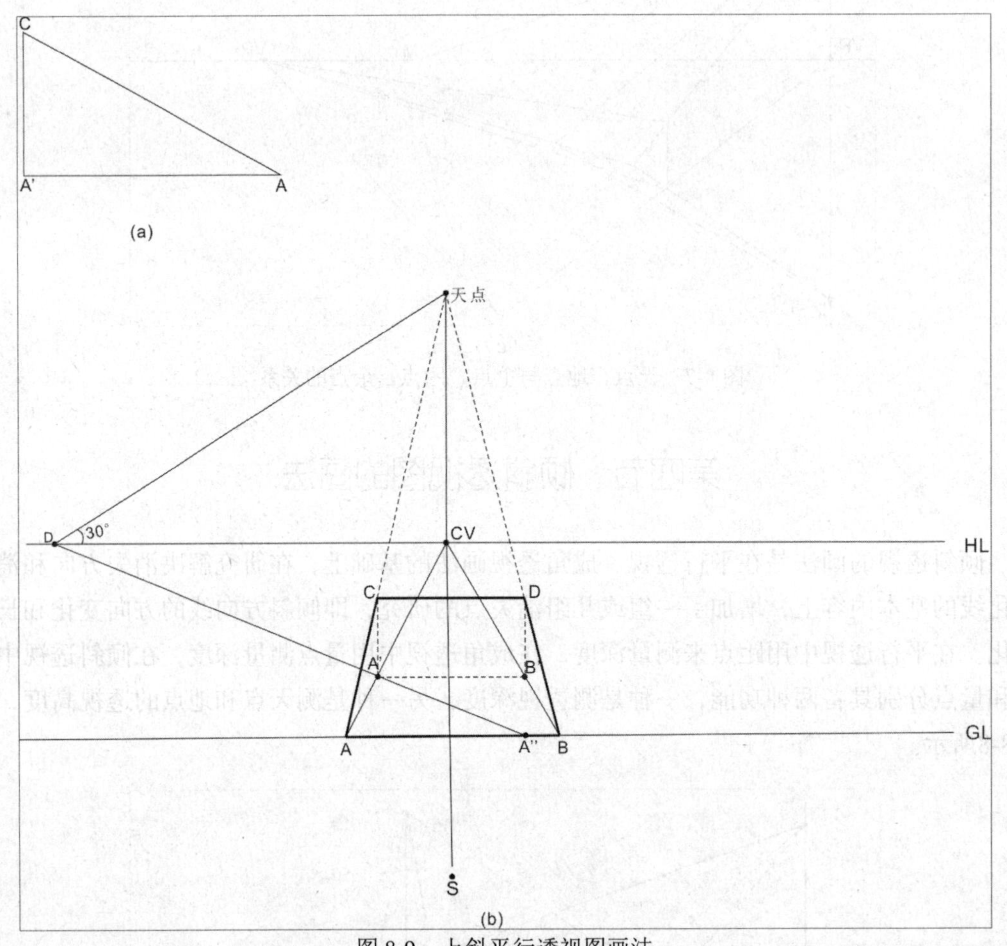

图8-9　上斜平行透视图画法

（1）定出视高、视平线、心点，并确定距点（D），过心点画视垂线。根据斜面与地面倾斜30°角，从视平线上的D点向上量30°角，与视垂线相交，得到消失点即天点的位置。在基线上居中画正方形边长AB，A点，B点分别与心点CV相连。在AB线上量出AA'的实际距离即可得到A''点（具体尺寸可通过量图8-9（a）的尺寸得到），运用平行透视距点法作图原理，A''点与D点相连，并与A点至心点CV的连线相交，即得到底迹面的透视深度点A'，从A'点画水平线交得B'点，底迹面$ABA'B'$完成；

（2）从A、B两点出发与天点相连，并分别与A'、B'两点的上垂线相交得C、D两点，即得到斜面透视深度，将C、D两点连接；

（3）将斜面$ABCD$轮廓加深，上斜平行的倾斜透视就完成了。

【例题8-2】已知斜面边长为4cm，斜面与画面左成40°角，右成50°角，斜面与地面倾斜

40°角，求下斜成角透视图，如图8-10所示。

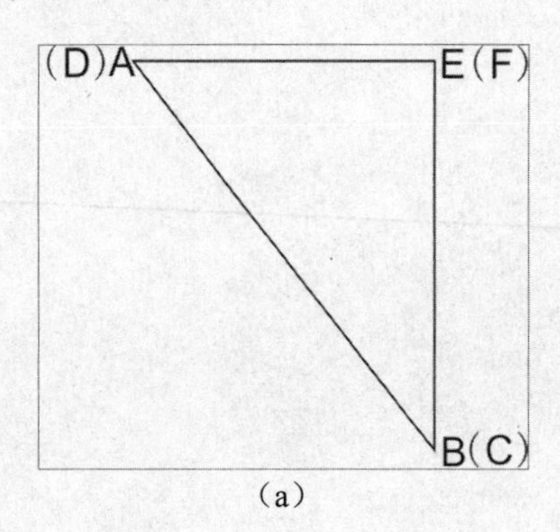

（a）

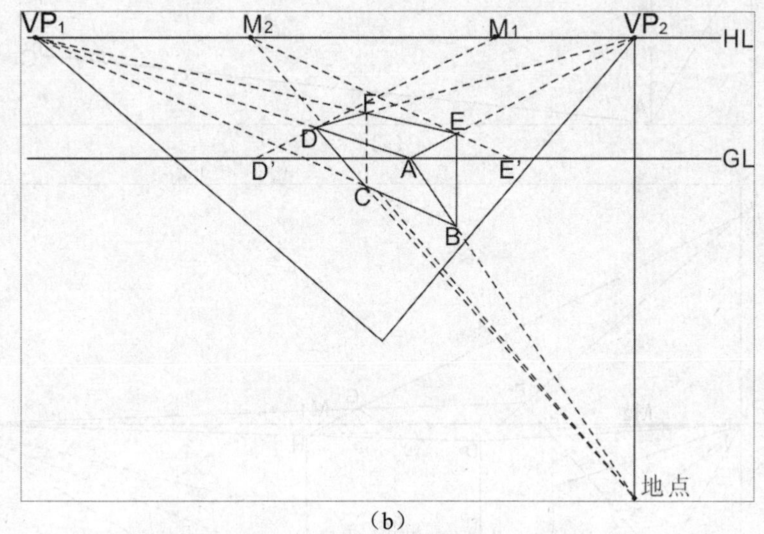

（b）

图 8-10 下斜成角透视图画法

（1）定基线、视平线、视高、心点、视距，根据已知物体与画面所成角度找到两个消失点VP_1、VP_2和两个量点M_2、M_1，过点VP_2画垂线。在视平线M_2点上用量角器向下量出与地面倾斜角度为40°的线，使之与VP_2上的垂线相交得地点；

（2）在基线上定A点，在A点左侧量出AD'=4cm，在A点右侧量出AE'的长度，根据量点法作图原理，得到深度点D、E，D、E两点分别与消失点VP_1、VP_2相连并交得F点，顶面$ADFE$画成了；

（3）将A、D两点与地点相连，E、F两点分别向下画垂线与两条消失线交得B、C两点，将B，C两点相连并消失至点VP_1；

（4）最后将下斜面形体可见边缘画重，透视图就完成了，如图8-10（b）所示。

【例题8-3】已知如图8-11（a）所示的图形，房屋左侧成60°角，右侧成30°角，长7cm，宽3cm，墙高4cm，屋顶与地面左上、下倾斜30°角，求作房屋倾斜透视图，如图8-11所示。

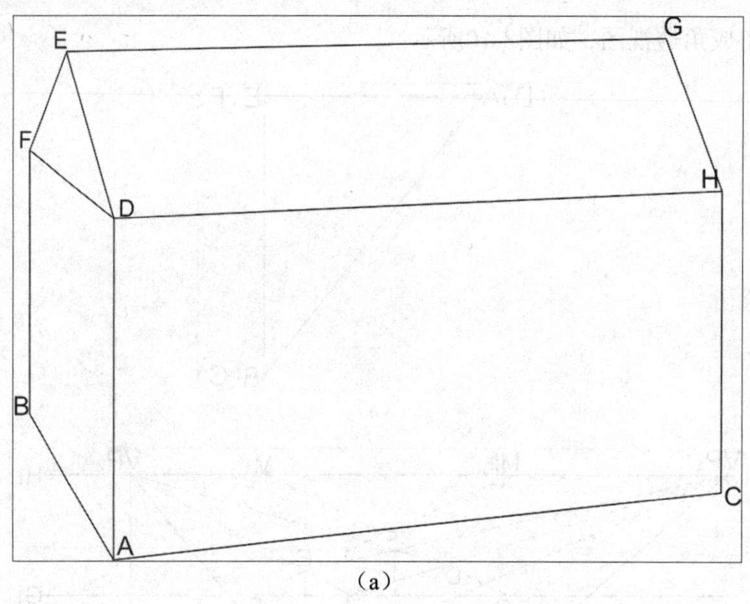

（a）

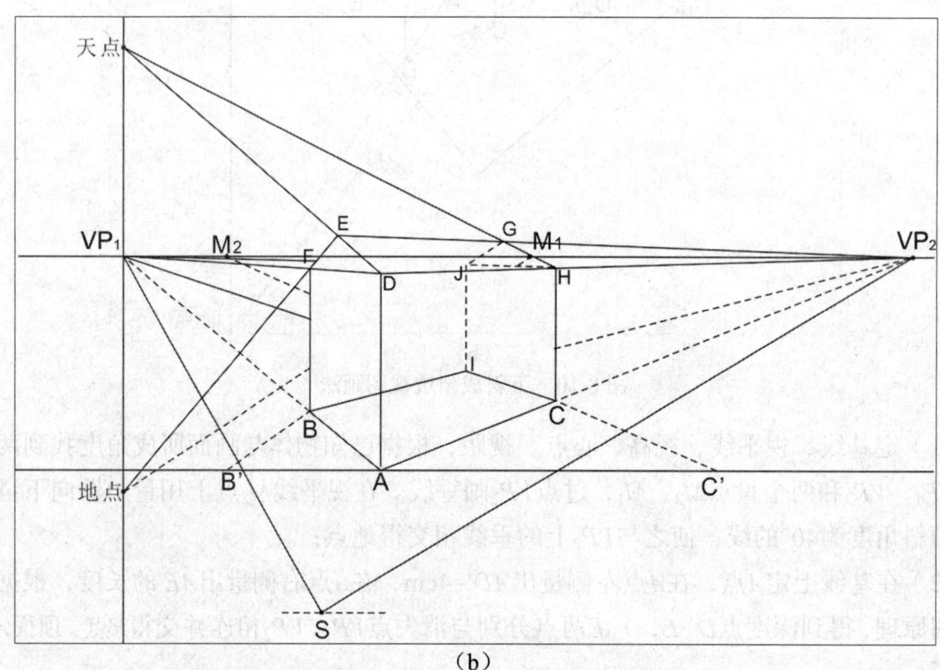

（b）

图 8-11　有斜面屋顶的房屋倾斜透视图画法

（1）定基线、视平线、视高、心点、视距，根据已知物体与画面成60° 和30° 角，找到两个消失点VP_1、VP_2，并由此找到两个量点M_1、M_2，过VP_1作垂线，在量点M_1上、下分别量出30°角，并延长与VP_1交得天点、地点；

（2）在基线上定点A，在A点左侧量房屋宽线段AB'，在A点右侧量房屋长线段AC'，A点向上量出房屋高线段AD，用量点法画出长方体$ABCIDFJH$；

（3）将D、H两点分别连接至天点，将F、J两点分别连接至地点并延长交得E、G两点，

E、G两点连接消失至VP_2点；

（4）最后将可见轮廓加深。

【例题8-4】已知台阶左侧成60°角，右侧成30°角，如图8-12所示；应用分割法作台阶倾斜透视图。

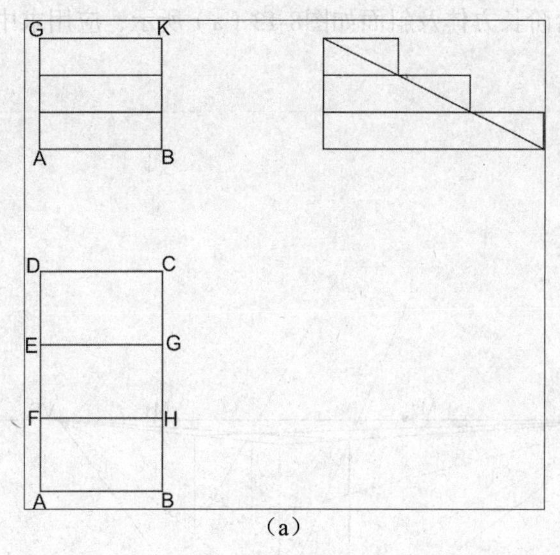

（a）

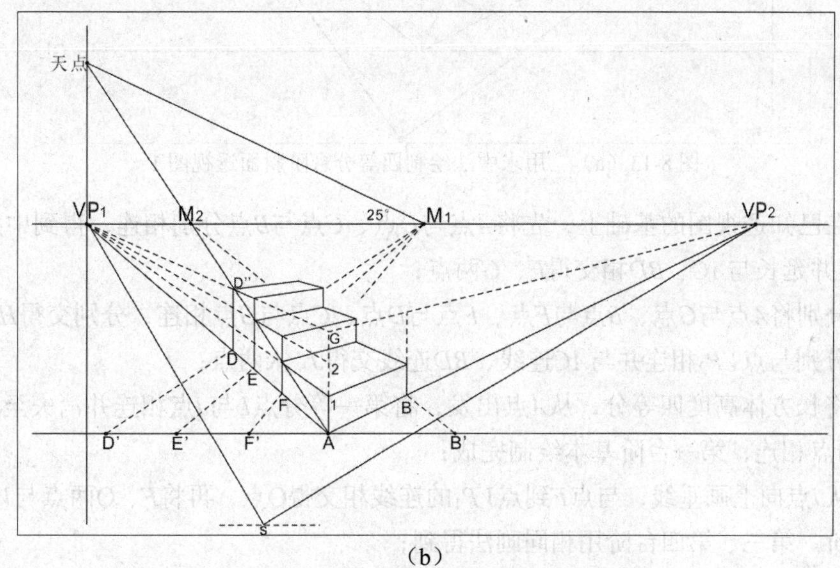

（b）

图 8-12 用分割法绘制台阶倾斜透视图

（1）定视平线、基线、视高、心点、视距，并根据已知条件求得两个消失点VP_1、VP_2、两个量点M_1、M_2，过VP_1作垂线，根据台阶角度确定天点；

（2）在基线上量AB'、AG、AD'线段，从A点出发与VP_1、VP_2点相连，D'、B'点与量点M_1、M_2相连得D、B，点B，点D分别与消失点VP_1、VP_2点相连得到台阶底面；

（3）从D点向上画垂线与G点和VP_1的连线交得D''点，得侧面$ADD''G$，用等分法在AD'

线上取三等分点E'、F'，并与点M_1相连得点E、点F'并画上垂线，在AG线上定1、2两点，并将该两点与VP_1点相连，得侧面网格；

（4）同理得到另一面侧面网格，将侧面三等分画出台阶，将台阶各顶点与点VP_2相连；

（5）最后将需要的台阶画重，分割法画台阶倾斜透视图就完成了，如图8-12（b）所示。

【例题8-5】已知台阶长方体及斜面如图8-13（a）所示，应用求中法作四等分台阶斜面透视图。

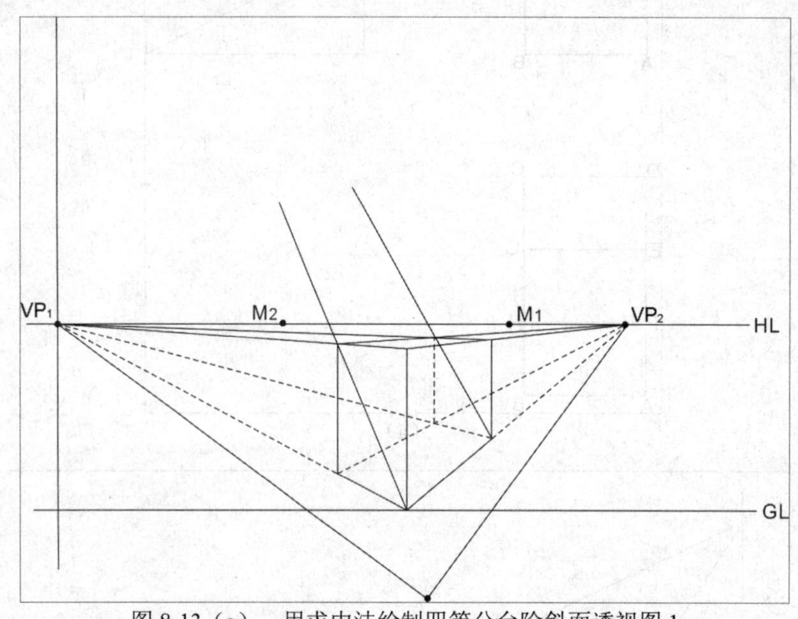

图 8-13（a） 用求中法绘制四等分台阶斜面透视图 1

（1）在已知透视图的基础上，先将A点与D点、C点与B点分别相连，得到中点E，点E与VP_2相连并延长与AC、BD相交得F、G两点；

（2）分别将A点与G点、B点与F点、F点与D点、C点与G点相连，分别交得H、I两点，H、I两点分别与点VP_2相连并与AC连线、BD连线交得J、K两点；

（3）将长方体高度四等分，从A点出发，将第一等分点L与J点相连并消失至点VP_1，L点与VP_2两点相连，第一台阶基本绘制完成；

（4）从J点向上画垂线，与点F到点VP_1的连线相交得Q点，再将F、Q两点与VP_2点相连得第二台阶。第三、第四台阶用相同画法得到；

（5）右面台阶四等分四个台阶用同样画法即可完成；

（6）最后需要查看是否三个方向的消失线分别消失在VP_1、VP_2、天点。加深可见结构线条，如图8-13（b）所示。

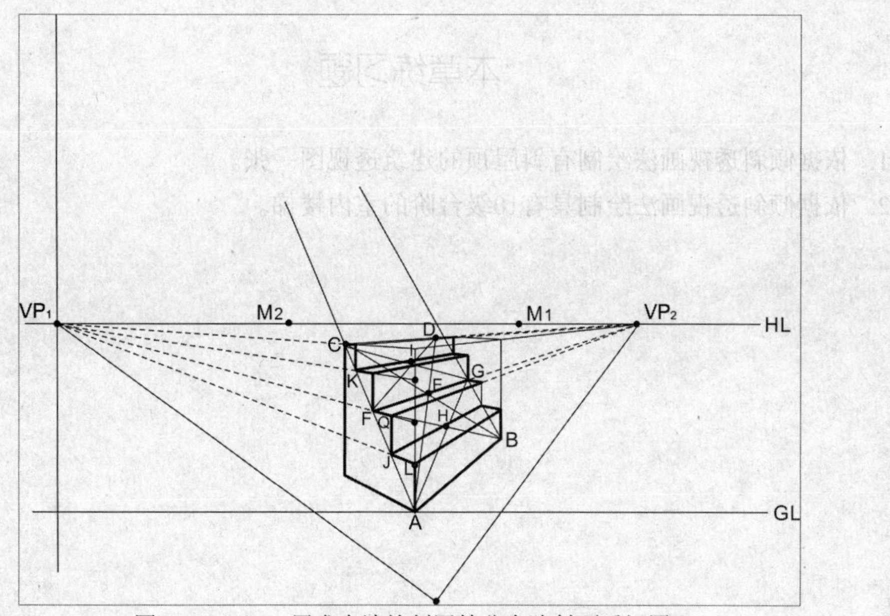

图 8-13（b） 用求中法绘制四等分台阶斜面透视图 2

本章练习题

1. 依据倾斜透视画法绘制有斜屋顶的建筑透视图一张。
2. 依据倾斜透视画法绘制具有10级台阶的室内楼梯。

第九章　曲 线 透 视

◆ 内容概述

通过讲解曲线透视的形成及规律，理解曲线透视的原理。

介绍曲线透视画法，帮助学生进一步理解曲线透视的消失变化方向和透视深度。

◆ 教学目标

通过学习本章，了解曲线透视产生的条件和特征，可以使学生进一步认识曲线透视的规律和画法。

◆ 本章重点

理解曲线透视的规律；掌握曲线透视绘制透视图的方法。

◆ 课前思考

请同学们观察并思考圆的透视应该如何绘制。

第一节　曲线与曲线透视

一、曲线及分类

曲线是点的运动轨迹，根据曲线弯曲的情况，可将曲线分为规则曲线和不规则曲线，规则曲线主要有半圆线、半椭圆线、波浪线等，如图9-1所示。无规则的曲线主要是指任意图画的、没有规律可循的曲线，如图9-2所示。按照维度还可分为平面曲线和立体曲线。平面曲线是指点在一个平面内运动所形成的曲线，比如圆形。立体曲线是指点不在一个平面内运动所形成的曲线，比如圆锥、圆柱。

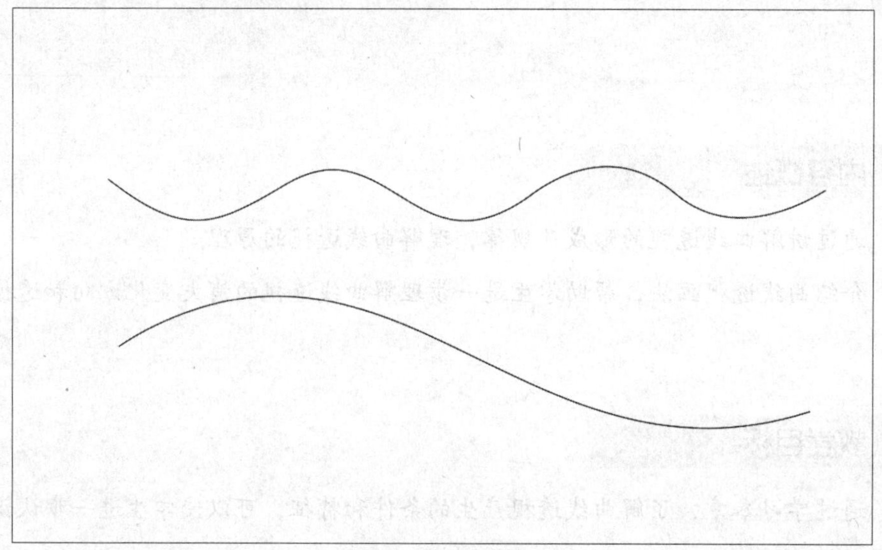

图 9-1　规则曲线

图 9-2　无规则曲线

二、曲线透视的概念

曲线透视是指曲线形体经过透视所形成的图例。根据曲线分类，曲线透视的画法可分为规则曲线透视画法（如圆的画法）、不规则曲线透视画法。但是无论哪一种画法，在绘制过程中都要遵循透视的基本原理和规律。

第二节　曲线透视的规律

一、曲线透视的变化特点与变形原理

空间中的线有长度和方向性，当其在一定的空间范围内弯曲时，这根弧线就有相对应的半径和角度。如图9-3、图9-4所示，弧线的弧度越大，对应的半径就越小，反之，弧线的弧度越小，视觉上看起来弧度越平，半径就越长。当弧线变形时，弧线的半径和弧度就发生变化，如图9-5所示。

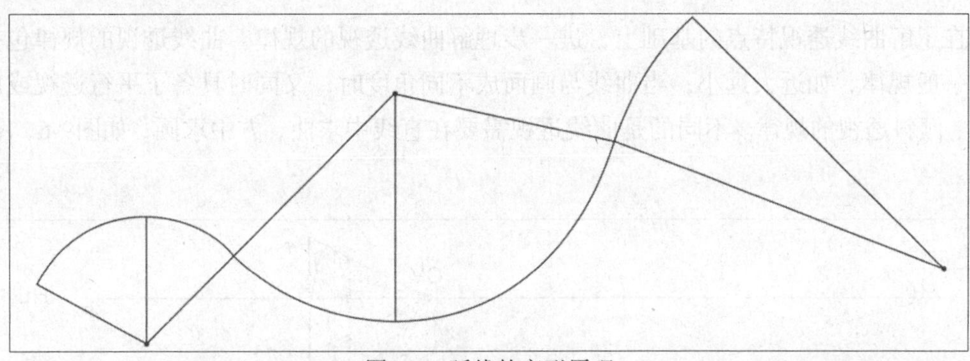

图 9-3　弧线的变形原理

图 9-4　有拱形的桥

图 9-5　曲线变形效果（埃舍尔）

二、曲线透视的规律

在了解曲线透视特点的基础上，进一步理解曲线透视的规律。曲线透视的规律包括透视的一般规律，如近大远小；当曲线与画面成不同角度时，又同时具备了平行透视或成角透视、倾斜透视的规律。不同的是曲线透视需要在直线中求曲，方中求圆，如图9-6、图9-7所示。

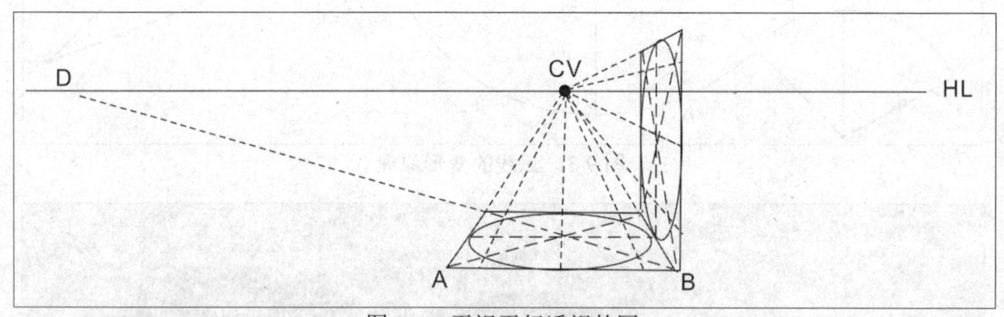

图 9-6　平视平行透视的圆

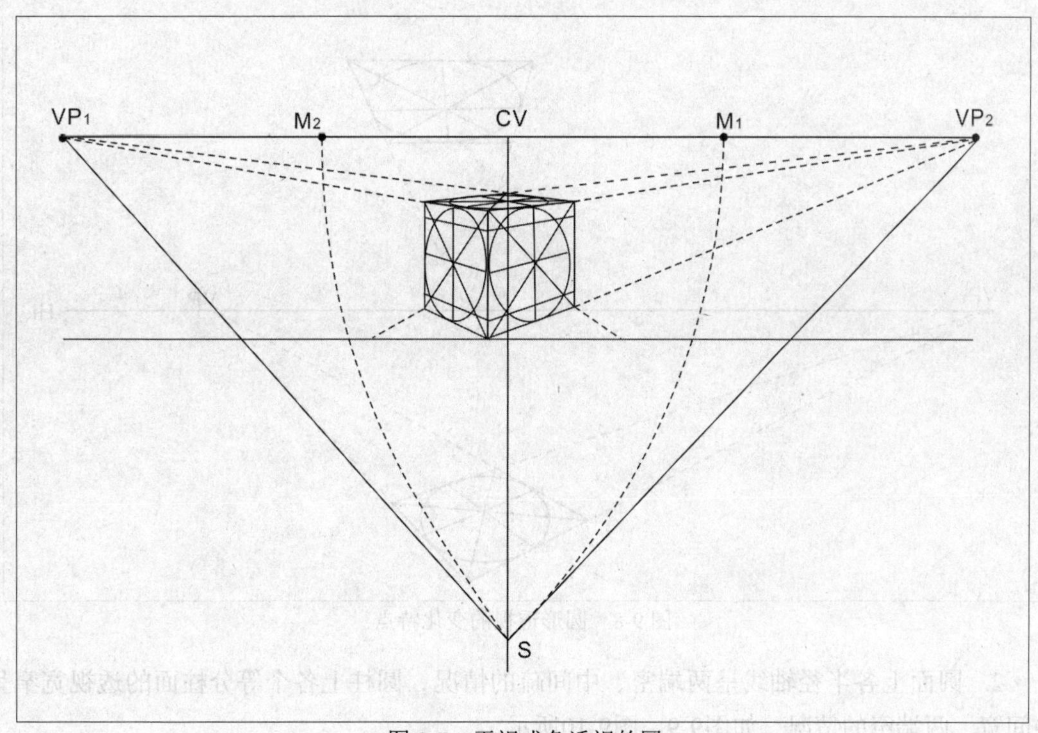

图 9-7　平视成角透视的圆

第三节　曲线透视变化的特点

理解曲线透视变化特点有助于大家在绘制曲线透视过程中抓住本质，准确、快速地绘制出透视图，本节内容将介绍曲面、椎体、球体等各种曲线在透视中的变化特点。

一、圆形的透视变化

1．离灭线远的圆面宽，离灭线近的圆面窄，在灭线上的圆则成一条直线。

如图9-8所示，当圆面平放时，地平线是它们的灭线，处在地平线上或下的各圆面，离地平线越远越宽，离地平线越近越窄，在地平线上的圆则成一条平行线。

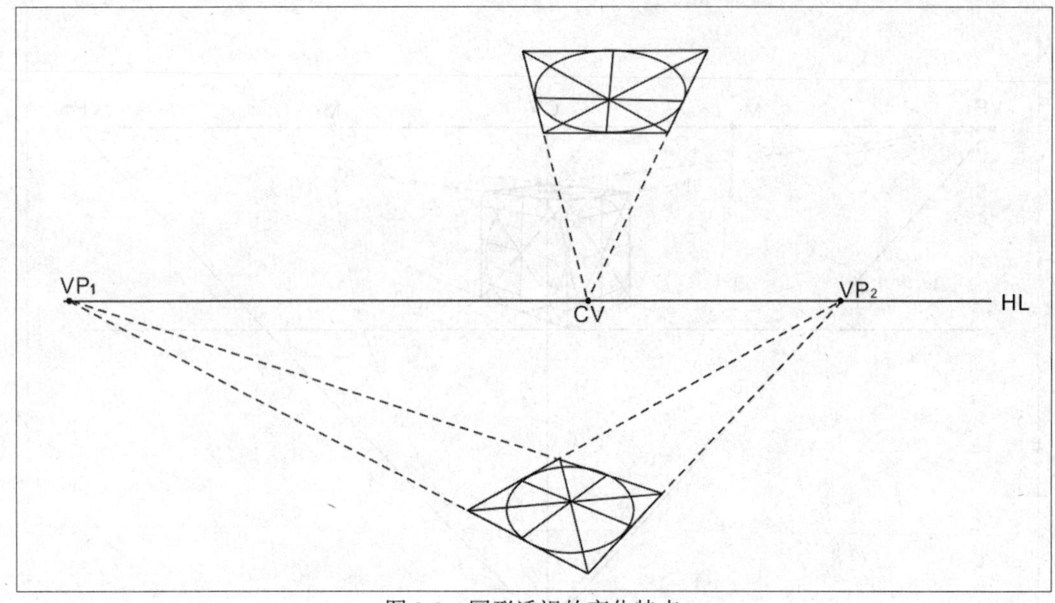

图 9-8　圆形透视的变化特点

2. 圆面上各半径轴线呈两端密、中间疏的情况，圆柱上各个等分柱面的透视宽窄呈中间宽、两端窄的情况，如图9-9、图9-10所示。

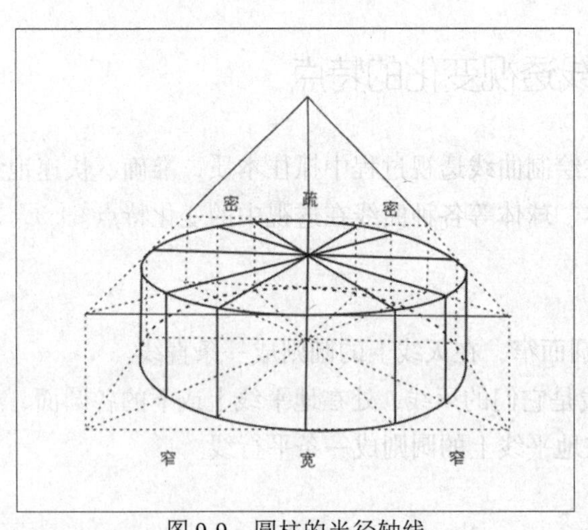

图 9-9　圆柱的半径轴线

图 9-10　建筑设计草图（达·芬奇）

3. 同心圆是指同一个圆心上两个以上大小不同的圆面，如图9-11、图9-12所示。

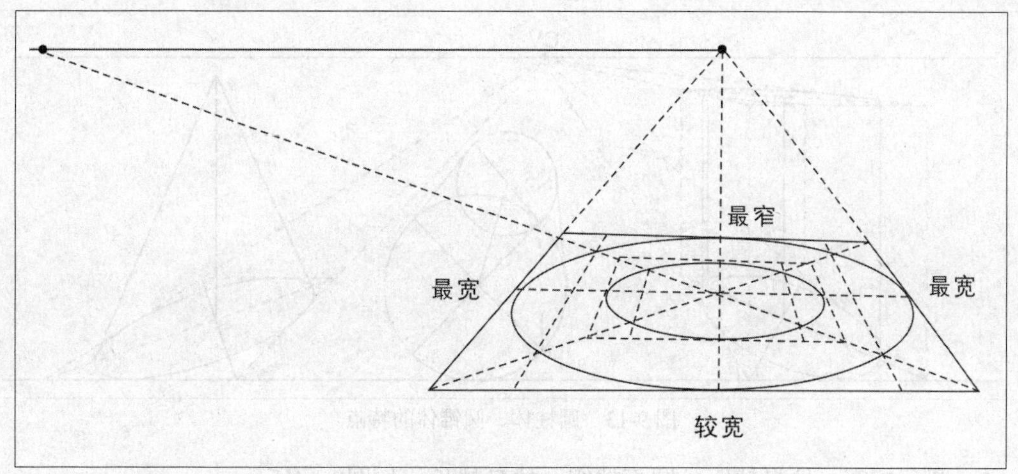

图 9-11　同心圆

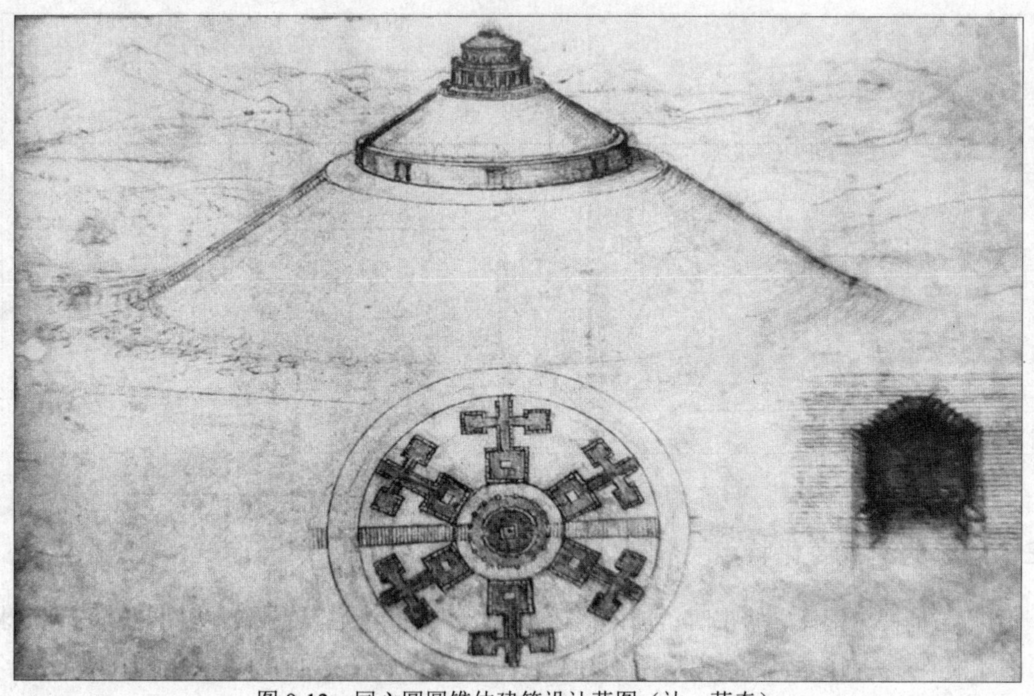

图 9-12　同心圆圆锥体建筑设计草图（达 • 芬奇）

二、圆柱体的透视变化

1. 圆柱体的透视变化需要注意轴心线和圆面最长直径的关系。轴心线穿过每个圆面的圆心，应与每个圆面的最长直径垂直，与最短直径重合，如图9-13所示。

2. 在圆柱体中，圆面宽，弧线则较弯；圆面窄，弧线则较平。直立的圆形物体，离地平线近的窄，弧线则平；离地平线远的宽，弧线较弯。平躺或斜放的圆形物体：离灭线最近也最窄，弧线的弧度也最小，其他不能见到的圆面离灭线渐远渐宽，弧线也渐远渐变。

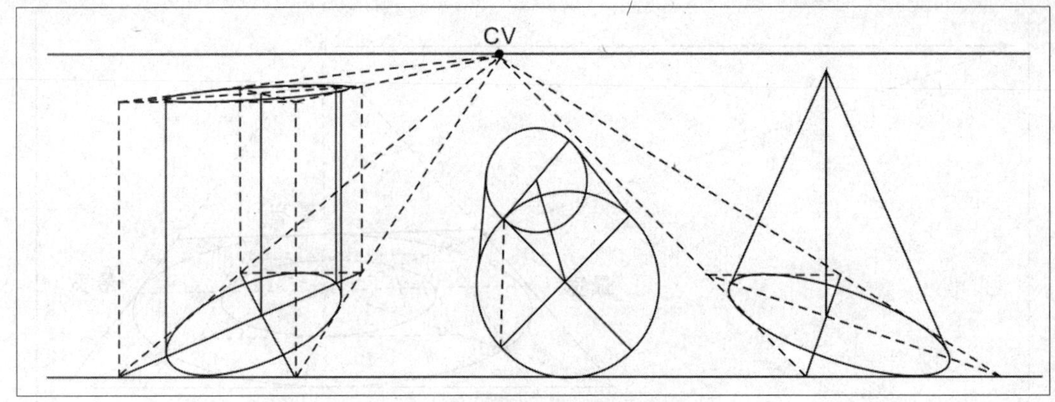

图 9-13　圆柱体、圆锥体的特点

3. 圆面越宽，柱身越短；圆面越窄，柱身越长，如图9-14所示。

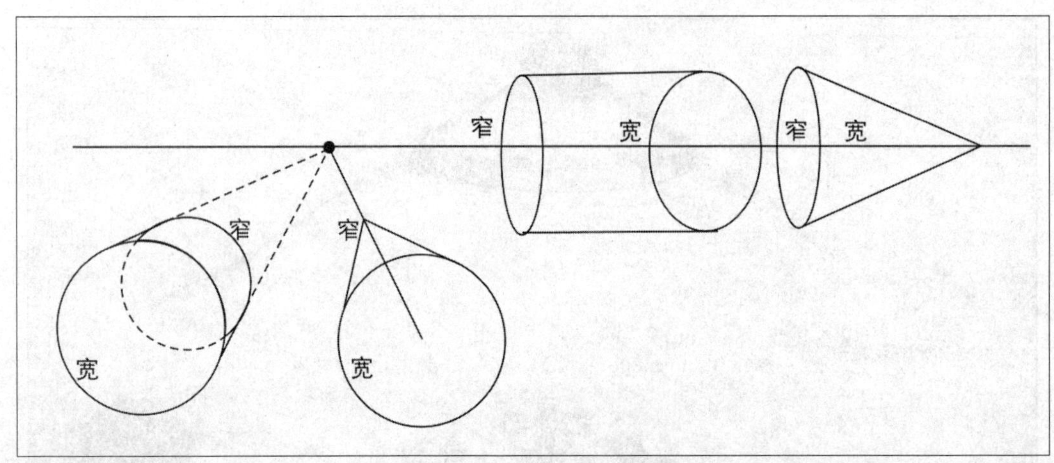

图 9-14　柱身和圆面的关系

三、球体的透视变化特点

1. 当平视、正仰、俯视时，球体的透视变化不同。当心点在圆球中间时，呈正圆球。当圆球偏离主点时，略显椭圆球体，我们常用无穷远视的方法画正圆，如图9-15所示。

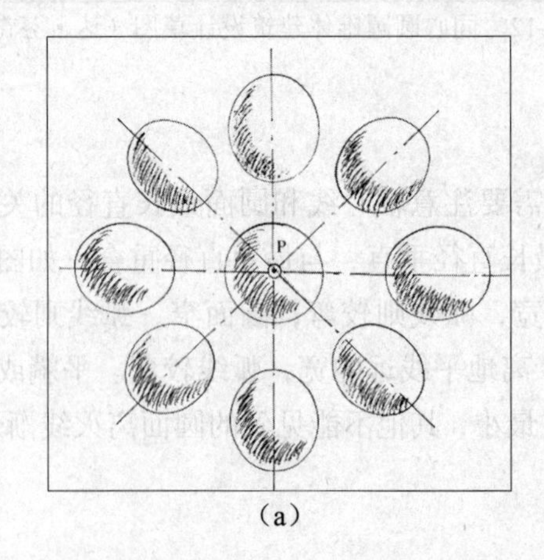

（a）

（续）

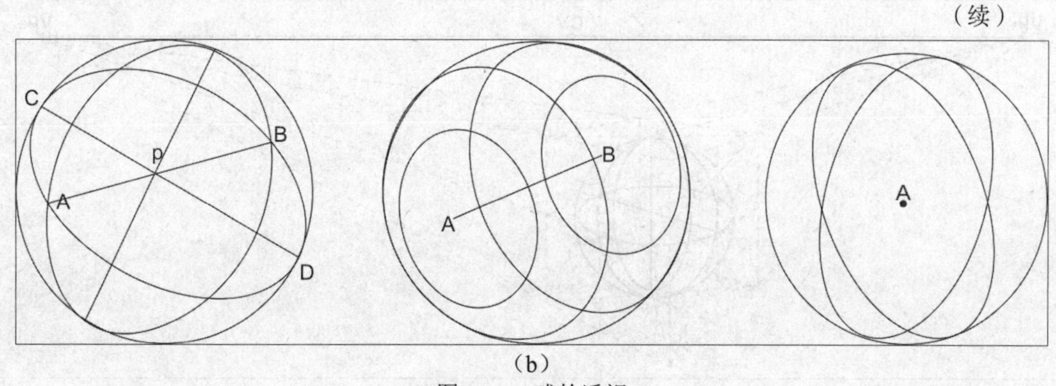

（b）

图 9-15　球的透视

2. 圆的中线轴线、截面与球体之间的透视关系。从平行透视、成角透视和倾斜透视的原理得知，当平、俯、仰视时，心点位置不同，圆截面的透视也不同。方体的两对应面中心相连为中心轴，截面是球体内中心点位置画的各个平面圆。在已知中心轴的情况下，就可以作同心不同圆面组成的圆球体，同轴不同圆面、同心不同圆面组成的圆球体、螺旋球体、切挖面式球体等。

3. 平行透视球体如图9-16所示，*AB*为中心轴，*AB*、*CD*、*EF*三轴的三个截面为水平、垂直、直立。

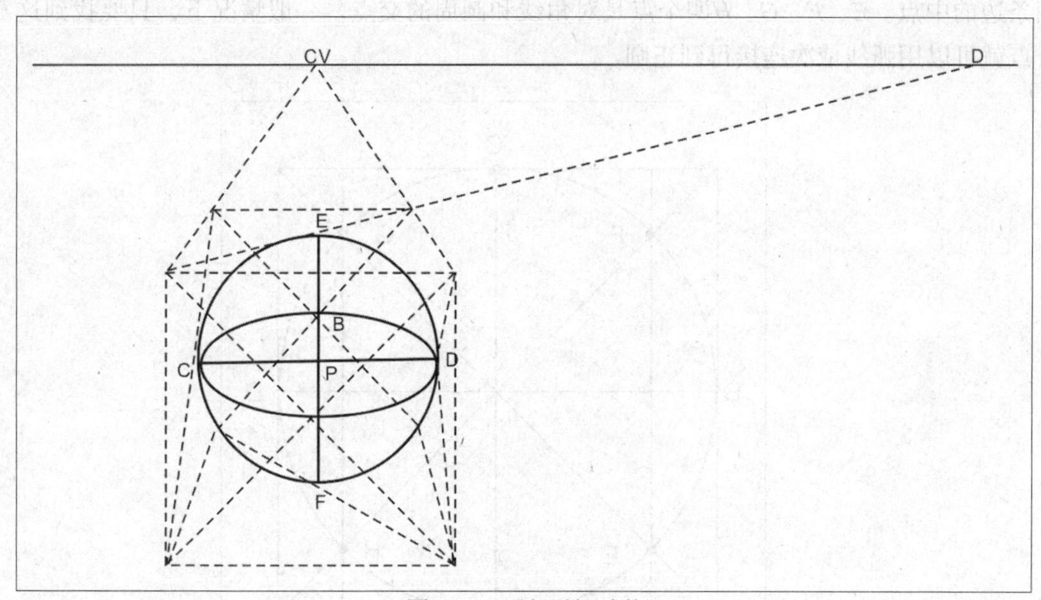

图 9-16　平行透视球体

4. 成角透视球体如图9-17所示，*AB*为中心轴，按照成角透视规律消失至消失点，*AB*、*CD*、*EF*三轴的三个截面为水平、成角、成角截面显椭圆形。

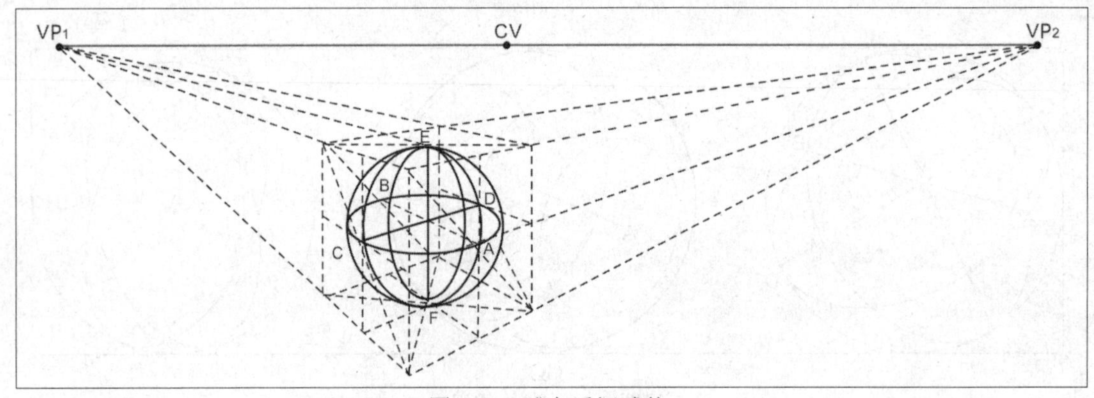

图 9-17　成角透视球体

第四节　曲线透视图的画法

曲线透视图的画法是在平行透视画法、成角透视画法的基础上展开。无论是规则的曲线，还是不规则的曲线，都可以根据其透视角度，选择恰当的透视画法来绘制。

求圆一般会从外切正方形中求出，八点求圆的方法是绘制正圆的经典方法，在讲八点求圆之前，先了解八个点指的是什么。如图9-18所示，*A*、*B*、*C*、*D*四个点是圆外切正方形四条边的中点。*E*、*F*、*G*、*H*四个点是对角线和圆周的交点。一般情况下，只要找到这八个点就可以用弧线依次连接得到正圆。

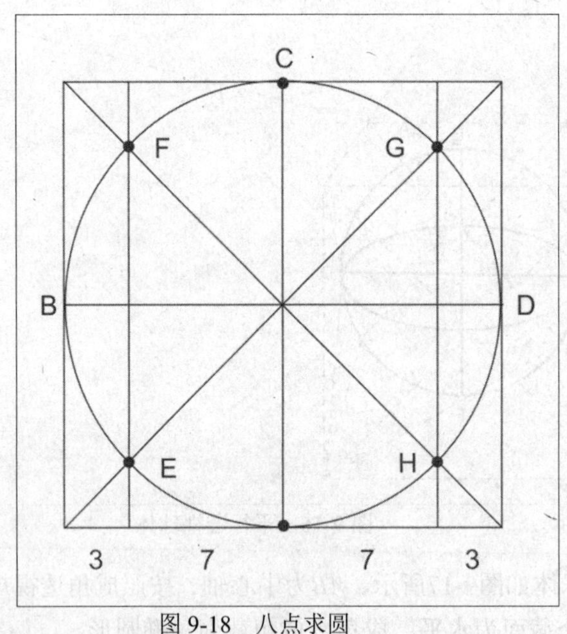

图 9-18　八点求圆

通过上图可以得出绘制正圆的关键是找到*E*、*F*、*G*、*H*四个点，这里介绍两种快速地找到这四个点的方法。第一种方法，如图9-19所示。在边长的一半上按照7:3的比例分割点

K、N，过这两个点分别作直线，与对角线相交得出E、F、G、H。

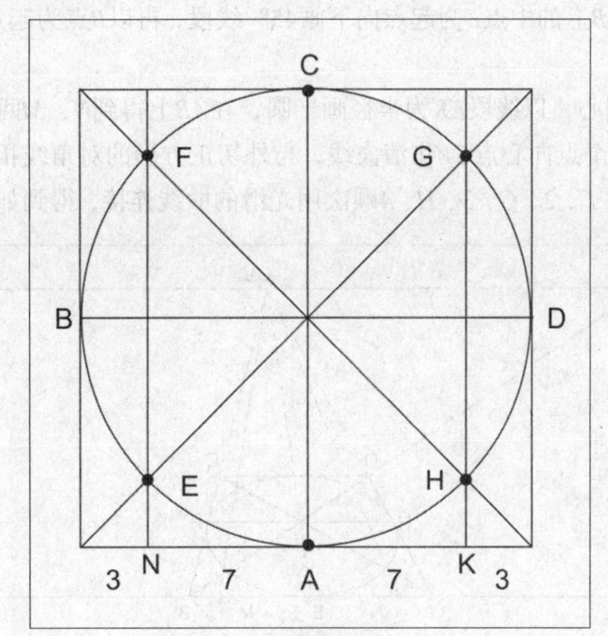

图 9-19　八点求圆方法一

另一种方法是在正方形边长的中点E点和D点分别向下画45° 线，形成等腰直角三角形：△EKD。以点E点为圆心，以斜边长EK为半径画圆，在外切正方形边上交得M、N两个点。再将M、N两点向上作AD的垂线，与对角线交得另外四点，如图9-20所示。

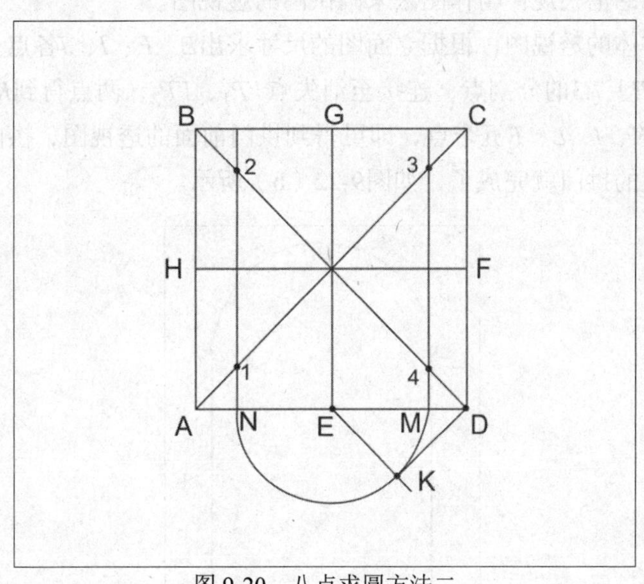

图 9-20　八点求圆方法二

【例题9-1】绘制平行于基面的圆的平行透视图。

（1）应用平行透视的作图法画出圆的外切正方形$ABCD$，并用求中法求得E、F、G、H

四点。

（2）以边长AB上的中点E为起点向下画45° 线段，再以B点为起点向下绘制45° 线，形成△EKB。

（3）以E为圆心，以线段EK为半径画半圆，在AB上得到N、M两个点。

（4）N、M两个点向心点CV作消失线，与外切正方形的对角线相交于1、2、3、4四点，最后将八点E、1、F、2、G、3、H、4顺次用光滑的曲线连接，得到如图9-21所示的透视图。

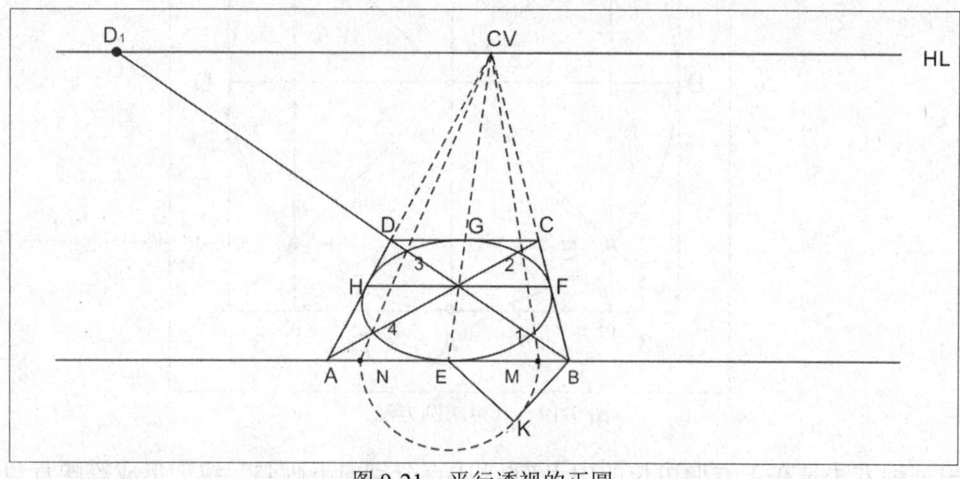

图 9-21　平行透视的正圆

【例题9-2】已知如图9-22（a）所示的立面图，拱门与画面成角度，求绘制拱门透视图。

按照成角透视的消失规律与作图法来画拱门的透视图。

（1）绘制长方体的透视图，根据立面图的尺寸求出E、F、I、J各点。

（2）取线段BE上7:3的分割点，连接至消失点VP_1、VP_2，两点得到K、L两点，用光滑曲线依次连接E、K、I、L、F五个点，即可得到拱门前面的透视图，拱门后面透视用同样的画法，成角透视的拱门就完成了，如图9-22（b）所示。

（a）

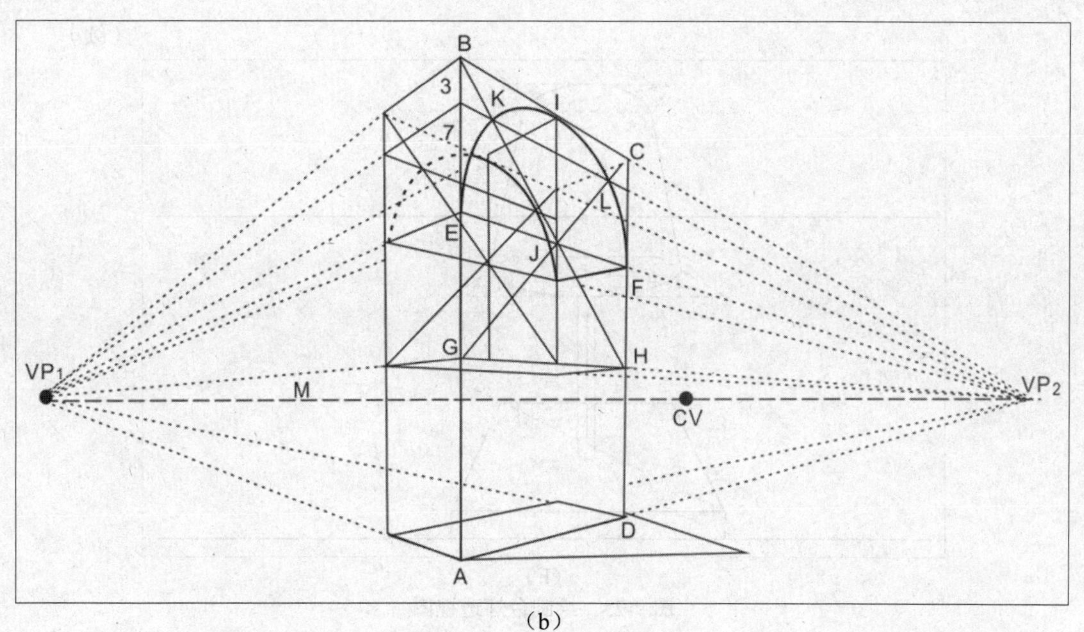

（b）

图 9-22 成角透视拱门画法

【例题9-3】已知台灯平面图、立面图如图9-23（a）所示，求绘制台灯透视图。

（1）台灯有四个圆面，先作底座的透视图。

（2）根据台灯立面图的尺寸求出上、下两个圆的外切正方形。

（3）应用八点求圆的方法，找到两个圆的辅助点，绘制圆形台灯灯罩。

（4）将结构描绘清楚，台灯透视图绘制完毕，如图9-23（b）所示。

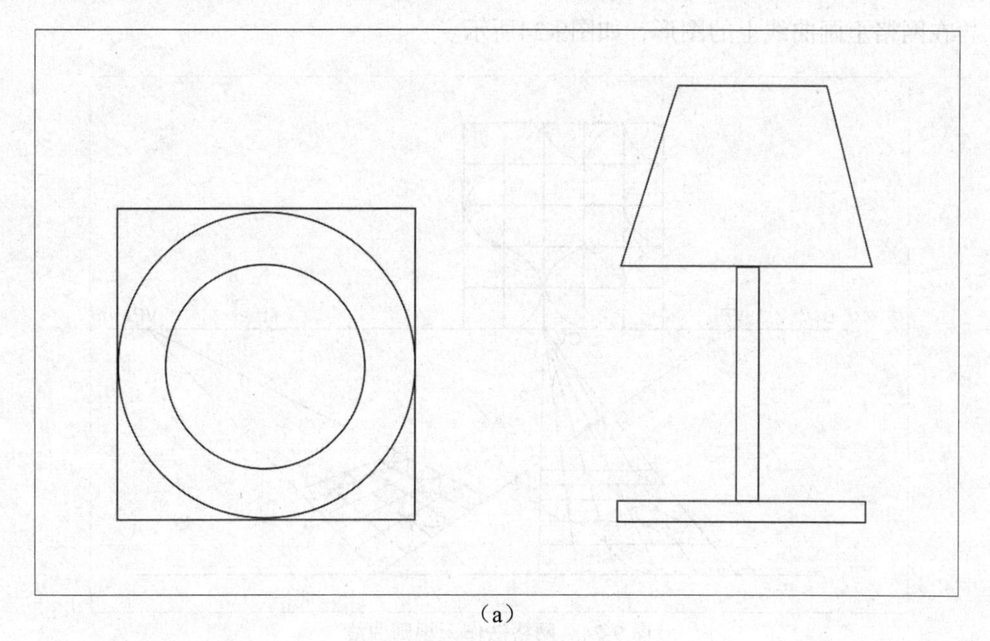

（a）

（续）

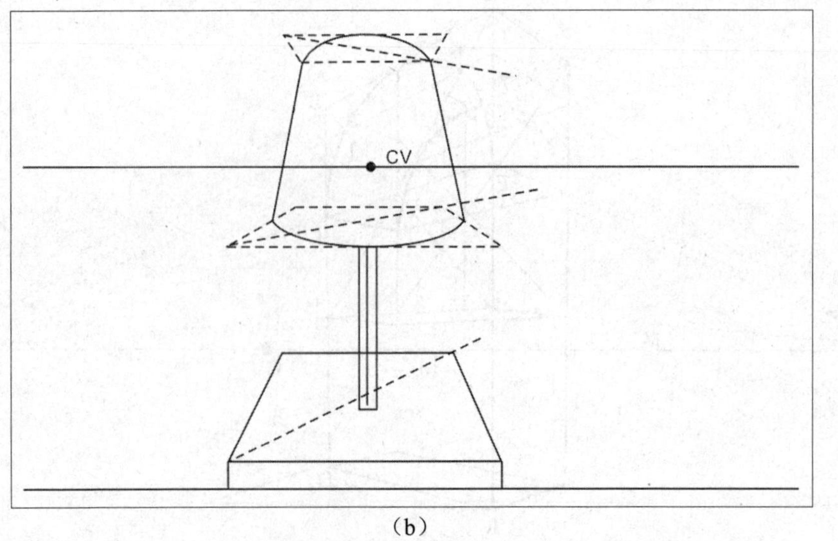

（b）

图 9-23　绘制台灯透视图

【例题9-4】无规则曲线图形的曲线透视画法。

无规则的曲线透视画法，需要在透视网格的辅助下完成。

（1）将要画的对象按比例平均分布在网格上，图形会在网格线上有相交的迹点，网格分的越细密，迹点越多，透视图就会越精确。

（2）平行透视的网格先作平行透视，分网格求迹点，再画相应的曲线。

（3）成角透视的网格就按成角透视的性质和作图法来求作曲线透视，先作曲线上的网格，再在网格上画曲线上的图形，如图9-24所示。

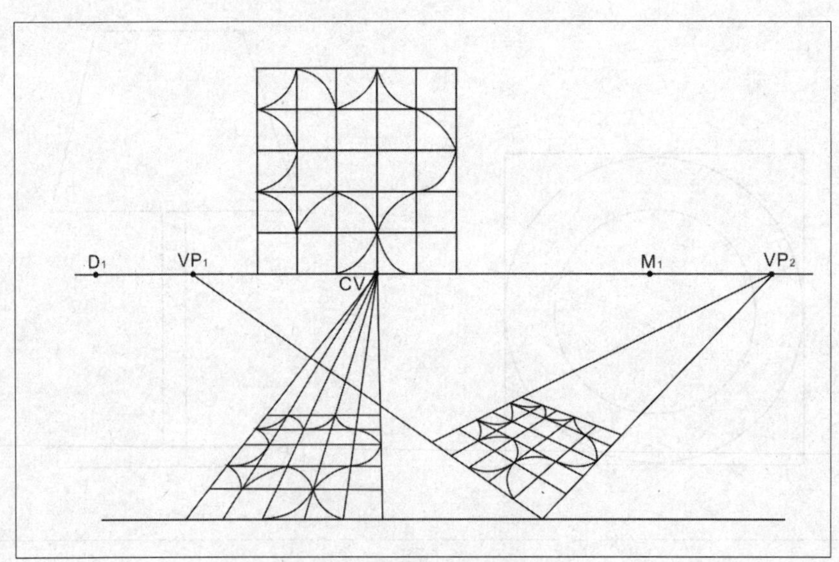

图 9-24　网格法作无规则曲线

本章练习题

1. 根据平面图、立面图绘制台灯透视图。

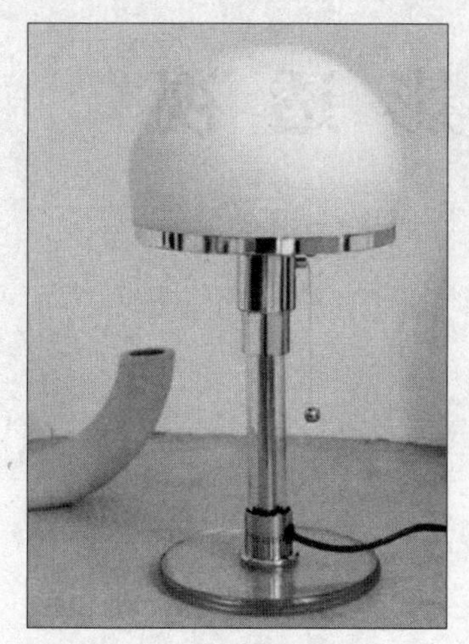

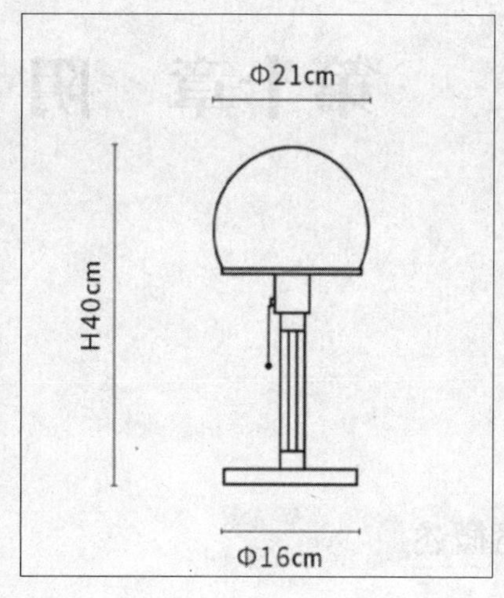

2. 根据下图绘制家具透视图。

第十章　阴影透视

◆ 内容概述

本章内容将介绍阴影透视产生的条件，以及在不同条件下的阴影特征，通过对比总结，充分认识阴影形成的原理和阴影的画法。

◆ 教学目标

通过学习本章，了解阴影产生的条件及阴影特征，可以使学生进一步认识阴影与空间、物体之间的关系，掌握不同光线下的阴影画法。

◆ 本章重点

理解阴影产生的过程，掌握阴影的画法。

◆ 课前思考

在日常生活中常见的阴影有哪些，举例说明，分析下它们呈现出哪些特征。

第一节 阴影的形成

阴影透视主要研究在各种光源的照射下，不同透视的物体产生阴影的变化规律。不同光线物体的阴影变化，不仅可以增强形体感、空间感、明暗对比，还可以增强节奏感、黑白灰对比等，如图10-1和图10-2所示。

图 10-1 设计效果图（陕西欢合颜装饰设计有限公司）

图 10-2 课程作业

由于受到光线照射，物体会产生受光部分、背光部分、阴影部分。物体的受光部分称为阳面、亮面、明部，背光部分称为阴面，承影面上因遮挡受不到光线照射的面称为影面。在物体上，阳面与阴面的分界线称为阴线，因为它是阳面和阴面的分界，所以它是一条闭合空间折线。阴影的外轮廓线称为影线，也是一条闭合空间折线，如图10-3所示。

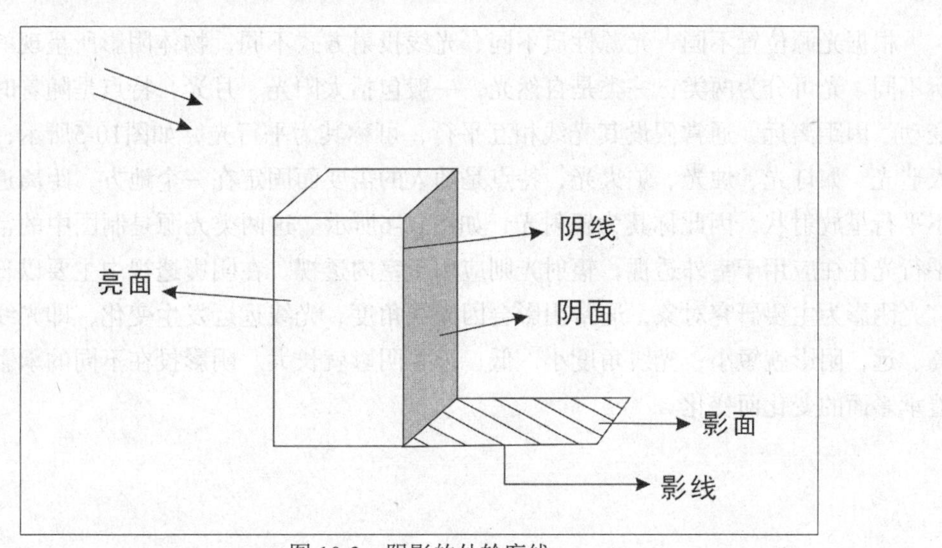

图 10-3 阴影的外轮廓线

研究物体阴影需要先理解影子产生的四大要素，分别是光点（光灭点）、光足（影灭点）、阴点、阴足，如图10-4所示。

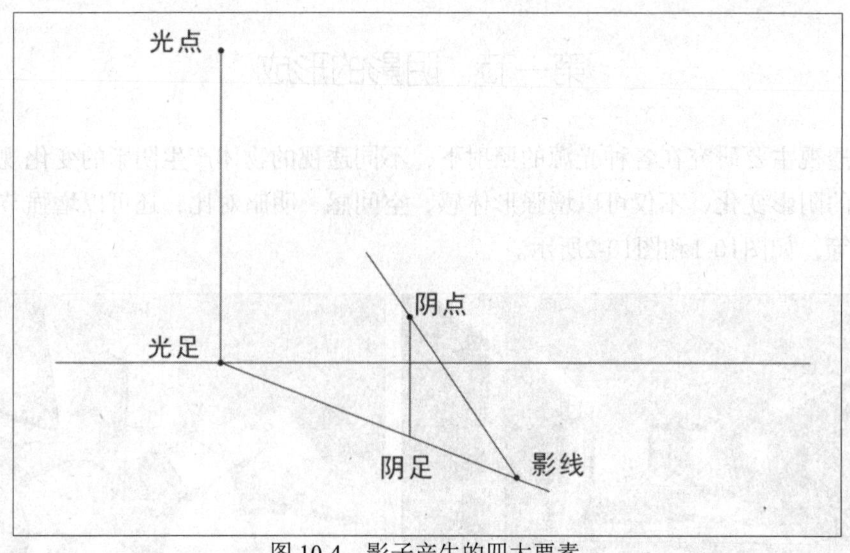

图 10-4　影子产生的四大要素

光点是光源。光足是由光点引投射面垂线所得的点，也是阴影的投影方向。阴点是物体的阴面最上面的点。阴足是物体的阴面最下面与承影面接触的点。在画阴影时，先定光点和光足，再定阴点和阴足。光点连接阴点，光足连接阴足，两线相交得影点。影部是阴足到影点的部分。

第二节　阴影透视的规律与特点

根据光源位置不同、光源性质不同、光线投射方式不同，物体阴影所呈现的特点也有所不同。光可分为两类：一类是自然光，一般包括太阳光、月光，特点是随着时间变动而变动。因距离远，通常假设其光线相互平行，可称其为平行光，如图10-5所示；另一类是人造光，如灯光、烛光、炉火光，特点是随人的需要而固定在一个地方，距离近，光线互不平行呈放射状，因此称其为辐射光，如图10-6所示。这两类光源是制图中的常用光源。平行光往往应用于室外透视，辐射光则应用于室内透视。在阴影透视中主要以日光阴影和灯光阴影为主要研究对象，通常阴影会因光线角度、光线远近发生变化，即光线角度大、高、远，阴影就短小；光线角度小、低、近，阴影就长大。阴影投在不同的承影面，会随着承影面的变化而变化。

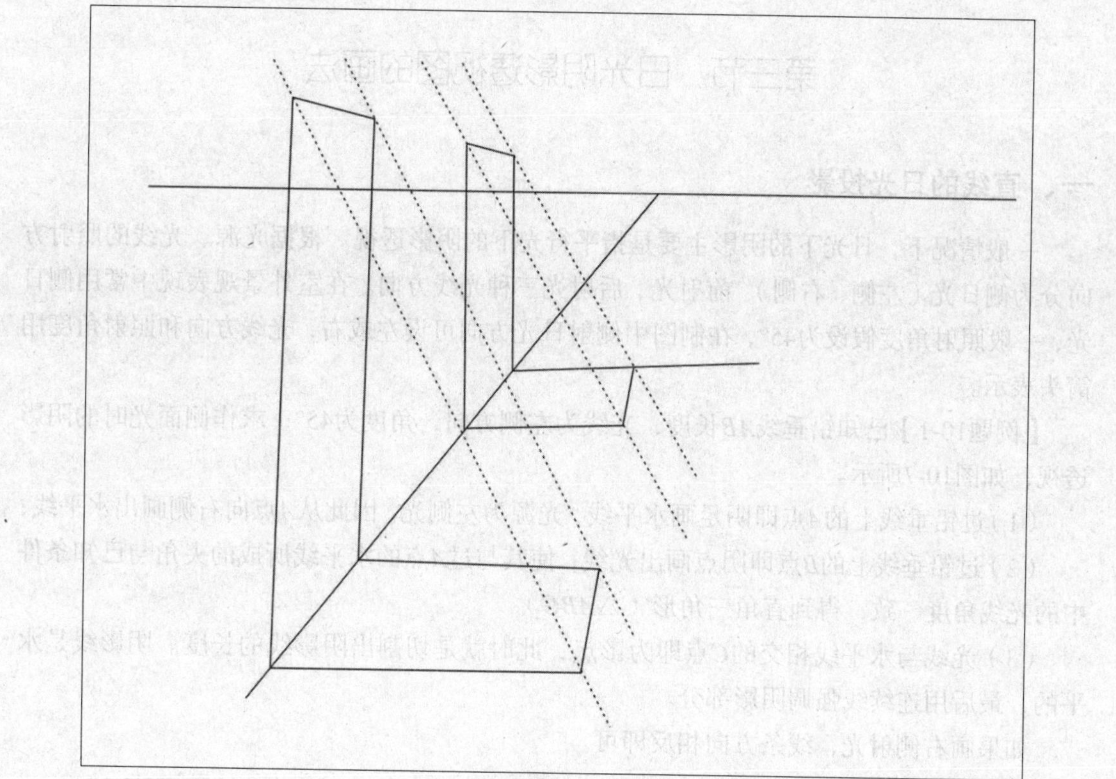

图 10-5 平行光

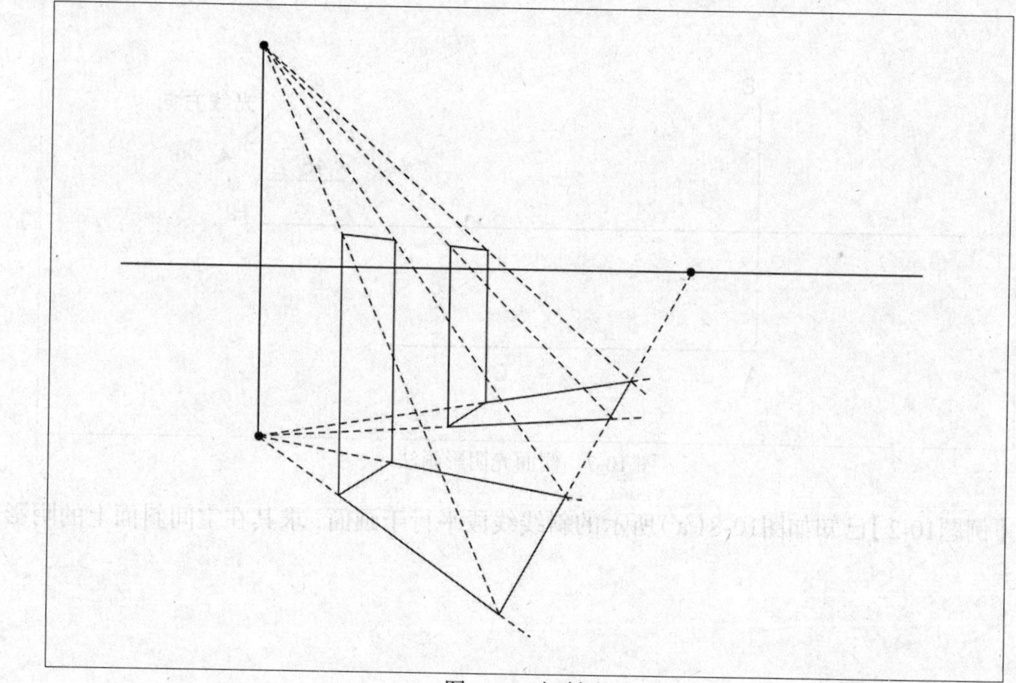

图 10-6 辐射光

第三节 日光阴影透视图的画法

一、直线的日光投影

一般情况下，日光下的阴影主要是指平行光下的阴影透视。根据光源、光线的照射方向分为侧日光（左侧、右侧）、前射光、后射光三种光线方向。在室外景观表现中常用侧日光，一般照射角度假设为45°，在制图中侧射日光方向可设左或右，光线方向和照射角度用箭头表示。

【例题10-1】已知铅垂线AB长度，光线为左侧方向，角度为45°，求作侧面光时的阴影透视，如图10-7所示。

（1）过铅垂线上的A点即阴足画水平线，光源为左侧光，因此从A点向右侧画出水平线；

（2）过铅垂线上的B点即阴点画出光线，使其与过A点的水平线所成的夹角与已知条件中的光线角度一致，得到直角三角形（$\triangle ABC$）。

（3）光线与水平线相交的C点即为影点，此时就是切割出阴影线的长度。阴影线是水平的，最后用连续线强调阴影部分。

如果画右侧射光，线条方向相反即可。

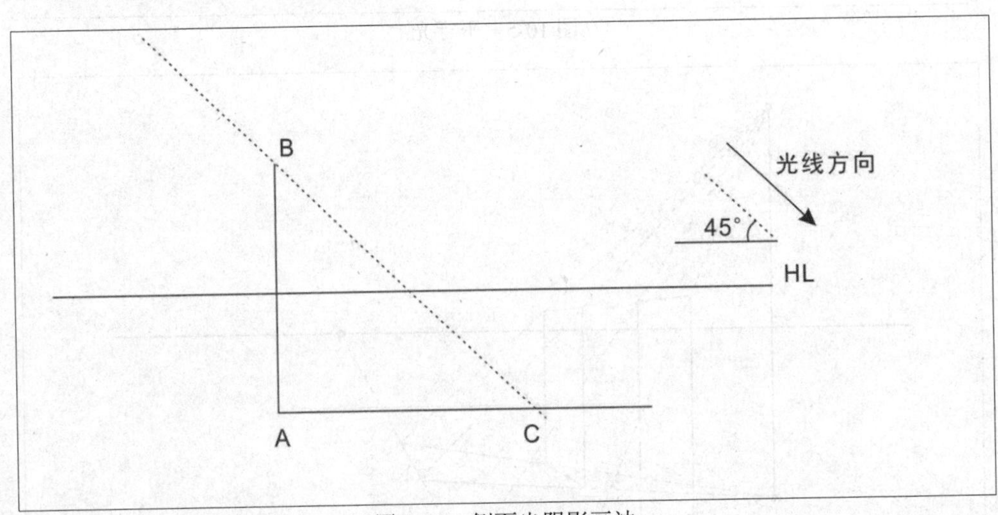

图 10-7 侧面光阴影画法

【例题10-2】已知如图10-8（a）所示的斜线线段平行于画面，求其在空间斜面上的阴影。

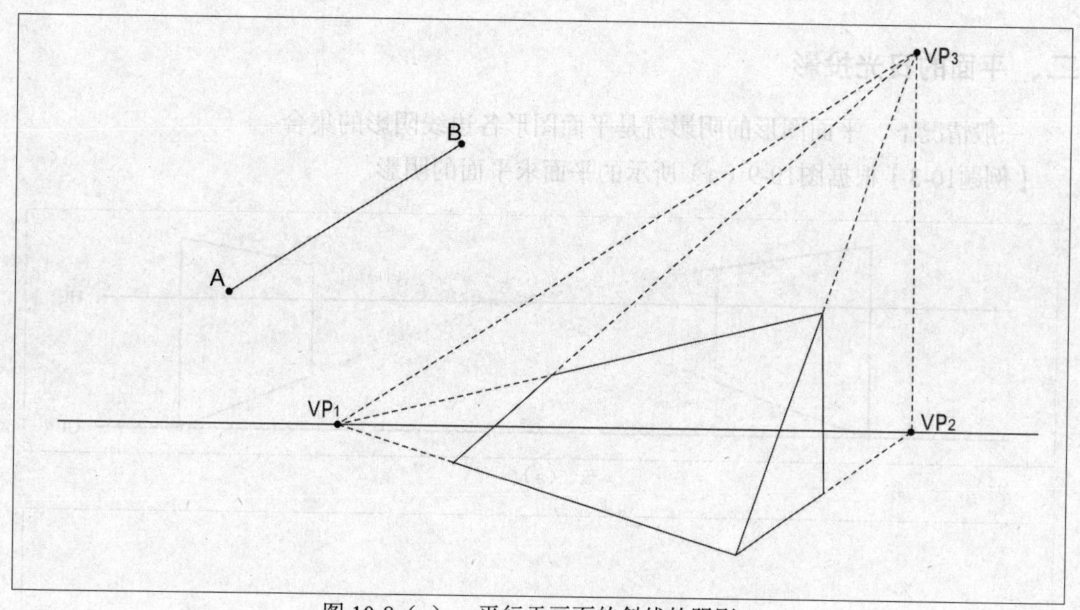

图 10-8（a） 平行于画面的斜线的阴影 1

（1）过A、B分别向基面引两条铅垂线，与基面相交于A_1、B_1。

（2）过A、B分别引出两条45°线，其中一条与A_1相交得到A_2。延长A_2与斜面相交于折影点C。

（3）因AB平行于消失线VP_1与VP_3的连线，那么其投影平行于线段AB和VP_1与VP_3的连线。即可过C点作VP_1与VP_3连线的平行线，与过B点的光线相交于B_2。

（4）线A_2CB_2即为平行于画面的斜线在一般斜面上的投影，如图10-8（b）所示。

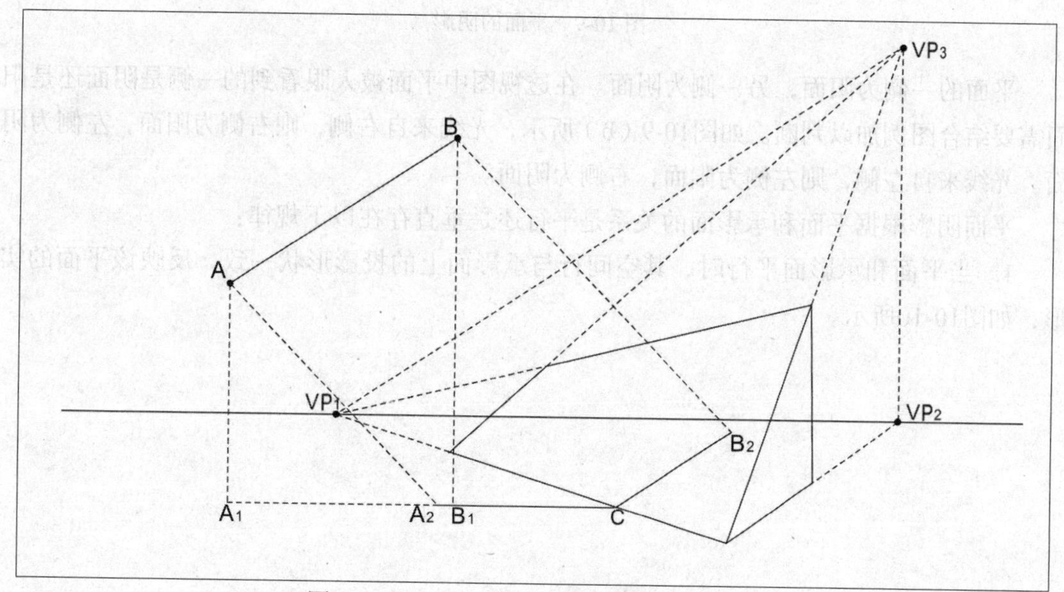

图 10-8（b） 平行于画面的斜线的阴影 2

二、平面的日光投影

一般情况下，平面图形的阴影就是平面图形各边线阴影的集合。

【例题10-3】根据图10-9（a）所示的平面求平面的阴影。

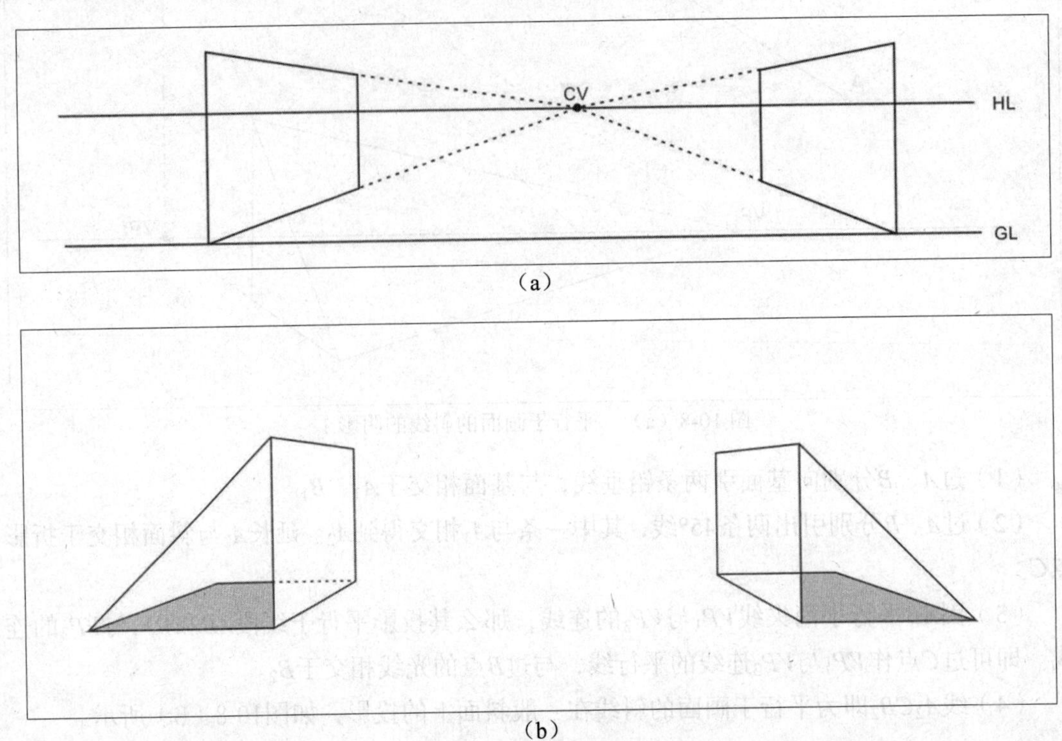

（a）

（b）

图 10-9　平面的阴影

平面的一侧为阳面，另一侧为阴面。在透视图中平面被人眼看到的一侧是阴面还是阳面需要结合图例加以判断。如图10-9（b）所示，光线来自右侧，则右侧为阳面，左侧为阴面。光线来自左侧，则左侧为阳面，右侧为阴面。

平面阴影根据平面和承影面的关系是平行还是垂直存在以下规律：

1．当平面和承影面平行时，其空间行与承影面上的投影形状一致，反映该平面的实形，如图10-10所示。

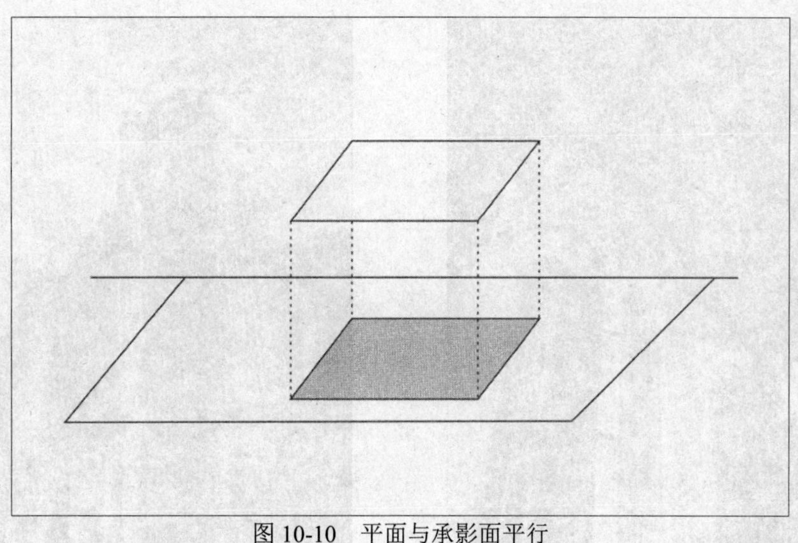

图 10-10　平面与承影面平行

2. 当平面和承影面垂直时，其承影面上的投影形状为直线，且平面图形的两面均为阴面，如图10-11所示。

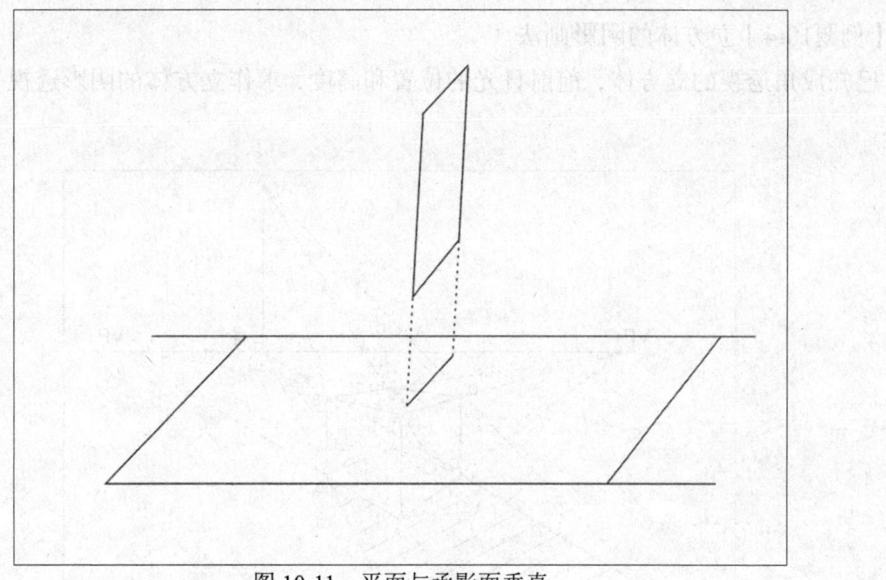

图 10-11　平面与承影面垂直

三、形体的日光阴影

形体的日光阴影受到形体结构、光源位置等诸多因素的影响，如图10-12和图10-13所示，建筑物的阴影处在不断变化之中。

图 10-12　建筑物中的阴影变化 1

图 10-13　建筑物中的阴影变化 2

【例题10-4】立方体的阴影画法。

已知成角透视的立方体，前射日光的位置和高度，求作立方体的阴影透视，如图10-14所示。

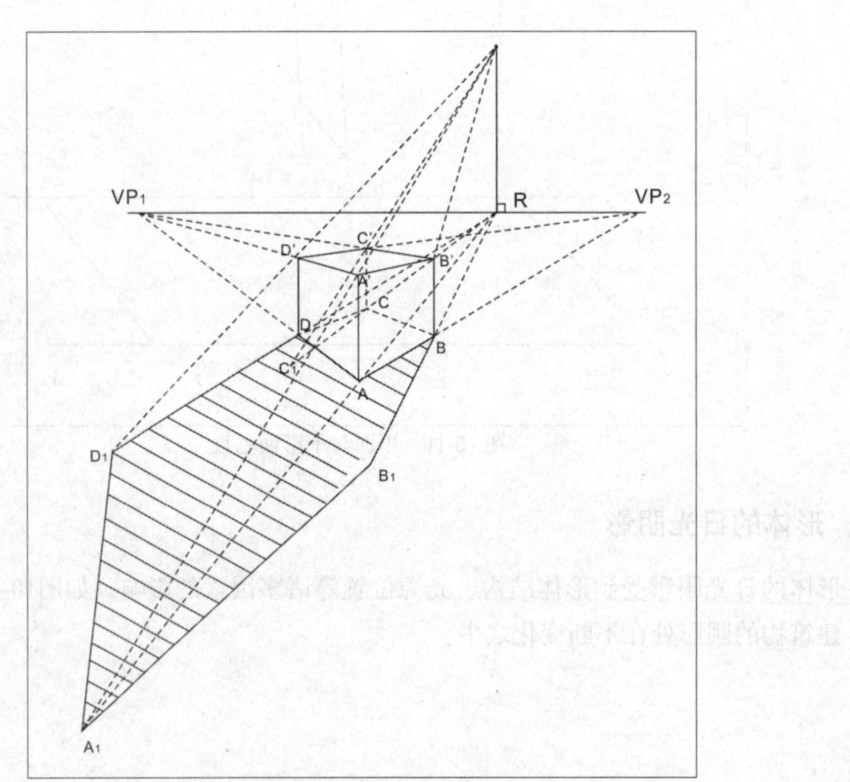

图 10-14　立方体阴影画法

（1）标注立方体AA'、BB'、CC'、DD'直立杆，引光足R。

（2）将立方体的阴点A'、B'、C'、D'分别与光点相连，将阴足A、B、C、D分别与光足连接并依次相交于A_1、B_1、C_1、D_1四个影点，其中C_1点在阴影区域内，因其对应物体上的点是受光面，因此是无阴影的影点。

（3）将B、B_1、A_1、D_1、D各点连接，阴影区域就圈出来了，用连续线划定阴影范围。

最后通过检查对应线来确定阴影范围是否正确。方法是先确定并找出明暗交界线，目的是确定明暗交界线与影线相对应。在此图中，BB'对应BB_1，$A'B'$对应A_1B_1，$A'D'$对应A_1D_1，$D'D$对应$D\,D_1$，A_1D_1消失至点VP_1，A_1B_1消失至点VP_2，对应无误说明阴影区域正确。

【例题10-5】圆柱体的阴影画法。

已知平行透视的圆柱体，光源为左侧日光，求作侧射日光圆柱体的阴影透视，如图10-15所示。

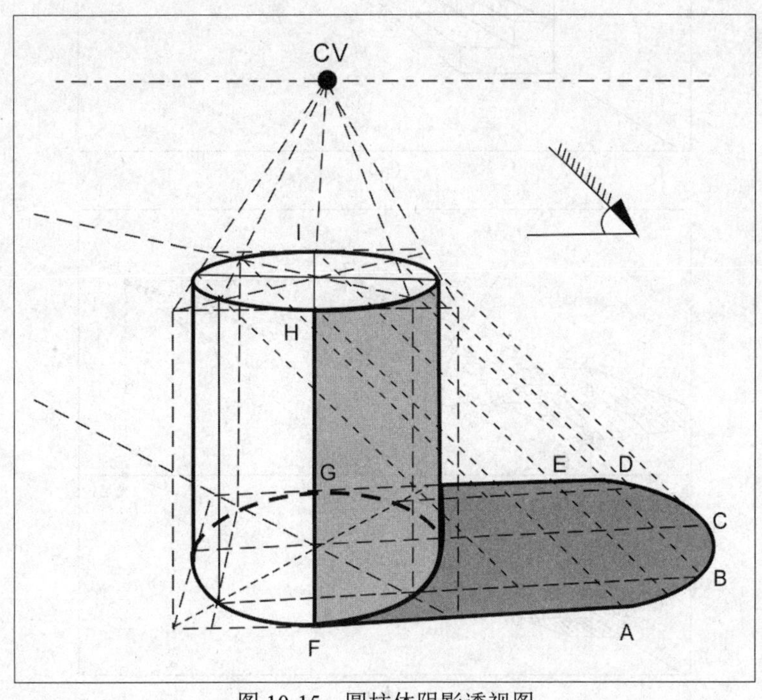

图 10-15 圆柱体阴影透视图

（1）找出圆柱体的外切长方体的高度线和相切线，根据已知条件侧射日光可以画八个直角三角形，即得到五个影点A、B、C、D、E，另有三个影点在阴影内。

（2）五点圆弧连接，将阴影区域连接起来。利用平行透视规律检查阴影绘制是否正确。值得注意的是AF、EG分别是两条直线而非弧线。

【例题10-6】建筑物的阴影画法。

已知平行透视的建筑外墙，如图10-16（a）所示，光线为前射日光。求作墙体上的遮雨板、门、台阶的阴影透视，如图10-16（b）所示。

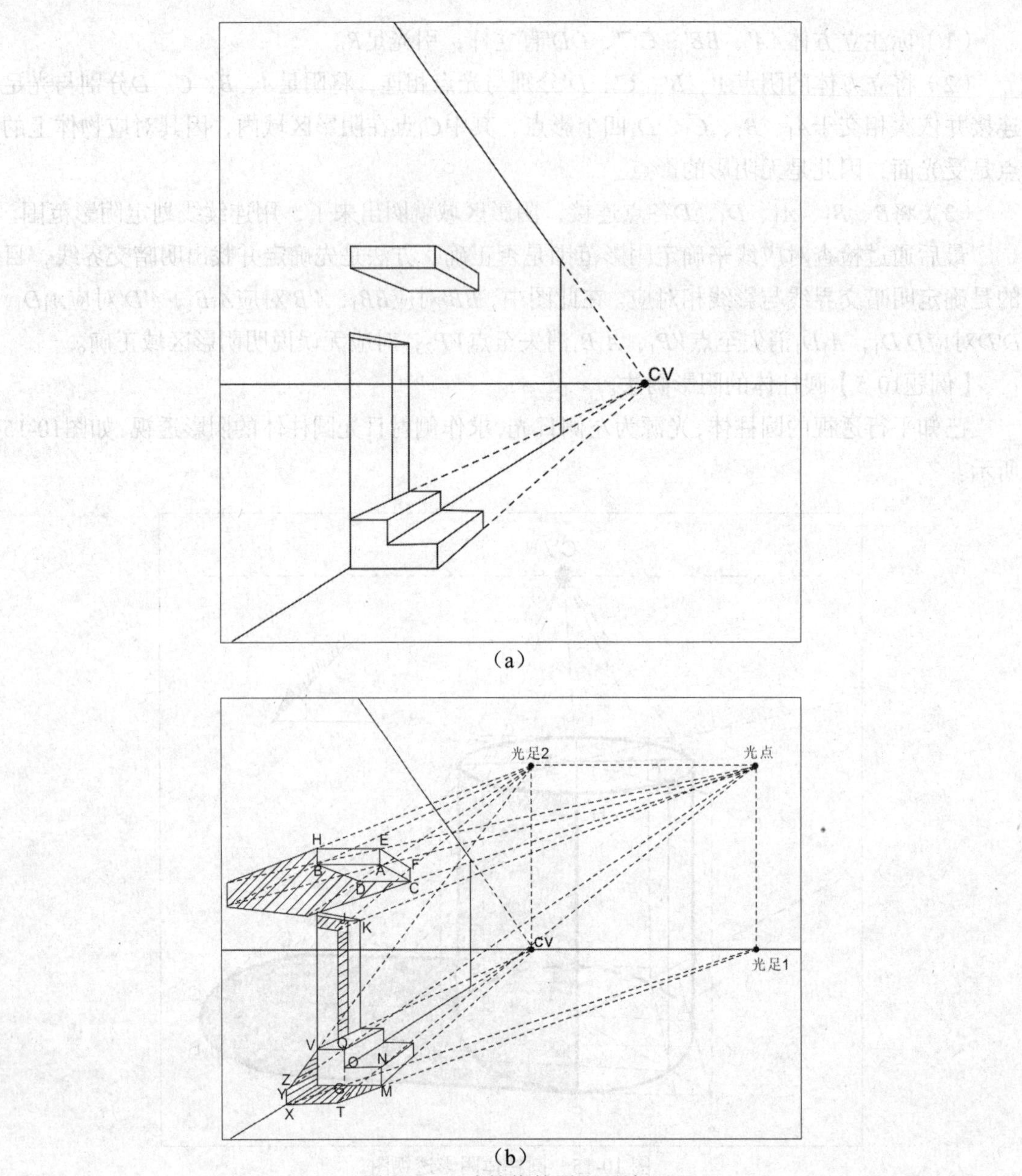

（a）

（b）

图 10-16　建筑物的阴影画法 1

（1）根据图例确定光足1、光足2。（注意：不同的承影面有不同的光足，但是光点只有一个）

（2）墙体是直立面，消失点在心点，从心点引上垂线与从光点引出的水平线相交为光足2。

（3）可将雨棚朝外的四个点*A*、*C*、*E*、*F*确定为阴点，靠墙的点*B*、*D*、*H*定为阴足，阴点、阴足分别与光点、光足2相连得到雨棚的阴影。

（4）门的阴影，将阴点*K*、阴足*J*分别与光点、光足2连接得到影点，连接心点和影点画门框相同的直立线，可得到门的阴影。

（5）台阶的阴影涉及两个承影面：地面和墙面，因此在制图过程中需要用到两个光足。首先将阴点N、阴足M与光点、光足1连接得到影点T；阴点O、阴足G与光点、光足1连接，得到影点G，过T点画水平阴影线，遇墙角X点转向Y，阴点Q、阴足V与光点、光足2连接得到影点Z，Y点与Z点连接，Z点与V点连接，最终得到台阶的阴影。

【例题10-7】建筑物的阴影画法。

已知成角透视的房屋屋檐，后射日光的位置（房屋阴影省），如图10-17（a）所示。

求作房屋屋檐与遮阳板的阴影透视图。

（1）当后侧日光时，光点向上引垂线在视平线上交得光足，屋檐A点与光足连接，交得D点，将D点向下画垂直线，再将A点与光点连接交得E点，将E点与消失点VP_1相连得AB屋檐的阴影EG。

（2）将墙体边缘线延长得F点，并连接E点，得H点，将H点与消失点VP_2相连，得AC屋檐的阴影HI，得到屋檐阴影，如图10-17（b）所示。

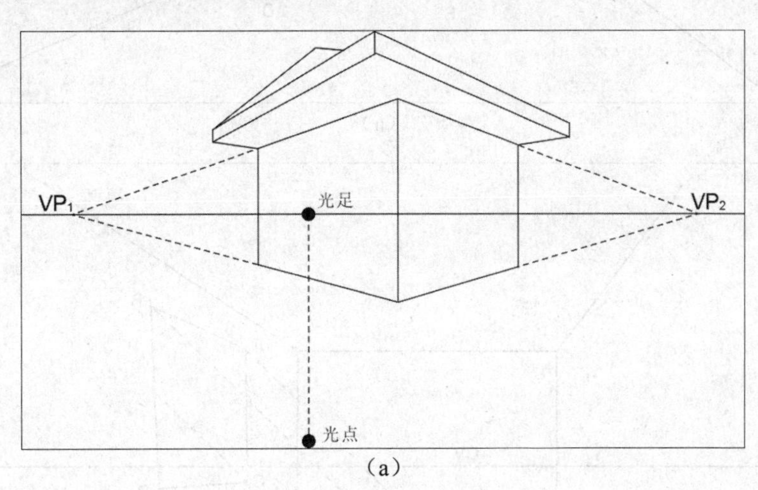

（a）

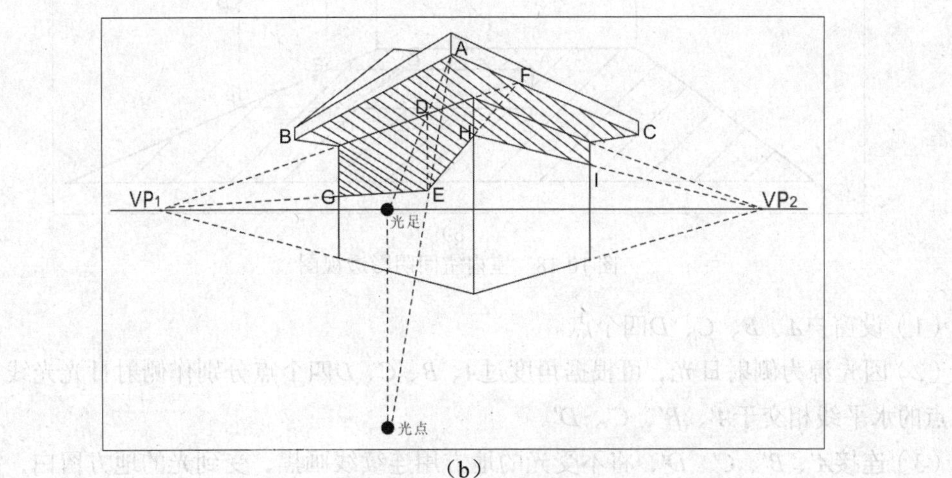

（b）

图 10-17　建筑物的阴影画法 2

【例题10-8】室内空间阴影透视图。

已知室内空间平行透视图，如图10-18（a）所示；求作室内侧射光的阴影透视图，如图10-18（b）所示。

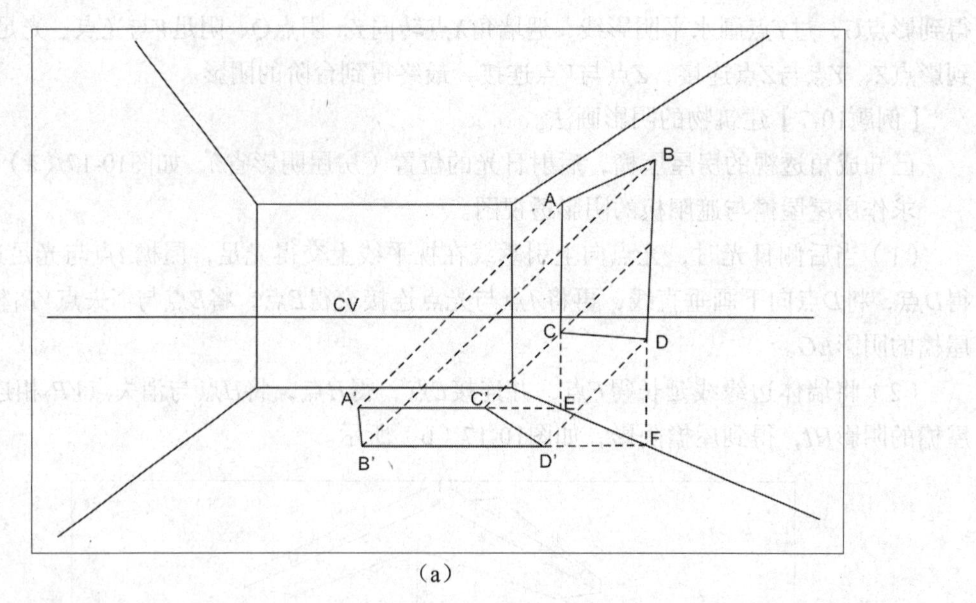

（a）

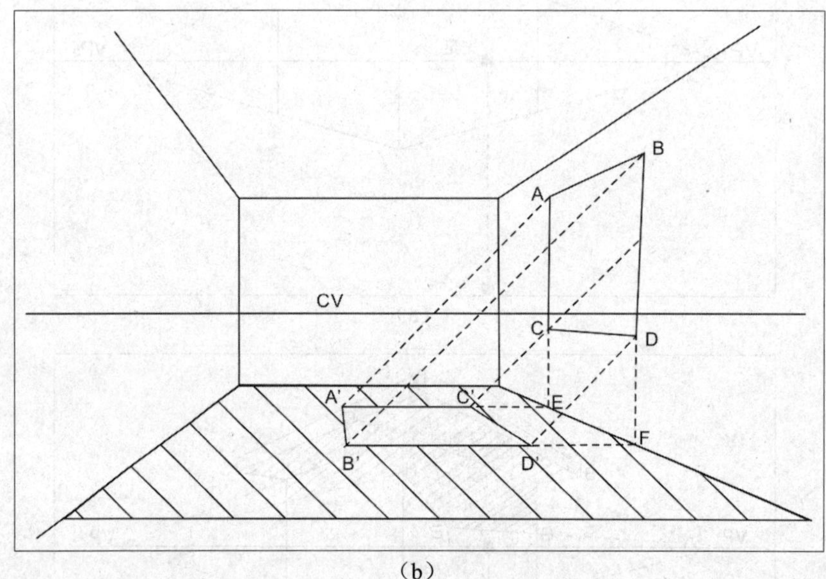

（b）

图 10-18　室内空间阴影透视图

（1）设窗户A、B、C、D四个点。

（2）因光源为侧射日光，可根据角度过A、B、C、D四个点分别作侧射日光光线，与E、F两点的水平线相交于A'、B'、C'、D'。

（3）连接A'、B'、C'、D'，将不受光的地方用连续线画黑，受到光的地方留白，室内空间的阴影透视图完成。

【例题10-9】成角透视的室内空间阴影透视图。

已知室内空间成角透视图，如图10-19（a）所示；求作室内侧射光的阴影透视图，如图10-19（b）所示。

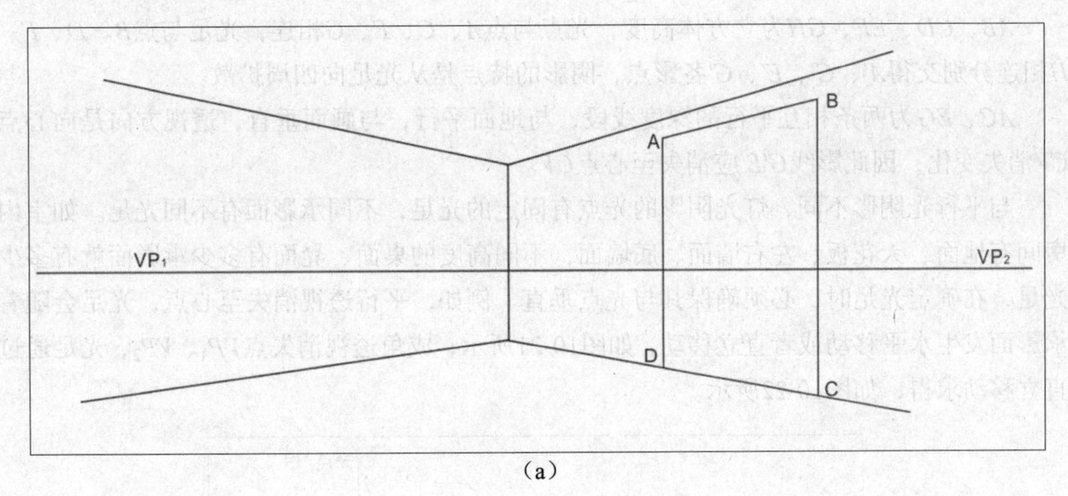

（a）

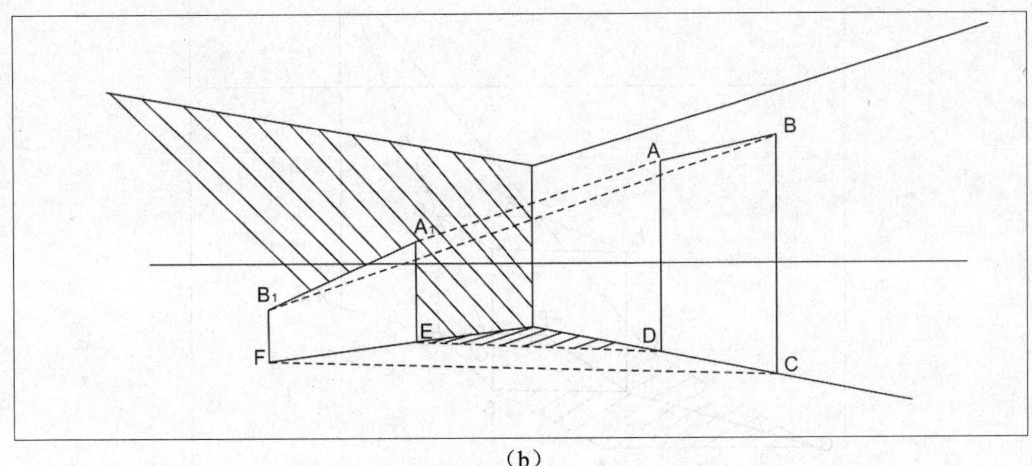

（b）

图 10-19　成角透视的室内空间阴影透视图

（1）设门A、B、C、D四个点。

（2）因光源为侧射日光，可根据角度过A、B、C、D四个点分别作侧射日光光线，与墙面相交于E、F两点，过E、F两个点向上作垂线，与A、B两点的光线相交于A_1、B_1。

（3）连接A_1、B_1、E、F、C、D，将不受光的地方用连续线画黑，受到光的地方留白，成角透视的室内空间阴影透视图完成。

第四节　灯光阴影透视图的画法

在透视图中，求作辐射光照射下的阴影，首先要确定光源，一般情况下，光源是指白炽灯等，灯光光源可以是一个，也可以是多个，当一个物体在各个方向都有光源时，就没阴影了，如医用无影灯。

以平行透视为例，路灯的光源为光点，路灯柱底与地面的接触点为光足，如图10-20所示。

AB、*CD*、*EF*、*GH*为立方体高度，光点与点*A*、*C*、*E*、*G*相连，光足与点*B*、*D*、*F*、*H*相连分别交得*A'*、*C'*、*E'*、*G'*各影点，阴影的特点是从光足向四周扩散。

AC、*EG*为两条相互平行的深度线段，与地面平行，与画面垂直，透视方向是向心点*CV*消失变化，因此影线*G'E'*应消失至心点*CV*。

与平行光阴影不同，灯光阴影的光点有固定的光足，不同承影面有不同光足。如室内房间有地面、天花板、左右墙面、底墙面，不同高度的桌面、凳面有多少承影面就有多少光足，在确定光足时，必须确保其与光点垂直。例如，平行透视消失至心点，光足会随着承影面发生水平移动或者直立移动，如图10-21所示；成角透视消失点VP_1、VP_2，光足通过直立移动求得，如图10-22所示。

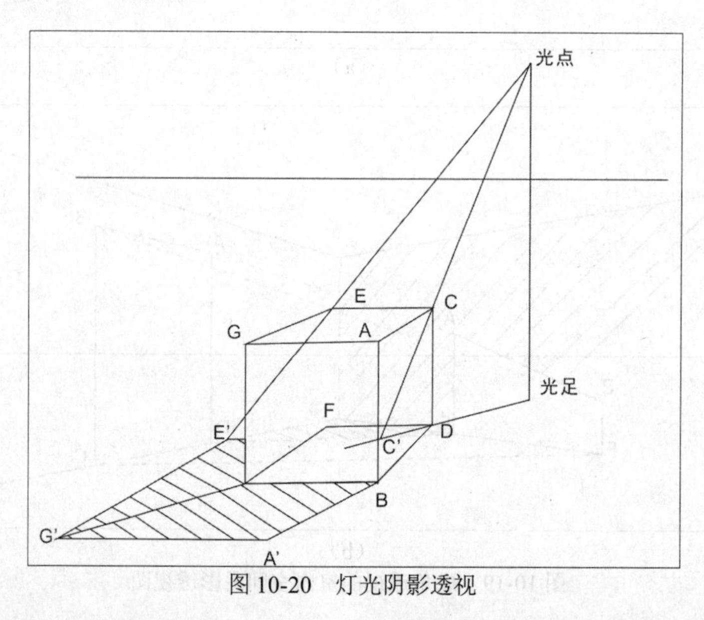

图 10-20　灯光阴影透视

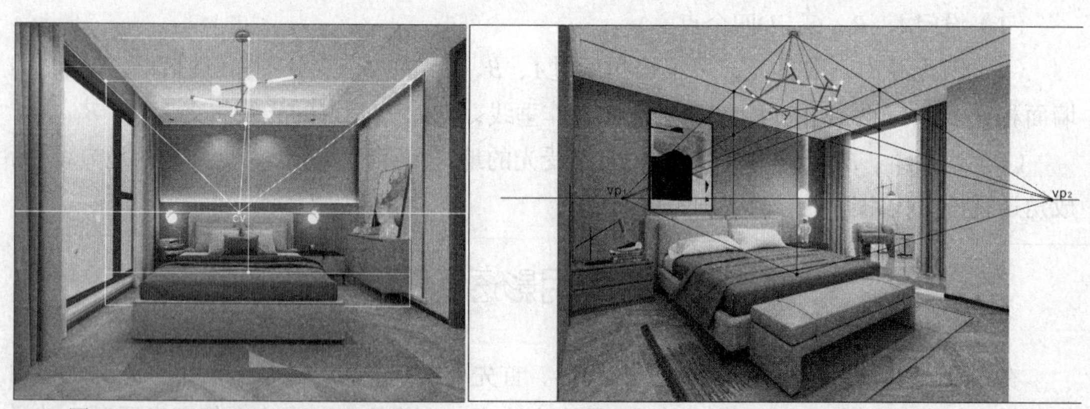

图 10-21　平行透视室内空间光足　　图 10-22　成角透视室内空间光足

【例题10-10】如图10-23（a）所示，在成角透视中光源为路灯，求空间中物体的灯光投影，如图10-23（b）所示。

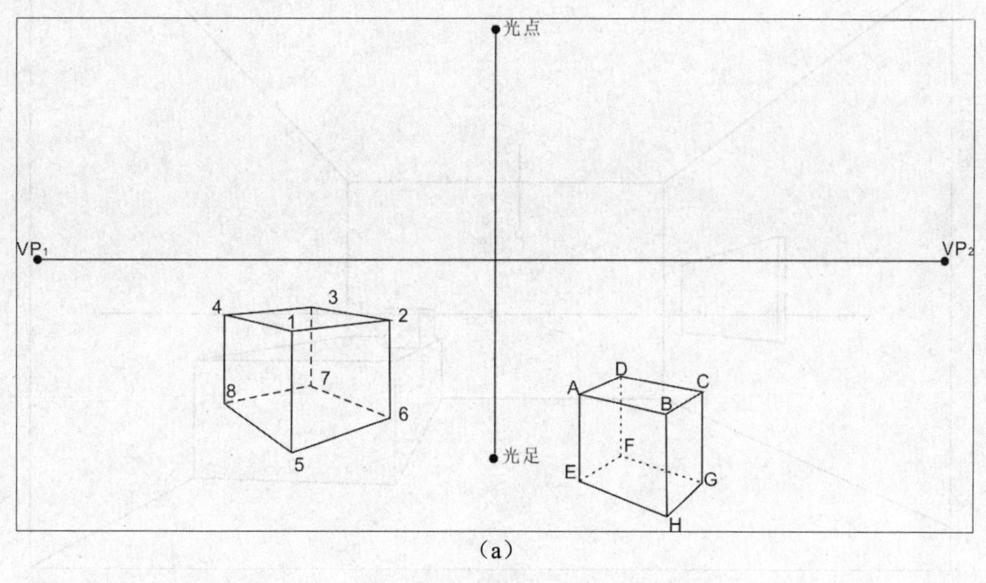

（a）

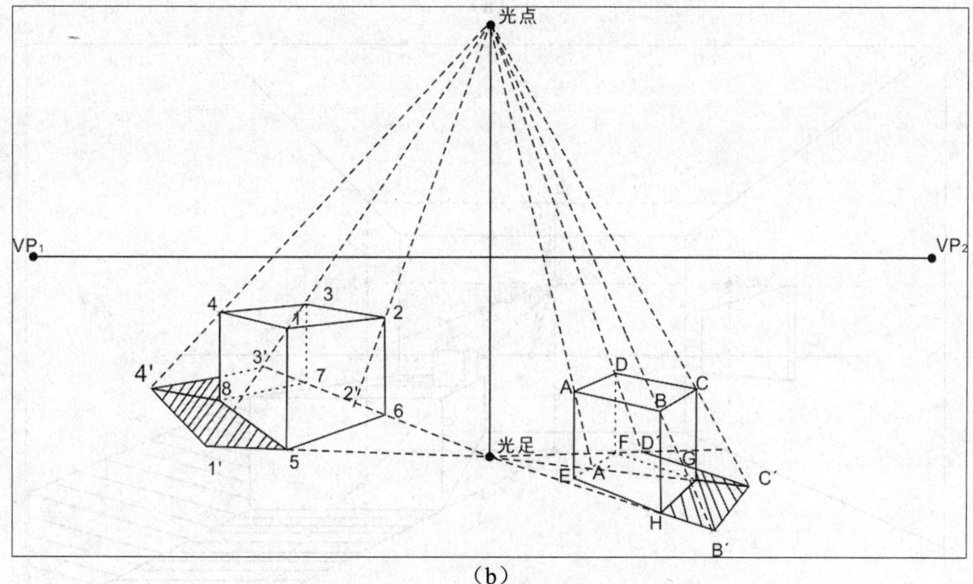

（b）

图 10-23　灯光阴影透视图

（1）将光点分别与点A、B、C、D、1、2、3、4相连，将光足分别与点E、F、G、H、5、6、7、8各点相连，光线切割得到阴影各点A'、B'、C'、D'、1′、2′、3′、4′。

（2）按照成角透视规律，依次连接点H、B'、C'、D'得到灯光右边的物体阴影，依次连接点5、1′、4′、3′得到灯光左边的物体阴影。

【例题10-11】平行透视空间中的灯光阴影透视。

已知平行透视室内空间透视图，灯光固定在天花板上，如图10-24（a）所示；求作平行透视空间中的灯光阴影透视，如图10-24（b）所示。

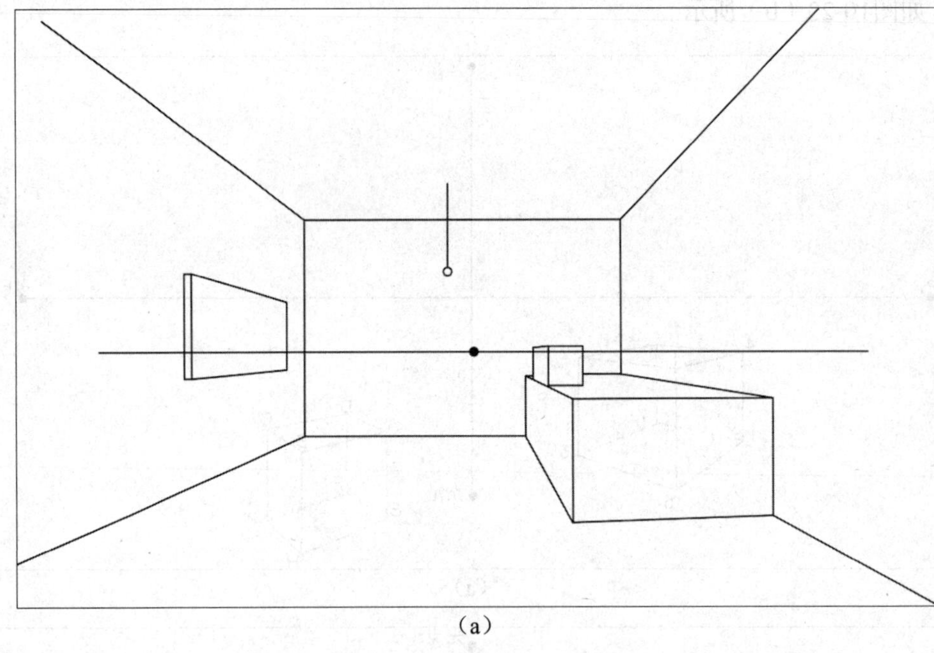

（a）

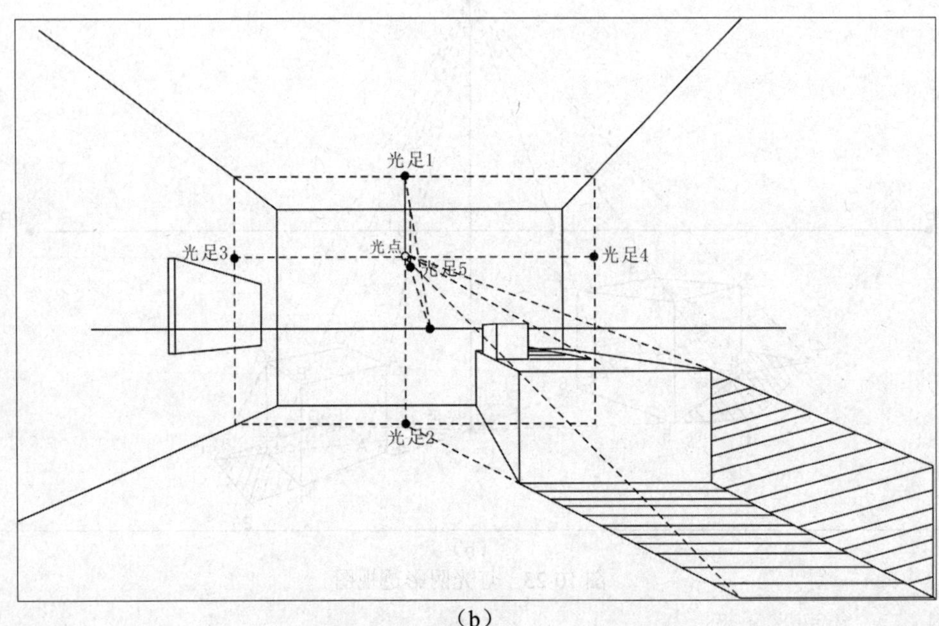

（b）

图 10-24　平行透视空间中的灯光阴影

（1）灯光为光点，电线与天花板连接处为光足1，根据平行透视原理，光足1位置横切整个房间得地面的光足2，左墙光足3，右墙光足4。最远处的墙面光足依据平行透视原理求得光足5。

（2）将光点和各个光足与之对应的物体阴点、阴足相连得阴影。注意阴影遇墙角转方向，墙面是直立的就直立延长，是与画面垂直的就垂直延长，体现光线切割了阴影的长度。

【例题10-12】成角透视空间中的灯光阴影透视。

已知成角透视空间中的光源为落地灯，如图10-25（a）所示；求作室内成角透视空间中的灯光阴影透视，如图10-25（b）所示。

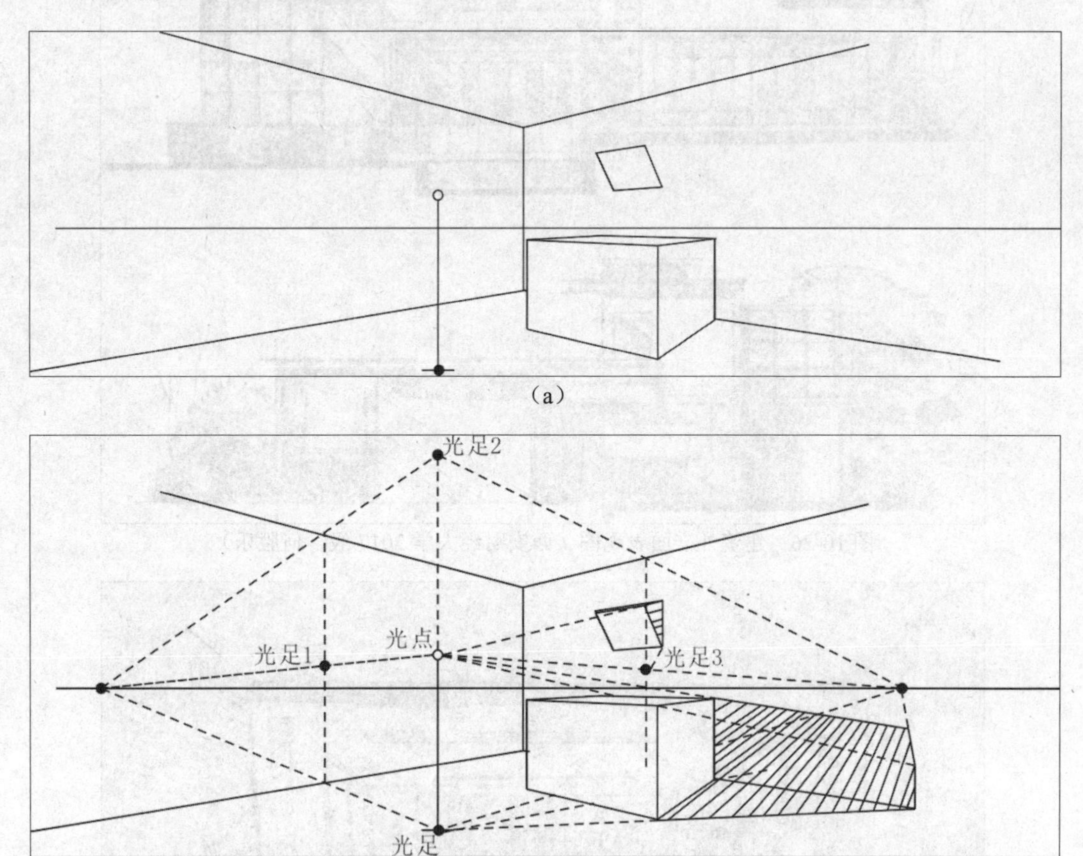

图 10-25　成角透视空间中的灯光阴影透视

（1）根据成角透视规律和已知的光足位置，确定光足1、光足2、光足3。

（2）将光点、各个光足对应物体的阴点、阴足连接得桌子的阴影和墙面画的阴影。

阴影在制图中有效地克服了二维视图的平面性，增加了图例的可读性和体积感，因此阴影在制图中应用广泛。如图10-26、图10-27、图10-28所示，既有在室内手绘表现图中的应用，也有在室外建筑景观绘制的应用。

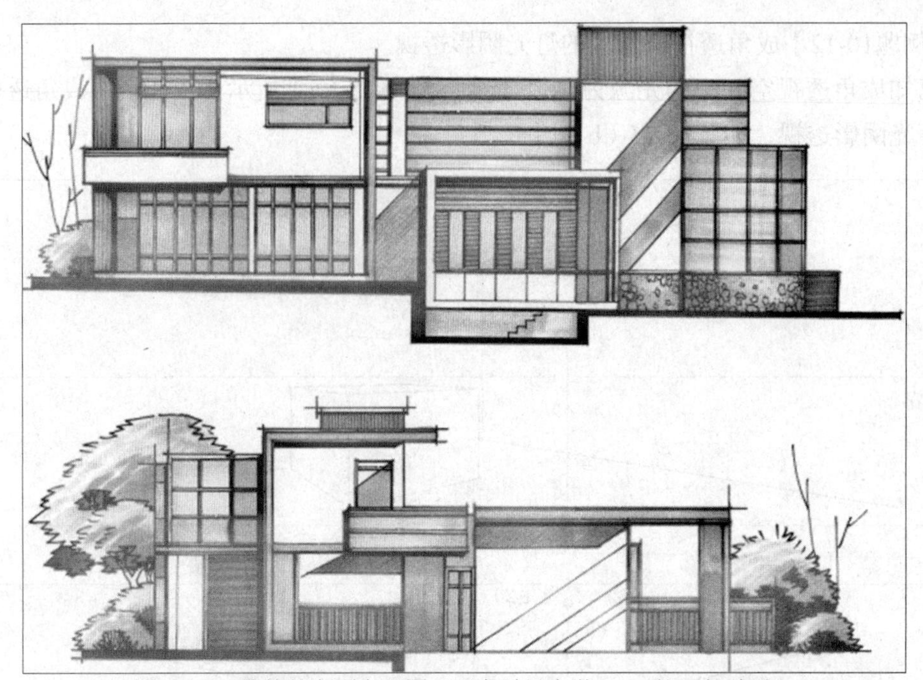

图 10-26　建筑外立面表现图（西安财经大学 2017 级　何胜乐）

图 10-27　室内手绘表现图（西安财经大学 2019 级　周欣怡）

图 10-28 室内设计效果图（陕西欢合颜装饰设计有限公司）

本章练习题

1. 根据下图中主光源对应的每一个承影面的光足。（假设主光源为一个光点）

2. 根据下图的平面图，任选一个空间绘制室内阴影透视图。

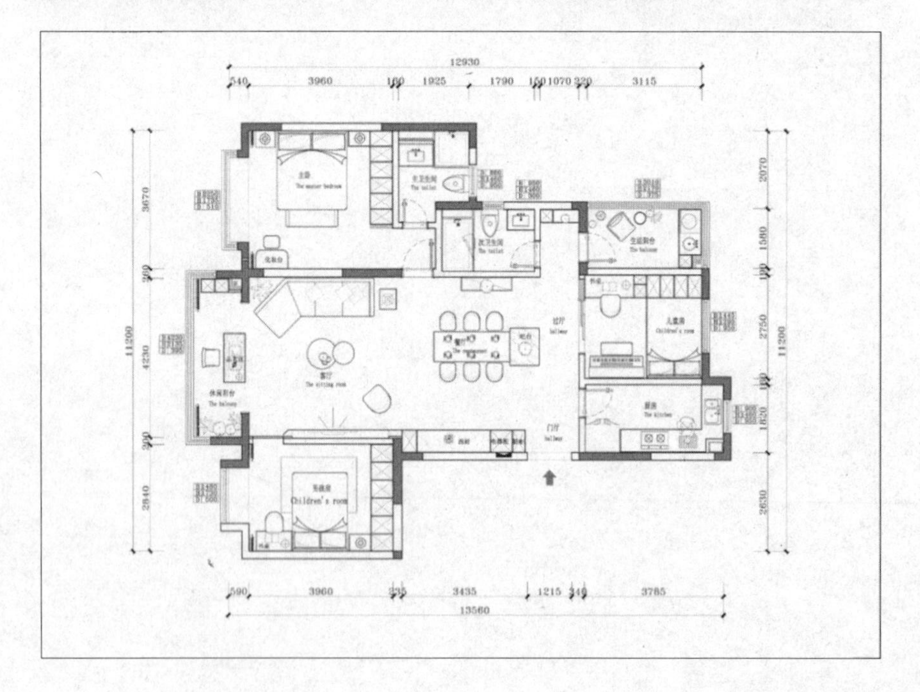

参 考 文 献

[1] 许松照．画法几何与阴影透视：下册[M]．北京：中国建筑工业出版社，2014.

[2] 大连理工大学工程图学教研室．画法几何与阴影透视[M]．北京：高等教育出版社，2011.

[3] 黄其柏，阮春红，何建英，等．画法几何及机械制图[M]．武汉：华中科技大学出版社，2018.

[4] 朱辉，单鸿波，曹桄，等．画法几何及工程制图[M]．上海：上海科学技术出版社，2013.

[5] 谢步瀛，刘政，董冰，等．画法几何[M]．上海：同济大学出版社，2016.

[6] 中央美术学院．画法几何与阴影透视：从绘图到设计[M]．北京：中国建筑工业出版社，2008.

[7] 黄文华．建筑阴影与透视图学[M]．北京：中国建筑工业出版社，2009.

[8] 高铁汉．杨翠霞．透视与阴影[M]．沈阳：辽宁美术出版社，2014.

[9] 黄水生．画法几何与阴影透视的基本概念和解题指导[M]．北京：中国建筑工业出版社，2015.

[10] 李国生，黄水生．建筑透视与阴影[M]．广州：华南理工大学出版社，2016.

[11] 张小平．建筑制图与阴影透视[M]．北京：中国建筑工业出版社，2015.

[12] 韩豹．画法几何及阴影透视[M]．北京：中国林业出版社，2012.

[13] 邢燕，朱晓菲．画法几何与阴影透视[M]．北京：中国矿业大学出版社，2011.

[14] 李国生．建筑透视与阴影[M]．广州：华南理工大学出版社，2019.

[15] 魏艳萍．建筑制图与阴影透视[M]．北京：中国电力出版社，2018.

[16] 黄水生，黄莉，谢坚．建筑透视与阴影教程[M]．北京：清华大学出版社，2014.

[17] 陈萍，康锦润．建筑画法几何[M]．北京：清华大学出版社，2018.

[18] 唐克中，郑镁．画法几何及工程制图[M]．北京：高等教育出版社，2017.

[19] 周佳新，孙军．画法几何学[M]．北京：化学工业出版社，2015.

[20] 江景涛，毛新奇．画法几何与土木工程制图[M]．北京：中国电力出版社，2016.

[21] 同济大学建筑制图教研室．画法几何[M]．上海：同济大学出版社，2012.

[22] 廖希亮，张莹，姚俊红，等．画法几何及机械制图[M]．北京：机械工业出版社，2018.

[23] 黄絜，施林祥．画法几何[M]．北京：中国建筑工业出版社，2015.

[24] 莫章金，李瑞鸽，马中军．画法几何与建筑制图[M]．重庆：重庆大学出版社，2014.

[25] 蔡樱．画法几何[M]．重庆：重庆大学出版社，2015.

[26] 龚伟．画法几何与建筑工程制图[M]．北京：科学出版社，2014.

[27] 张扬，李星言．透视技法基础教程[M]．北京：化学工业出版社，2019.

[28] 孙靖立．现代阴影与透视[M]．北京：北京航空航天大学出版社，2007.

[29] 何培斌．画法几何与阴影透视习题集[M]．重庆：重庆大学出版社，2020.

[30] 萧琳琛．画法几何与阴影透视[M]．北京：化学工业出版社，2010.

反侵权盗版声明